KB181873

JAVA EE
아키텍트 핸드북 2판

성공적인 **Java EE** 애플리케이션 **아키텍트**가 되는 방법

DEREK C. ASHMORE 저 | 전병선 역

DVT Press

WOWbooks
와우북스

Java EE 아키텍트 핸드북

–성공적인 Java EE 애플리케이션 아키텍트가 되는 방법–

•초 판 2015년 5월 12일 1쇄 발행

•저 자 Derek C. Ashmore
•역 자 전 병 선
•발 행 와우북스
•출 판 와우북스
•본문디자인 김 덕 중
•표지디자인 포 인

•등 록 2008년 3월 4일 제313-2008-000043호
•주 소 서울 마포구 연남동 223-102호 유일빌딩 3층
•전 화 02)334-3693 팩스 02)334-3694
•e-mail mumongin@wowbooks.kr
•홈페이지 www.wowbooks.co.kr
•ISBN 978-89-94405-23-0 13560

•가 격 26,000원

국립중앙도서관 출판예정도서목록(CIP)

Java EE 아키텍트 핸드북 : 성공적인 Java EE 애플리케이션 아키텍트가 되는 방법 / 저자: Derek C. Ashmore ; 역자: 전병선. -- 2판. -- 서울 : 와우북스, 2015
p. ; cm

원표제: Java EE architect's handbook : how to be a successful application architect for Java EE applications (2nd ed.)
영어 원작을 한국어로 번역
ISBN 978-89-94405-23-0 13560 : 26000

자바[Java]
애플리케이션[application]
아키텍처 설계[--設計]

005.133-KDC6
005.133-DDC23 CIP2015012438

역자의 글

이 책은 아키텍트, 특별히 애플리케이션 아키텍트가 실무 프로젝트에서 해야 할 일과 그 일을 잘할 수 있는 방법을 알려준다. 나는 언젠가 이런 책을 써야겠다고 생각했었다. 그러다 우연히 이 책 The Java EE Architect's Handbook을 접하게 되었다. 처음에는 단순히 이 책의 이름에 이끌려서 호기심으로 목차를 훑어보았다. 프로젝트 정의 및 범위 산정, 외부 애플리케이션 인터페이스 정의, 레이어 접근 방법, 객체 모델 생성, 데이터 모델 생성, 구축 계획 등 Java EE 애플리케이션을 계획하고 설계하는 방법과 값 객체, 데이터 액세스 객체, 비즈니스 객체의 구현하고 기술 제품 선택 방법, 애플리케이션 아키텍처 전략 등 Java EE 애플리케이션 구축 방법, 그리고 테스트 전략과 기술이 변화될 때 대처 방법 등 테스트와 유지보수에 이르는 Java EE 애플리케이션 개발의 모든 부분을 다루고 있다. 이제는 책의 내용이 너무나 궁금해졌다. 이것은 내가 책으로 쓰고 싶었던 주제들이었기 때문이다. 이 책을 읽고 나서 책을 쓰기보다는 이 책을 번역하기로 마음을 먹었다.

가장 마음에 드는 점은 이 책에 저자의 실무적인 경험이 고스란히 녹아들어 있다는 것이다. 아키텍처란 주제 자체가 다분히 이론적인 성향이 강하게 마련이지만, 이 책에서는 이론적인 것을 최대한 배제하고 실무적으로만 접근하였다. 이 책에는 깨알같이 많은 팁이 있다. 흔히 하는 실수들에 대한 팁도 있다. 이들 팁은 실무에서 경험하지 않고서는 도무지 언급할 수 없는 것들이다. 이것은 저자가 아키텍트이면서 동시에 개발자이기 때문에 가능한 일이다. 저자는 오픈 소스 프로젝트인 Admin4J의 수석 아키텍트이면서 개발자로서의 실무 경험 사례를 이 책에 제공하고 있다. 무엇보다도 많은 아키텍트들이 이론으로만 무장하고 개발 경험이 없는 경우가 많은 데 비해 저자는 개발자로서의 실무적인 경험을 함께 풀어 놓고 있다는 것이 마음에 들었다. 이것은 내가 추구하는 바이기 때문이다.

이 책에서 설명하는 내용의 많은 부분이 내가 평소에 주장하고 동감하는 것들이다. 물론 이 책에서 언급하는 저자의 주장에 모두 동의하는 것은 아니지만, 실무적인 경험으로 비추어볼 때 내 생각과 일치하는 부분이 많다. 나의 의견과 다른 부분에 대해서 역자로서 내 의견을 넣을까 생각도 했지만, 저자가 의도하는 바를 충실하게 전달하는 것이 더 낫다고 생각해서 최종적으로 배제해버렸다. 이것이 저자의 생각을 일관성 있게 이해하는데 더 좋은 방법이기 때문이다. 따라서 저자의 의도를 직접적으로 표현하기 위해 번역도 가능한 한 원문에 가깝도록 의역을 최대한 배제하였다. 이 때문에 독자에 따라서 일부 부분에서는 번역 투의 문체가 어색하게 느껴질 수도 있겠다.

이 책은 조금도 장황하지 않다. 필요한 것만 딱 설명해준다. 바쁜 세상에서 이것은 책을 읽는 데 많은 도움을 준다. 하지만 저자의 생각을 제대로 이해하기 위해서는 곱씹어 보는 일이 필요하다. 따라서 여러분은 이 책을 항상 곁에 두고 프로젝트를 진행할 때마다 부딪치는 문제를 해결하고자 할 때 참조하는 것이 좋겠다. 이 책은 그럴만한 가치가 있다.

이 책의 번역은 즐거운 경험이었다. 나와 유사한 생각을 가진 아키텍트를 만나는 즐거움이 있었고, 이 책을 번역하면서 나의 두서없는 생각이 체계적으로 정리되었다는 점에서 고마웠다. 이 책을 읽는 애플리케이션 아키텍트 또는 개발자들도 나와 같은 경험을 할 수 있게 되기를 기대한다. 더불어 이 책의 번역을 흔쾌히 허락해준 출판사 사장님이신 선배님께 감사드린다.

역자 소개

전병선
IT 아키텍트/컨설턴트

20년 이상의 실무 개발 경험을 바탕으로 CBD, SOA, BPM 분야의 아키텍처 설계와 컨설팅을 수행하고 있으며, 20권 이상의 많은 저서를 출간한 베스트셀러 저자다. 최근에는 다시 개발자로서 직접 실무 개발에 참여하고 있으며 .NET과 Java 개발 기술을 선도하고 있다.

IT 기술 분야의 저자로서 1993년부터 C, C++, Visual C++, 객체지향, UML, CBD, SOA 분야의 20권 이상의 많은 베스트셀러 IT 서적을 저술하였으며 폭넓은 독자층을 갖고 있다.

1994년 이후 전문 IT 기술 강사로서 정보기술연구소, 다우데이터시스템, 소프트뱅크코리아, 데브피아, 웹타임, 삼성SDS멀티캠퍼스에서 강의를 하였으며, 96, 97년에는 마이크로소프트의 초대 리저널 디렉터로서 DevDays, TechEd, PDC 등의 여러 컨퍼런스에서 강연하였다.

금융, 제조, 조선, 통신, 정부 연구기관 등 다양한 도메인 분야에서 아키텍트이자 PM으로 참여하였다. 삼성전자 홈네트워크 솔루션 아키텍처 구축, STX조선 생산계획 시스템, 대우조선 DIPS시스템, 삼성생명 비전속영업관리 시스템 등 CBD 또는 Real-Time & Embedded를 기반으로 하는 다양한 프로젝트를 컨설팅하였다.

또한, SOA 전문가로서 거버먼트 2.0, KRNet 2010 등 각종 SOA 세미나와 강연회를 가졌으며, 조달청 차세대 통합 국가전자조달시스템 구축 사업 서비스 모델링과 KT N-STEP SOA 진단 컨설팅하였으며, KT의 NeOSS 시스템 구축, 암웨이의 AUS 시스템, 대우조선의 SOA기반 종합 계획 EA 프로젝트 등의 SOA

관련 프로젝트를 수행하였다.

최신 저서로는 **『All-in-One Java 애플리케이션 개발(와우북스)』 『나는 개발자다(와우북스)』 『UML 분석 설계 실무(와우북스)』** 등이 있다.

Java EE 아키텍트 핸드북 추천의 글

"Derek Ashmore는 Java와 Java EE 애플리케이션을 작업하는 모든 사람이 "반드시 알아야 하는" 내용을 모았다. Ashmore는 이 책에서 Java EE 애플리케이션을 설계하고 개발하고 테스트하고 구현하기 위한 접근 "방법"을 모두 다루고 있다. Java 애플리케이션에서 자주 참조하는 XML, JDBC 라이브러리, SOAP, SQL을 사용한 관계형 데이터베이스 접근과 함께 다양하고 유용한 도구를 적절하게 설명한다. 이 책은 Dereck이 Java 분야의 전문가라는 것을 명백하게 보여준다. 이러한 유용한 책으로 IT 커뮤니티에 당신의 지식을 공유해주어 감사드린다."

- Dan Hotka, 저자/강사/Oracle 전문가

"이 책은 성공적이며 생산적인 Java EE 아키텍트가 되기 위해 정말로 알아야 하는 모든 것을 아주 잘 설명하고 있다. Java EE 아키텍처의 완전하면서도 상세한 모든 주제를 제공하며, 초보자에게는 핸드북으로서 그리고 경험 있는 아키텍트에게는 참조 자료로서 아주 훌륭한 책이다. 직접적인 문장 스타일과 좋은 시각적인 자료는 빨리 이해할 수 있게 한다. Java 프로그래밍 언어를 사용하고, Java EE 아키텍트로서 현재 일하고 있거나 향후 커리어를 희망하고 있다면, 이 책은 여러분에게 길잡이가 되어줄 것이다."

- Ian Ellis, IESAbroad 부사장/CIO

"Java EE 아키텍트를 위한 깊이 있고 종합적인 자료다! 이 책은 실제 Java EE 개발에 필요한 간결한 이정표를 제공한다. 이 책의 접근 방법은 풍부한 경험을 기반으로 실제적이며 직접적이다. 프로젝트 관리, 애플리케이션 및 데이터 설계, Java 개발의 모든 부분을 다루고 있다. 이 분야의 많은 책에서 볼 수 있는 "단순한 형식"과 과도한 추상화를 사용하지 않는 놀라운 책이다."

- Jim Elliott, West Haven Systems CTO

"명확한 이해로 전문가와 교수의 간격을 연결한다. 나는 30년 경력에서 많은 기술 서적을 읽었다. 그 책의 저자들은 현재의 유행하는 키워드를 논의하는데 많은 시간을 할애했지만, 논점을 이해시키는 데는 실패하였다. Derek의 책은 정말로 가장 활동적인 개발자들을 연결해준다. 실제적이며, 풍부한 지식, 훌륭한 예제를 제공한다."

- John R Mull, Sytech Software Products 사장

목 차

SECTION 2 Java EE 애플리케이션 설계

SECTION 3 Java EE 애플리케이션 구현

SECTION 4 Java EE 애플리케이션 테스트 및 유지·보수

서문

Java EE 아키텍트 핸드북은 Java EE 애플리케이션의 개발과 설계를 이끌고 나가는 애플리케이션 아키텍트와 고급 개발자를 위한 책이다. 이 책의 목적은 Java EE 프로젝트에서 애플리케이션 아키텍트의 역할을 잘 수행하도록 하는데 있다. 만약 여러분이 처음으로 애플리케이션 아키텍트 역할을 수행해야 하는 고급 개발자라면 성공적으로 수행하도록 이 책이 도움을 주게 될 것이다. 애플리케이션 아키텍트는 이 책을 통해서 추가로 기술을 얻음으로써 자신의 능력을 향상시킬 수 있을 것이다. 이 책은 다양한 전략과 가이드라인, 팁, 기법, 그리고 모범 사례를 제공함으로써, 분석에서 애플리케이션 배포와 지원에 이르는 전체적인 개발 프로세스를 살펴볼 수 있게 한다. 여러분이 Java EE 애플리케이션 아키텍트로서 성공할 수 있도록 이 책은 다음 사항을 설명한다.

- 프로젝트 라이프사이클의 모든 단계에서 애플리케이션 아키텍트 역할을 수행하기 위한 기본적인 프레임워크
- 각 개발 단계에서 적용할 수 있는 아키텍트 수준의 팁과 기법, 모범 사례
- 코드를 일관성 있고 유지·보수하기 쉽게 하는 코드 작성 표준에 대한 팁과 기법 및 모범 사례
- 설계 작업을 수행하고 의사소통하기 위한 팁과 기법, 모범 사례
- 산정 및 프로젝트 계획 자료

이번 판에서는 개발 단계마다 애플리케이션 아키텍트의 산출물에 집중하였다. 애플리케이션 아키텍트가 수행해야 하는 작업을 설명하고 이들 작업을 수행하는 데 필요한 팁과 기법을 제공한다. 많은 사람이 사례를 통해서 잘 배울 수 있기 때문에 이 책은 산출물의 사례를 제공하게 될 것이다.

이 책은 Java EE 애플리케이션을 프로그래밍하는 방법을 설명하지는 않는다. 대부분의 애플리케이션 아키텍트가 자신이 지원하는 애플리케이션의 일정 부분 코드를 작성하기는 하지만, 개발자로서 그 작업을 하는 것이지 애플리케이션 아키텍트의 역할로서는 아니다. Java EE 애플리케이션 코드를 작성하는 방법을 설명한 기술적인 책은 이미 많이 나와 있다. 이 책은 이들 책을 보완하려고 하는 것이지 다시 설명하려는 것이 아니다. 이 책에도 예제 코드는 있지만, 그 목적은 애플리케이션 아키텍처의 개념을 설명하려는 것이지 코드 작성 방법을 자세히 알려주려는 것은 아니다.

이 책은 오라클의 Java와 Java EE 인증 시험 준비서는 아니다. 이들 시험은 기술적인 것에 초점을 맞추고 있다. 기술적인 것은 효율적인 애플리케이션 아키텍트가 되기 위해서 필수적인 것이지만 충분한 것은 아니다. 애플리케이션 아키텍트의 역할은 이런 기술적인 능력을 넘어서는 것이다. 아키텍트는 효과적인 의사소통자이어야 하며, 다른 팀 멤버와 잘 작업할 수 있는 사람이어야 한다. 또한, 애플리케이션이 지원해야 하는 업무와 사용자의 요구사항을 잘 이해할 수 있어야 한다. 효율적인 애플리케이션 아키텍트가 되기 위한 이러한 요소들은 인증 시험으로 측정될 수 있는 것이 아니다.

게다가 이 책은 초보자를 위한 책이 아니다. 이 책의 독자는 Java 구문과 기본적인 Java EE 개념을 알고 있어야 하며, 적어도 다음과 같은 사항을 이해할 수 있는 중급 정도의 프로그래밍 실력을 갖추고 있어야 한다.

- 관계형 데이터베이스, SQL, JDBC 및 Hibernate와 JPA 구현체
- JSP, 서블릿 및 적어도 하나 이상의 웹 프레임워크(Spring MVC, Struts,

Java Sever Faces 등)에 대한 경험

- Apache Commons, Spring, Hibernate 등과 같은 공통으로 사용되는 오픈 소스 프로젝트를 사용한 경험
- 개발팀과 함께 작업한 경험
- 여러분이 작성하지 않은 애플리케이션을 지원한 경험

Java EE 애플리케이션이 아주 복잡하다는 것은 공통적인 견해다. 기술 서적과 문서의 저자들은 의도하지는 않아도 자주 사용하지 않는 Java EE 부분에 대한 심도 있는 기술을 설명함으로써 여기에 동의한다. 예를 들어, 많은 책이 엔터프라이즈 빈을 설명할 때, 먼저 Java EE 트랜잭션 기능을 아주 자세히 설명하는 것으로 시작한다. 그러나 대부분의 Java EE 애플리케이션은 Java EE 트랜잭션 관리 기능을 제한적으로만 사용한다. 이 책에서는 이 복잡한 사항들, 대부분 개발자가 거의 사용하지 않는 것을 제외하고 비교적 직접적으로 Java EE 애플리케이션에 필요한 것만 다루고 있다. 여러분의 시간은 아주 소중하기 때문에 거의 사용하지 않는 기능과 개념을 읽어야 하는 시간을 낭비하지 않기 위해서다.

이 책의 구성

이 책의 첫 번째 장에서는 대부분 조직에서의 애플리케이션 아키텍트의 역할에 대해서 설명하고, 이 책에서 예로 든 프로젝트 라이브사이클이 XP Extreme Programming와 RUP Rational Unified Process 및 기타 방법론과 어떻게 대응되는지 설명한다.

1부에서는 유스케이스 분석 use-case analysis을 사용하여 프로젝트 목표를 정의하는 방법을 자세히 설명한다. 또한, 범위를 정의하고 사전 프로젝트 계획을 수립하는 방법도 설명한다. 여기에서 제공하는 가이드라인은 프로젝트를 제한된 시간 안에 예산 범위 내에서 성공적으로 수행하는데 도움이 될 것이다. 프로젝트 실패 또는 예산 초과의 가장 공통적인 이유는 목표와 범위가 제대로 정의되고 관리되지 않

기 때문이지 기술적인 이유 때문이 아니다.

2부에서는 객체 모델링과 데이터 모델링 행위에 집중하여 필수적인 작업을 설명하고, 실수하게 되는 전형적인 사례를 제시한다. 이와 함께 외부 시스템과의 인터페이스를 아키텍팅하는 방법과 프로젝트 계획과 관련된 산정estimation을 상세화하는 방법을 배우게 된다. 모델링 기술은 설계를 개발자와 효율적으로 의사소통하는데 있어서 아주 중요하다.

3부에서는 Java EE 애플리케이션의 모든 부분에 대한 구현 팁과 가이드라인을 제시한다. 애플리케이션의 레이어를 분리하여 기능 향상과 변경에 대한 영향을 최소화하는 방법을 배우게 될 것이다. 또한, 애플리케이션 코드와 개발 프로세스를 간소화하기 위해서 공통으로 사용되는 여러 오픈 소스 라이브러리와도 친해지게 될 것이다.

또한, 테스팅, 예외 처리, 로깅, 스레딩에 관련된 애플리케이션 아키텍처 결정에 대해 상세히 설명하고, 설계를 구현하는데 필요한 팁과 기법을 배우게 될 것이다. 애플리케이션 아키텍트가 구현 전략과 방법론을 제대로 정의하지 못하면 프로젝트의 진행을 심각하게 더디게 할 수 있으며 버그를 양산하게 된다.

4부에서는 테스트 절차와 프로세스 향상을 개발하는데 필요한 팁과 가이드라인을 제공한다. 이들 제안은 애플리케이션을 좀 더 안정적이고 유지·보수할 수 있도록 할 것이다. 이와 함께 리팩토링이 필요하다는 것을 경고하는 사인을 배우게 될 것이다. 여기에서 다루는 내용은 장래의 프로젝트가 더 성공적으로 수행될 수 있도록 하게 한다.

공통 리소스

이 책에서는 여러 Java EE 애플리케이션에서 자주 사용하는 다음과 같은 오픈 소스 프로젝트를 자주 언급한다.

- Apache Commons Lang (http://commons.apache.org/lang/)
- Apache Commons Collections (http://commons.apache.org/collections/)
- Apache Commons BeanUtils (http://commons.apache.org/beanutils/)
- Apache Commons DbUtils (http://commons.apache.org/dbutils/)
- Apache Commons IO (http://commons.apache.org/io/)
- Google Guava Core Libraries(https://code.google.com/p/guava-libraries/)
- Hiberante (http://www.hibernate.org)

이 책에서 사용하는 또 하나의 오픈 소스 프로젝트는 Admin4J다. 이 책의 저자는 Admin4J의 주 아키텍트이며 개발자이다. Admin4J는 이 책에서 제시한 개념을 구현하는 사례로 사용된다. Admin4J 바이너리와 소스는 http://www.admin4j.net에서 다운로드할 수 있다.

이 책과 관련된 오타와 예제 소스 코드 및 다른 자료는 http://www.dvtpress.com에서 찾을 수 있다.

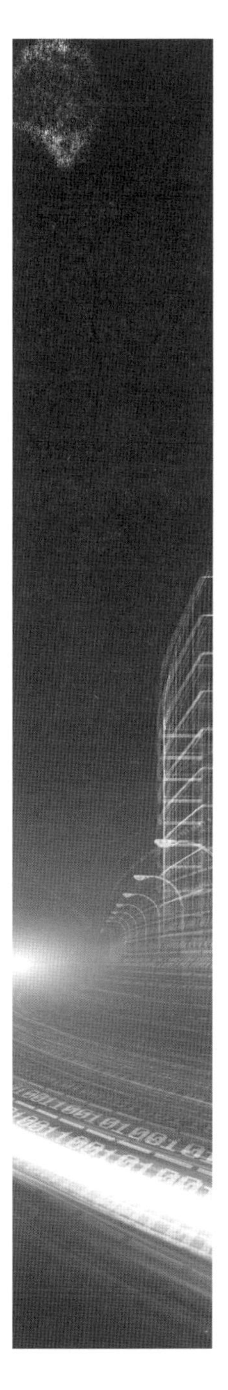

SECTION I

Java EE 애플리케이션 계획

일반적으로 애플리케이션 아키텍트는 분석 행위와 범위 정의, 리소스 산정, 기타 행위에 참여하여 Java EE 애플리케이션 계획을 지원한다. 계획 단계에서 아키텍트의 역할은 기업마다 크게 달라진다. 이 책에서는 아키텍트가 계획 행위를 이끌고 주도하는 관점을 취했지만, 각 기업에서 여러분의 역할은 주도하는 것보다는 지원하는 것일 수도 있다.

여기에서 배우게 될 내용은 다음과 같다.

- 업무 분석을 주도하고 문서화한다.
- 프로젝트 관리자를 지원하여 프로젝트의 범위를 정의한다.
- 필요한 시간과 리소스를 산정한다.
- 외부 애플리케이션과의 인터페이스를 정의하고 설계한다.

프로젝트 개발팀과 프로젝트 라이프사이클

이 번 장은 도입 단계에서 릴리즈 단계까지 성공적인 첫 번째 프로젝트를 수행하기 위한 기반이 된다. 애플리케이션 아키텍트가 무엇이며 무슨 일을 하는지를 정의함으로써 시작하여, 아키텍트가 다른 팀 구성원들과 함께 일하는 방법에 대해 요약한다. 다음에는 개발 프로세스에 대한 몇 개의 접근 방법을 살펴본다. 아직도 상당한 논쟁의 주제이기는 하지만, 성공적인 프로젝트를 수립하기 위한 결정적인 프로세스는 아직 존재하지 않는다. 많은 주요 기업이 하이브리드 계획을 채택하고 있다.

프로젝트 개발팀: 역할과 책임

모든 Java EE 개발팀은 광범위한 다양한 기술을 가진 사람들이 팀 안에서 다양한 역할을 수행하는 것이 필요하다. Java EE 프로젝트를 성공적으로 수행하는데 필요한 역할은 다음과 같다.

- 애플리케이션 아키텍트

- 제품 관리자
- 프로젝트 관리자
- 업무 분석가
- 그래픽 디자이너
- 프레젠테이션 티어 개발자
- 업무 로직 개발자
- 데이터 모델러
- 데이터베이스 관리자
- 데이터 이관 전문가
- 인프라스트럭처 전문가
- 테스트 전문가
- 테스트 자동화 전문가

이 책에서는 애플리케이션 아키텍트 역할에 집중하고 있지만, 여기에서는 Java EE 개발팀의 주요 멤버의 역할과 책임을 정의하고 이들 역할과 관련된 애플리케이션 아키텍트의 책임을 설명하기로 한다.

이들 역할에 대해 다른 이름이 부여될 수 있다. 예를 들어 인프라스트럭처 전문가는 시스템 관리자로, 테스트 전문가는 테스터로 부를 수 있다. 어떤 조직에서는 테스트팀 관리자와 개별 테스터를 구분하기도 한다. 이들 역할에 어떤 이름을 붙이든지 관계없이 이들 모두를 개발팀에 포함시키는 것은 Java EE 프로젝트를 성공시키는 기회를 증가시킨다.

게다가 팀에서 한 개인이 여러 역할을 수행하는 것이 가능하며, 프로젝트가 충분히 크다면 여러 개인이 하나의 역할을 수행할 수도 있다. 어떤 조직에서는 애플리케이션 아키텍트와 프로젝트 관리자의 역할을 결합하기도 하고 어떤 경우에는 고급 개발자가 데이터베이스 관리자나 인프라스트럭처 전문가로서의 역할을 함께 수행하기도 한다. 또 같은 개발자가 프레젠테이션 티어뿐만 아니라 업무 로직 티어에서 작업하기도 한다. 여기에서 나는 특정한 팀 조직을 추천하려고 하는 것이 아니라, 단순히 이들 역할이 필요하고 구성되어야 한다는 것을 말하는 것이다.

애플리케이션 아키텍트

애플리케이션 아키텍트는 프로젝트에서 사용될 기술을 선택한다. 많은 조직에서 어떤 기술이 선택되는지는 기업 수준에서 결정된다. 예를 들어 하드웨어와 운영체제를 선택하고, 어떤 소프트웨어(예. Java EE 컨테이너 벤더)를 선택할지를 기업 수준에서 결정한다. 공통적으로 Java와 같은 언어의 선택은 기업 수준에서 결정된다.

그러나 대부분 애플리케이션은 기업 수준에서 명확하게 결정할 수 없는 기술적인 요구사항을 가지고 있다. 기업 수준에서 사용할 기술을 결정하는 것과 애플리케이션별로 결정하는 것은 구별해야 한다고 생각한다. 예를 들어 모든 서버 프로그래밍에서 Java 언어를 사용한다는 결정은 기업 수준에서 이루어졌지만, XML 파서에 관한 결정은 개별 애플리케이션 아키텍트가 해야 할 일이 된다. 많은 조직에서 기업 수준의 기술을 선택하는 사람은 Java EE 개발팀과 분리된 그룹을 형성한다.

애플리케이션 아키텍트는 공통으로 프로젝트에서 사용하게 될 서드파티 패키지나 유틸리티를 식별할 책임이 있다. 예를 들어 아키텍트는 템플릿 기반 생성 엔진이 필요하다면 Apache의 Velocity를 선택할 수 있다. 점차로 조직들이 엔터프라이즈 아키텍트와 애플리케이션 아키텍트를 구별하고 있다. 엔터프라이즈 아키텍트는 어떤 소프트웨어 제품을 구매할 것인지, 어떤 소프트웨어를 구축할 것인지를 결정한다. 효율적인 엔터프라이즈 아키텍트는 사용되는 소프트웨어 제품이 기업의 업무 목표에 적합한지를 확인한다. 엔터프라이즈 아키텍처는 이 책의 범위를 벗어난다. 엔터프라이즈 아키텍트의 역할에 대한 추가적인 자료는 http://en.

wikipedia.org/wiki/Enterprise_Architect에서 구할 수 있다.

애플리케이션 아키텍트는 프로젝트에서 사용할 개발 방법론과 프레임워크를 추천한다. 일반적으로 아키텍트는 프로젝트 관리자에게 개발 방법론과 프레임워크를 추천한다. 예를 들어 일반적으로 모든 분석을 유스케이스 형식으로 문서화 하고 프로토타입으로 보충하는 것을 추천한다. 또한, 객체 모델로 설계를 문서화하는 것을 추천한다. 어떤 경우에는 방법론을 기업 수준에서 사용하기도 한다.

애플리케이션 아키텍트는 애플리케이션의 종합적인 설계와 구조를 제공한다. 각 개발자는 프로젝트에 예상되는 의견이나 습관, 선호하는 것 등을 제시할 수 있다. 애플리케이션 아키텍트는 때로는 다양한 그룹의 의견을 종합해서 각 개발자가 하는 작업을 보완해야 한다.

애플리케이션 아키텍트의 역할은 오케스트라의 지휘자와 같다고 생각한다. 모든 연주자가 해당 작업을 해석하는 방법에 대한 의견이 서로 다를 수 있다. 지휘자는 해석을 제시하고 연주자들과 함께 연주한다. 개발 방법론에 따라서 각 기능에 대한 설계가 사전에 수행되지 않을 수 있다. 이 경우에 아키텍트는 기능 개발이 수행될 때 개발자와 함께 작업해서 설계를 도와주고, 구현이 전반적인 아키텍처에 적합하도록 해야 한다.

애플리케이션 아키텍트는 프로젝트를 적절하게 정의해야 한다. 프로젝트 분석은 애플리케이션을 구축하는 기반을 형성할 수 있을 정도로 자세하고 일관적이어야 한다. 일반적으로 애플리케이션 아키텍트는 프로젝트 관리자와 업무 분석가와 함께 프로젝트를 정의하는 작업을 수행한다.

애플리케이션 아키텍트는 애플리케이션 설계를 적절하게 문서화해야 한다. 애플리케이션 설계를 문서화하는 것은 개발자들과 커뮤니케이션을 하게 하는 중요한 단계다. 문서를 생성하는 과정에서 아키텍트는 문제들을 완전하게 생각한다. 최종 문서는 아키텍트가 없어도 관리자가 프로젝트에 개발자를 추가로 투입하거나 변경할 수 있게 한다. 문서는 애플리케이션 아키텍트가 없어도 프로젝트 기간에 개발자가 작업을 진행할 수 있게 하며, 개발팀의 다른 멤버의 도움을 받지 않고도 스스로 설계와의 부적합성을 해결할 수 있게 한다. 또한, 문서는 사람이 교체되더라도 프로젝트가 제대로 유지될 수 있도록 한다.

종종 프로젝트의 크기와 범위는 설계 문서가 어느 정도로 필요한지를 나타내는 지표가 된다. 예를 들어 2명의 개발자 1,000 작업시간 미만의 프로젝트는 50명 팀이 필요한 100,000 작업시간의 프로젝트보다 문서를 덜 작성해도 된다. 해당 프로젝트에 적절한 문서의 양을 가늠할 수 있게 하는 명확한 기준은 없다.

나는 문서화 하지 않은 프로젝트를 자주 보았는데, 이 경우에 개발자를 추가로 투입하는 것이 가장 귀찮은 일이었다. 아키텍트가 새로 투입된 개발자에게 설계 내용을 설명해야 하기 때문이다. 설계 내용을 말로 설명하는 것은 추가로 개발자를 투입하는 이점을 감소시킨다.

기능 요구사항과 이들 요구사항을 충족시키기 위해 할당된 작업을 관리하는 기능을 제공하는 툴이 있다. 이런 제품 중에는 JIRA (https://www.atlassian.com/software/jira)와 Mingle (http://www.thoughtworks.com/products/mingle - agile-project-management)가 있다. 이러한 툴은 특정한 변경사항에 대한 상세한 이력이 필요한 대형 프로젝트에 아주 유용하다.

애플리케이션 아키텍트는 코드 작성 가이드라인을 수립한다. 각 개발자는 선호하는 코드 작성 방법이 있기 때문에, 코드 작성 표준을 정의하여 각 코드 부분이 유기적으로 연결될 수 있도록 해야 한다. 애플리케이션 아키텍트는 다음과 같은 주제에 대한 프로젝트 절차와 가이드라인을 수립할 책임이 있다.

- 예외 처리
- 로깅

- 테스트
- 스레딩
- 캐싱
- 설정

애플리케이션 아키텍트는 프로젝트 관리자에게 구현 작업을 식별해주어야 한다. 이 역할은 특히 Java EE 프로젝트에서 중요하다. Java EE 프로젝트가 다른 유형의 시스템 프로젝트보다 훨씬 더 광범위한 범위를 포함하고 있기 때문이다. 또한, 애플리케이션 아키텍트는 프로젝트 관리자가 현실적으로 프로젝트 계획과 산정을 할 수 있도록 도와주어야 한다.

애플리케이션 아키텍트가 작은 프로젝트를 관리한 경험이 있는 것이 좋다. 이것은 프로젝트 관리 역할을 하는 사람이 직면한 전형적인 프로젝트 관리 문제를 이해할 수 있게 하며, 이러한 이해는 함께 일하는 프로젝트 관리자를 더 잘 지원해줄 수 있게 한다.

애플리케이션 아키텍트는 개발자의 멘토가 되어 어려운 작업을 도와준다. 일반적으로 아키텍트는 개발자보다 더 경험이 많다. 사실상 애플리케이션 아키텍트가 프로젝트의 고급 개발자로서의 역할을 하는 경우가 많다. 개발자가 기술적인 문제를 만났을 때 아키텍트는 그들이 문제를 해결할 수 있도록 도와주는 사람이다. 많은 프로젝트에서 아키텍트는 구현자라기보다는 멘토에 더 가깝다.

애플리케이션 아키텍트는 코드 작성 가이드라인을 준수하게 한다. 애플리케이션 아키텍트는 코드 작성 가이드라인을 수립하기 때문에 개발자들의 가이드라인 준수 여부를 가장 잘 알 수 있다. 그리고 개발자가 가이드라인을 따르도록 해야만 한다. 일반적으로 프로젝트 관리자가 가이드라인을 준수하게 할 책임이 있지만, 기술적인 경험이 없어서 가이드라인을 준수했는지 확인하기 어렵기 때문이다.

코드 검토는 가이드라인을 준수했는지 확인할 수 있는 확실한 메커니즘이다. 다른 팀 멤버가 코드를 검토한다면 개별 개발자가 팀 코드 작성 표준을 몰래 회피하기가 훨씬 어려워진다. 소스 관리 툴을 활용하여 정기적으로 코드 변경사항을 검토할 수 있다. 대부분 소스 관리 제품은 전자우편을 통해서 체크인을 통지해주는 기능을 제공한다. 개별적인 체크인에 기울여야 하는 관심의 정도는, 체크인하는 개발자의 기술 숙련도에 따라 다르다. 시간이 지나감에 따라 어떤 개발자는 다른 개발자보다 더 신뢰할 수 있게 되며, 신뢰할 수 있는 개발자를 감독할 필요성은 줄어든다.

코드 검토는 개발팀의 모든 멤버를 알 수 있는 확실히 좋은 방법이기도 하다. 애플리케이션 아키텍트는 설계에서 구멍을 발견할 수 있으며, 모든 참가자는 팀 내 다른 사람에게서 팁과 트릭을 배우게 된다. 일반적으로 팀에서 가장 경험이 많은 멤버인 애플리케이션 아키텍트가 코드 검토를 주도한다. 코드 검토는 좋은 분위기와 위협이 없는 환경에서 수행되어야 효과가 좋다.

소스 분석 툴도 있다. CheckStyle (http://checkstyle.sourceforge.net/), PMD (http://pmd.sourceforege.net/), 그리고 FindBugs (http://findbugs.sourceforge.net/) 등은 자동 검토 기능을 제공한다. 소스를 검토해서 있음직한 코드 문제를 찾아낸다. 대개는 이들 도구를 설정(어떤 규칙을 강화할지 결정)하는 데 많은 시간을 들인 뒤에야 공식적으로 이들 도구를 빌드에 포함시킨다.

애플리케이션 아키텍트는 프로젝트 관리자를 도와 관리를 위한 프로젝트 비용과 효과를 산정한다. 이것은 프로젝트 관리자가 해야 할 일이지만, 대부분의 프로젝트 관리자는 Java EE 기술에 대한 경험이 없고, 해야만 하는 모든 것을 알 수도 없다. 프로젝트 계획을 검토해서 프로젝트 관리자가 작업을 놓치지 않도록 하는 것이 애플리케이션 아키텍트의 책임이다. 전체 팀에서 검토 후에 피드백을 요청하는 것도 좋다. 만약 전체 팀이 검토하고 비평할 기회를 가진다면 부적절하거나 부정확한 프로젝트 계획에 대해 불평하는 일이 어려워진다.

애플리케이션 아키텍트는 프로젝트 관리자가 개발자 위치에 대한 인사 결정할 수 있도록 도와준다. 인사 문제는 관리 기능이지만, 애플리케이션 아키텍트는 기술적인 능력을 평가할 수 있는 좋은 위치에 있다. 인사 문제를 잘못 결정하면 프로젝트 스케줄에 상당한 영향을 미칠 수 있다.

제품 관리자

제품 관리자는 제품과 제품의 요구사항에 대한 책임이 있다. 대부분의 조직에서 비즈니스 담당자가 참여한다. 시장에 출시하거나 다른 조직에 판매할 소프트웨어를 구축하는 조직에서 제품 관리자는 제품이 시장의 요구에 기반을 두는가를 확인할 책임이 있다.

애플리케이션 아키텍트는 제품 관리자에게 기술적인 조언과 가이드를 제공해야 한다. 애플리케이션 아키텍트는 업무 분석가와 제품 관리자와 함께 애플리케이션에 타당한 기능 또는, 특정한 릴리즈에 타당한 기능을 결정해야 한다.

프로젝트 관리자

프로젝트 관리자는 프로젝트 개발팀의 모든 멤버가 수행해야 하는 모든 작업을 조율하고 일정을 조정하는 책임을 가진다. 또한, 프로젝트 관리자는 현재 프로젝트 활동과 상태에 대해 경영진과 현업 대표와 커뮤니케이션해야 한다. 이와 함께 프로젝트 관리자는 프로젝트 또는 팀 멤버에게 필요한 리소스 또는 재료를 획득한다.

애플리케이션 아키텍트는 프로젝트 관리자에게 기술적인 충고와 가이드를 제공해야 할 책임이 있다. 애플리케이션 아키텍트는 프로젝트 관리자를 도와서 프로젝트 작업과 작업 순서를 식별해야 한다. 또한, 프로젝트 관리자를 도와서 필요한 재료와 리소스를 식별해야 하며, 여기에는 팀 멤버를 선택하는 것을 가이드해주며, 기술적인 관점에서 그들의 기술 수준을 확인해주는 일도 포함된다.

업무 분석가

업무 분석가는 최종 사용자와 함께 작업하여 애플리케이션 요구사항과 애플리케이션을 설계하고 구현하는데 필요한 세부사항을 정의할 책임을 가진다. 최종 사용자와 개발자는 서로 다른 용어를 사용하기 때문에 업무 분석가가 이들 사이의 커뮤니케이션을 중재해야 한다. 보통 업무 분석가는 기업의 최종 사용자 측과 정보 기술 측을 모두 경험한 사람이다.

프로젝트가 진행됨에 따라 업무 분석가의 역할은 점차 감소하지만, 결코 없어지는 것은 아니다. 일반적으로 개발자는 구현과 테스트 작업에서 해결해야 할 업무적인 질문을 추가로 하게 되며, 업무 분석가는 업무 측과 함께 이러한 질문에 대답해야 한다.

애플리케이션 아키텍트는 업무 분석가에 의해 결정된 애플리케이션 요구사항이 적절한지를 확인할 책임이 있다. 업무 분석이 100% 완료되고 정확할 것을 기대하는 것은 어리석은 일이다. 결국, 분석은 어느 정도 주관적이다. 그러나 설계를 진행할 수 있을 정도로 분석되어야 한다.

솔루션 아키텍트

솔루션 아키텍트는 애플리케이션이 기업에 강화된 기술 표준을 준수하도록 한다. 예를 들어, 많은 조직은 데이터베이스와 애플리케이션 서버 소프트웨어를 표준으로 정한다. 애플리케이션팀이 기업 내 다른 곳에서 해결했던 기술적인 문제에 부딪혔을 때, 솔루션 아키텍트는 기업에서 이미 개발된 것을 재사용하도록 애플리케이션 아키텍트를 가이드해준다. 때로 솔루션 아키텍트는 업무 영역에서 구성되며, 업무 대표자를 지원하여 예산을 투입할 애플리케이션 개발 부분을 결정할 수 있다. 특별히 작은 조직이라면 애플리케이션 아키텍트가 이 역할을 할 수 있다.

그래픽 디자이너

많은 애플리케이션, 특별히 외부에 공개적으로 제공되는 애플리케이션에는 전문적인 그래픽 디자이너가 필요하다. 대부분 개발자는 기능적인 웹 페이지를 만들지만, 일반적으로 이들 페이지는 아름답지 못하고 사용하기 불편하다. 그래픽 디자인은 과학보다는 예술에 가깝다. 그래픽 디자이너는 사용자 인터페이스 디자인과 그래픽, 그리고 전반적인 애플리케이션 사용성에 집중한다. 대개 그래픽 디자이너는 주로 업무 분석가와 다른 업무 대표자와 함께 작업하여 디자인 작업을 수행하지만. 또한, 프레젠테이션 티어 개발자와 함께 작업을 하여 프로토타입을 생성할 수도 있다.

규모가 큰 기업에서는 그래픽 디자이너와 트랜잭션 디자이너를 구별한다. 트랜잭션 디자이너는 예술적인 면과는 다르게 업무 프로세스에 맞도록 페이지 흐름과 통제를 설계한다. 대부분 기업에서는 이들 두 역할을 구분하지 않고 하나의 역할로 합친다.

애플리케이션 아키텍트는 레이아웃이 기술적인 타당성을 갖는지 확인할 책임이 있다. 많은 웹 페이지 디자인이 워드프로세서에서 사용할 수 있지만, HTML에서는 지원하지 않는 텍스트 효과, 예를 들어 90도 회전된 텍스트를 사용하는 디자인을 사용하는 것을 볼 수 있다. 아키텍트는 개발 프로세스 초기 단계에 이런 문제들을 찾아서 수정해야 한다.

프레젠테이션 티어 개발자

프레젠테이션 티어 개발자는 HTML, Javascript, 템플릿 마크업template markup, JSP 그리고 애플리케이션 서비스를 사용하여 코드를 작성한다. 일반적으로 사용자 인터페이스를 산출하는데 직접적으로 관련된 것은 무엇이든 프레젠테이션 티어 개발자의 범위 안에 있게 된다. 일반적으로 레이아웃 디자이너와 협력하여 프레젠테이션 개발자는 프로토타입을 생성하고 작동되는 버전을 개발한다. 그리고 프레젠테이션 개발자와 그래픽 디자이너는 애플리케이션 아키텍트와 함께 프론트앤드 내비게이션front-end navigation의 구조와 설계를 결정한다.

애플리케이션 아키텍트는 디자인 패턴이 유지되고 확장될 수 있는지 확인할 책임이 있다. 내비게이션 문제는 종종 너무 복잡해서 유지·보수하기 어려운 코드가 될 가능성이 많다. 애플리케이션 아키텍트는 유지·보수 문제뿐만 아니라 일어날 수 있는 다른 기술적인 문제를 식별하고 수정해야 한다.

업무 로직 개발자

업무 로직 개발자는 애플리케이션의 모든 보이지 않는 부분들, 예를 들어 엔터프라이즈 빈, 웹 서비스, 배치 작업, 업무 객체, 데이터 액세스 객체 등의 코드를 작성할 책임을 가진다. 이러한 보이지 않는 부분을 애플리케이션의 서버 측 컴포넌트라고도 한다. 업무 로직 개발자는 Java 전문가로서 애플리케이션 아키텍트와 밀접하게 작업하며 필요하다면 성능 튜닝을 지원한다.

애플리케이션 아키텍트는 업무 로직 개발자에게 가이드를 제공한다. 프레젠테이션 티어 개발자가 사용할 수 있게 업무 로직을 준비하는 일은 아주 중요하다. 보통 서버 측 컴포넌트에서 기술적인 이슈와 문제들이 발생하는데, 이것은 애플리케이션의 가장 복잡한 부분이기 때문이다. 따라서 애플리케이션 아키텍트는 업무 로직 개발자의 멘토로 활동하는 경우가 많다.

데이터 모델러

데이터 모델러는 업무 분석가로부터 제공되는 정보를 사용하여 애플리케이션이 데이터베이스에 저장하는 모든 데이터를 식별하고, 정의하며 목록을 작성한다. 일반적으로 데이터 모델링은 EREntity-Relationship 다이어그램으로 애플리케이션 데이터를 문서화한다. 그다음 데이터베이스 관리자는 ER 다이어그램을 사용하여 물리적인 데이터베이스 설계를 산출한다. 따라서 데이터 모델러와 데이터베이스 관리자의 역할이 결합되는 경우가 많다.

애플리케이션 아키텍트는 데이터 모델이 적절한지 확인할 책임이 있다. 업무 분석과 마찬가지로 데이터 모델도 100% 완벽할 것을 기대할 수 없다. 데이터 모델이 대략 완성되고 제3정규화가 이루어졌다면 향후 모델은 사소한 정도로만 변경될 것이다.

데이터베이스 관리자

데이터베이스 관리자는 애플리케이션에 대한 업무 요구사항에 기초하여 데이터베이스 설계를 수행하고, 애플리케이션을 위한 데이터베이스 환경을 만들고 유지·보수한다. 일반적으로 데이터베이스 관리자는 성능 튜닝을 지원하고 업무 로직 개발자를 도와서 데이터 액세스에 관련된 애플리케이션 개발 이슈를 진단한다. 때로는 데이터베이스 관리자는 업무 로직 개발자 또는 데이터 이관 전문가로서의 역할도 한다.

애플리케이션 아키텍트는 데이터베이스 관리자와 함께 작업을 하여 데이터베이스 저장소에 관련된 이슈나 문제를 해결한다. 그러나 데이터베이스 관리자는 주로 데이터 모델러와 업무 로직 개발자와 상호작용을 한다.

데이터 이관 전문가

데이터 웨어하우징과 같은 애플리케이션은 다른 소스 또는 레거시 데이터베이스로부터 이관되는 데이터에 의존성이 높다. 데이터 이관 전문가는 현재 진행 상황에 따라 애플리케이션 데이터베이스를 구축하는데 필요한 모든 스크립트와 프로그램을 작성하고 관리한다. 애플리케이션에 이관 요구사항이 별로 없다면 이 역할은 불필요할 수도 있기 때문에 데이터베이스 관리자의 역할과 합쳐질 수도 있다.

애플리케이션 아키텍트는 데이터 이관 요구사항이 이관 전문가에게 잘 제공되는지를 확인한다. 데이터 이관 전문가와 함께 작업하여 일어날 수 있는 기술적인 이슈나 문제점을 해결하는 것이 애플리케이션 아키텍트의 또 다른 역할이다.

인프라스트럭처 전문가

인프라스트럭처 전문가는 모든 개발, 테스트, 운영 환경뿐만 아니라 배포 방법을 제공할 책임이 있다. 개발과 배포에 대한 공식적인 인프라스트럭처는 많은 시간과 노력을 절약시켜 준다. 이것은 컨테이너를 관리하고, 배포 스크립트를 작성하고, 테스트 환경에서 문제를 진단할 때 개발자를 지원하는 작업과 관련되어 있다.

대개 인프라스트럭처 전문가는 조직의 시스템 관리자 및 데이터베이스 관리자와 작업을 하여 이들 환경을 제공한다. 대부분 조직은 중앙 관리 그룹을 통해 리소스 공급 서비스를 제공한다. 예를 들어 인프라스트럭처 전문가는 물리적으로 빌드 서버를 설치하거나 정의하지 않는다. 인프라스트럭처 전문가는 주로 빌드 서버에 대한 요구사항을 명세하고, 시스템 관리자가 실제로 그것을 정의한다. 데이터베이스의 물리적인 생성도 마찬가지다. 요약해서 말하면 인프라스트럭처 전문가는 환경이 생성되었는지, 적절하게 설정되었는지를 감독할 책임을 진다.

인프라스트럭처 전문가는 연속적인 통합 환경에서 작업하고 설계할 때 필수적이며, 빌드 자동화를 제공하거나 클러스터링과 다른 중요한 환경 설정에 관련된 복잡한 하드웨어 인프라스트럭처를 처리한다.

애플리케이션 아키텍트는 인프라스트럭처 요구사항을 정의한다. 아키텍처는 전문가와 함께 작업하여 필요한 환경을 결정하고 각 환경에 어떤 수준의 지원이 필요한지를 결정한다. 많은 프로젝트에서 개발, 테스트, 운영 환경이 적어도 하나씩

필요하다. 따라서 인프라스트럭처 전문가와 애플케이션 전문가의 역할이 결합되기도 한다.

테스트 전문가

테스트 전문가는 일반적으로 꼼꼼한 성향을 가진 사람으로, 애플리케이션이 명세와 일치하는지, 버그가 없는지를 확인한다. 일반적으로 테스트 전문가는 적어도 업무 영역에 대한 기본적인 지식을 가지고 있다.

애플리케이션 아키텍트는 테스트 전문가와 함께 작업하여 필요한 인프라스트럭처 요구사항과 지원을 식별한다. 프로젝트 관리자와 업무 분석가는 테스트 전문가와 함께 작업하여 테스트 계획의 내용과 테스트 방법론을 수립한다. 그러므로 테스트에서 아키텍트는 보통 지원 역할을 맡는다. 대규모 개발 조직인 경우에 테스트 전문가의 역할은 테스트팀과 테스트 관리자가 맡는다.

테스트 자동화 전문가

테스트 자동화 전문가는 여러 애플리케이션 반복과 애플리케이션의 버전이 인도되는 대규모 프로젝트에서 필요하다. 테스트 자동화 전문가는 애플리케이션 복구의 일부분으로서 수행될 수 있으며, 릴리즈 기반 또는 테스트가 모든 성공적인 빌드로 수행될 수 있는 연속적인 통합 환경의 일부로서 수행될 수 있는 통합 테스트의 스크립트를 작성할 수 있다.

프로젝트 라이프사이클 접근 방법

Java EE 프로젝트 라이프사이클에 관한 서로 다른 사상을 가진 학파가 있다. 이번 절에서는 이들 사상적인 학파에 대해 살펴보고, 이 주제에 대한 개인적인 견해를 제시하고자 한다. 이 책에서 제시된 가이드라인은 어떤 방법론에서든지 사용될 수 있다.

폭포수 접근 방법

폭포수 접근 방법waterfall approach은 프로젝트의 모든 분석과 설계가 구현과 테스트 단계 이전에 완료되어야 한다는 점을 강조한다. 이 접근 방법은 대부분 메인프레임 기반 개발일 때 공통으로 사용되며, 아직도 대부분 기업에서 선호하는 방법론이기도 하다.

폭포수 접근 방법으로 개발된 프로젝트는 대규모이며 긴 인도 시간을 가진다. 따라서 이들은 리스크가 크다. 이들 프로젝트는 대개 업무 참여자가 기술 용어를 잘 모르고 있으며, 업무 측과의 상호작용은 완벽하게 통제된다.

다른 접근 방법과 비교하여 프로젝트 개발에서 폭포수 접근 방법은 프로세스 초기에 피드백을 제공하지는 않지만, 좀 더 완벽한 솔루션을 인도한다. 폭포수 프로젝트는 예산 계획 사이클과 딱 맞아떨어지는 경향이 있으며, 이것이 이 접근 방법을 유행시킨 하나의 이유가 된다.

일반적으로 폭포수 프로젝트는 오랜 시간이 걸리기 때문에 프로젝트 중에 업무 요구사항이 종종 변경된다. 이때 프로젝트 관리자는 딜레마에 직면하게 된다. 프로젝트를 업무에 맞추어 변경시키지 않는다면 애플리케이션이 많은 이점을 제공하지 못할 것이고, 업무 요구사항 변경에 따라 프로젝트를 중간에 변경시킨다면 프로젝트에 필요한 시간과 리소스에 부정적인 영향을 미치게 될 것이기 때문이다.

애자일 접근 방법

애자일 접근 방법agile approach은 프로젝트를 리소스가 많이 필요하지 않은 여러 구성 요소 단위로 분리하려고 한다. 따라서 애자일 접근 방법은 폭포수 접근 방법과 대조가 된다. 애자일 접근 방법은 많은 다양한 구현을 하는 접근 방법의 "집합"으로 보일 수 있다. 이 책을 쓰고 있는 현재에서 가장 유명한 애자일 방법의 구현은

Scrum이다. 다른 애자일 구현의 예로는 EXExtreme Programming, Lean, Crystal 등이 있다. 여기에서는 가장 많이 알려진 Scrum을 애자일 방법론의 예로 사용하기로 한다.

애자일 방법의 중심 목표는 폭포수 접근 방법을 재앙으로 몰고 간 기술적인 리스크와 프로젝트 비용을 줄이는 것이다. 애자일 방법론은 다음과 같은 가정을 전제로 한다.

- 초기에 잘못을 바로잡으면 잡을수록 비용이 줄어들게 된다.
- 복잡성을 감소시키는 것이 기술적인 리스크를 감소시켜 비용이 줄어들게 된다.
- 짧은 반복은 투자 대비 효과(ROIreturn of investment)를 향상시키며, 변화하는 업무 요구사항에 빠르게 대응할 수 있게 한다.
- 개발 리소스를 효율적으로 사용하기 위해 테스트 자동화에 초점을 맞춘다.

애자일 접근 방법은 문제를 3주 이내에 구현할 수 있는 많은 작은 문제(스토리라고 함.)로 분할하게 한다. 각 스토리는 하나의 머신에서 두 명의 프로그래머에 의해 공동으로 개발된다. 새로운 스토리 기능이 작동하는지를 결정하기 위한 프로그램 테스트가 개발되고, 스토리가 개발되었을 때 회귀 테스트 모음에 추가된다. 이들 프로그래머는 자신들이 작업하고 있는 스토리 외에는 애플리케이션의 다른 모든 부분은 무시한다. 업무 참여자가 프로젝트에 전적으로 참여하며, 업무에 대한 질문이 올라오면 즉시 대답할 수 있어야 한다.

짝을 이룬 프로그래머가 모든 것을 구현하는 것은 이론상으로 배포 시에 에러가 발생할 가능성을 줄여준다. 또한, 짝을 이루는 것은 구현을 더 쉽게 한다. 그것은 다른 사람에게 개념을 설명하는 것이 시간이 걸리기 때문이다. 알고리즘이 복잡하면 할수록 설명하기가 더 어렵다. 복잡성을 줄이는 것을 강조하는 것은 실수가 발생할 가능성이 그만큼 더 줄어들기 때문이다.

테스트를 강조하고 회귀 테스트 모음을 생성하고 자주 실행하는 것은 실수를 초기에 잡아내서 부주의하게 어떤 변화가 새로운 버그를 만들어내거나 의도하지 않은 다른 결과를 만들어낼 가능성을 감소시키기 위해서다.

Scrum과 다른 애자일 방법론은 초기에 피드백을 제공함으로써 리스크를 감소시킨다. 잘못된 길을 따라가는 개발팀이 경고를 받고 초기에 수정하는 것이 변화에 따른 비용을 줄일 수 있게 된다.

Rational Unified Process

RUPRational Unified Process는 형식화된 개발 방법론이다. 대부분의 RUP 문서는 반복적인 접근 방법으로 설명하지만, 그것은 반쪽짜리 이야기일 뿐이다. RUP는 전체 프로젝트에 대한 요구사항 수집으로 시작하여, 구현으로 진행하기 전에 분석, 설계 행위(객체 및 데이터 모델링 포함)를 강조한다. 이런 점에서 분석과 설계까지는 폭포수 접근 방식이고, 구현과 인도는 반복적인 접근 방법이다. 초기에 요구 수집과 분석을 강조함으로써 RUP는 사용자 기대치와 프로젝트를 연계하는 방법을 찾는다.

RUP는 프로젝트에서 가장 리스크가 높은 부분을 먼저 개발하게 하고, 이슈와 문제를 인식하고 반응하는데 더 많은 시간을 허용함으로써 리스크를 줄이고자 한다. 또한, 그것은 설계 시 변경이 필요할 때 재작업을 줄여준다.

어떤 접근 방법이 더 나은가?

여러 접근 방법 중에서 어느 것이 최선이라고 장담할 수 없이 각각의 장단점이 있다. 폭포수 접근 방법은 예산이 중요한 기업 환경에서 가장 공통적으로 사용된다. 많은 기업은 초기 개발과 주요 기능 향상에 폭포수 접근 방법 또는 호환 방식을 사용한다. 기능 향상이 폭포수 접근 방법과 함께 좀 더 반복적이지만, 대개 반복 크기는 애자일 접근 방법보다 훨씬 크다.

애자일 방법론은 순수한 형태로는 거의 사용되지 않는다. 이것은 판단이 아니라 관찰한 것일 뿐이다. 그렇다면 애자일 방법론의 채택 비율을 측정한 결과를 살펴보는 것이 필요하다. 채택 비율을 조사한 최근의 시도는 http://visual.ly/agile-2012-state-union과 http://www.klockwork.com/blog/agile-development/agile-adoption-an-update/이다. 이들 조사로부터 몇 가지 사항을 알 수 있다.

Scrum이 가장 유명한 애자일 방법론으로 나타난다는 것이 Google Trends(그림 1.1)의 키워드 통계로 입증되었다. 그러나 이것은 애자일 방법론을 사용하는 조직이, 개발 시에 일부는 애자일을 사용하지만 전체는 아니라는 것이다. 대규모 조직의 다른 관리자는 다른 방법을 선호할 수도 있다. 또한, 어떤 프로젝트는 다른 프로젝트보다 더 애자일 방법론에 전력을 다했을 수도 있다.

[그림 1.1] 애자일 방법론 검색 엔진 키워드 트랜드 통계

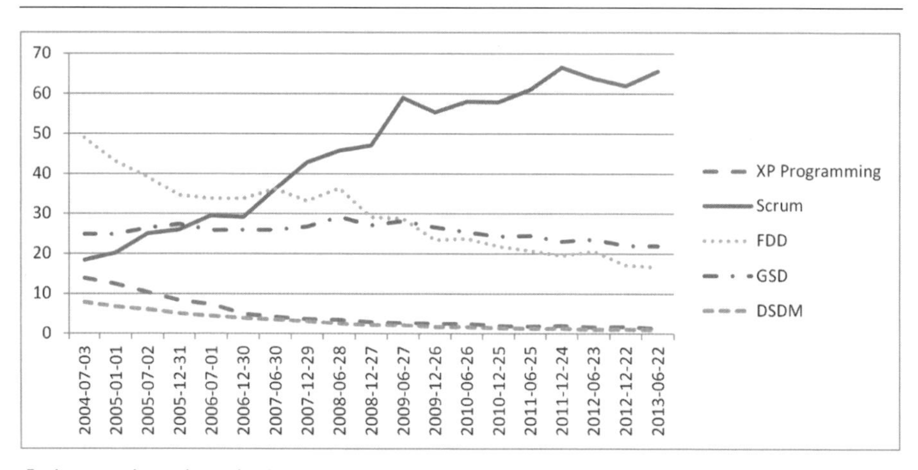

출처: 2013년 11월 17일 자 구글 트랜드

나의 견해

이 책은 어떤 방법론을 사용하든 상관없이 적용될 수 있다. Scrum 사용자와 다른 애자일 팬은 단순히 나의 예보다 더 작은 반복 크기를 선택할 수 있다. 상식적으로도 하나의 접근 방법이 독점력을 가질 수 없으며, 단점이 없을 수 없다. 나는

하이브리드 접근 방법을 더 선호한다.

애자일의 테스트 강조는 상당히 가치가 있다. 나는 내가 작성한 모든 것에 구현 테스트 실행을 채택하고 그들을 완전한 회귀 테스트로 결합한다. 나는 지금까지 빌드에서 완전한 회귀 테스트를 넣고 모든 테스트를 통과하지 못하면 배포를 실패하게 하고 지켜보았다. 나는 이 방법으로 테스트 시나리오를 개발하고 유지하는데 소요되는 시간과 노력을 상쇄하고 남을 정도로 실수를 피할 수 있다는 것을 발견하였다. 또한, 단위 테스트에 투자하는 조직에서 테스트를 유지하는 것이 리소스를 많이 소요하는 경우에만 폐기하는 것을 목격하였다.

애자일의 프로젝트 크기 축소 경향은 상당한 가치가 있다. 프로젝트 리스크는 작업 단위의 크기에 따라 비례한다. 따라서 작업 단위의 크기를 축소하는 것이 프로젝트를 수행하는 업무 리스크를 축소하는 것이 된다. 나는 이것을 증명할 결정적인 증거를 가지고 있지는 않지만, 필드에서 여러 번 목격하였다.

애자일의 복잡성 전쟁은 가치가 있다. 단순하면 할수록 더 좋다. 모든 스토리를 무시하고 자신의 작업에만 집중하면 짧은 시간에 더 단순한 코드를 만들어낼 수 있다. 그러나 이것은 또한, 재작업(현대 용어로 리팩토링)의 가능성을 더 높이게 되는데 그것은 많은 프로젝트가 예산이 없기 때문이다. 리팩토링이 적절하게 이루어지지 않거나 개발자가 시간의 압박을 받으면 코드는 쉽게 불필요하고 복잡해진다. 또한, 많은 개발자는 복잡성을 이유로 업무 요구사항을 무시한다.

RUP의 집중식 분석과 설계에 대한 강조는 상당히 가치가 있다. 어떤 애자일 방법론은 개발자가 자신이 작업하고 있는 스토리를 제외하고는 다른 것은 무시하는 편협한 관점을 가질 수 있다고 한다. 이것은 많은 재작업의 원인이 된다. 모든 개발자는 더 큰 포커스를 가져야 한다. RUP는 프로젝트 초기에 분석과 설계에 집중하기 때문에 순수한 반복적 접근 방법과 폭포수 접근 방법 사이에 현명한 타협을 제시한다.

최종 사용자와 커뮤니케이션을 통제할 필요가 있다. 어떤 애자일 방법론은 개발팀의 멤버가 최종 사용자 대표자와 대화할 수 있어야 한다고 한다. 개발자와 최종 사용자는 대개 아주 다른 관점을 가지고 있으며 다른 용어를 사용한다. 실제로 많은 개발자가 비기술적인 용어에 익숙해지는 데 애를 먹는다. 그들은 단순히 업무 용어를 기술 용어로 번역할 수 없으며 그 반대도 마찬가지다. 업무 측과의 커뮤니케이션 창구를 집중화하는 것이 실제로 필요하다.

추천 도서

- Beck, Kent. 2000. *Extreme Programming Explained*. reading, MA: Addison-Wesley.
- Brooks, frederick P., Jr. 1995. *The Mythical Man-Month: Essays on Software Engineering, Anniversary Edition*, 2nd ed. reading, MA: Addison-Wesley.
- Cockburn, Alistair. 2007. *Agile Software Development*, 2nd ed. reading, MA: Addison-Wesley.
- Kroll, Per, and Philippe Krutchen. 2003. *The Rational Unified Process Made Easy: A Practitioner's Guide to the RUP*. Boston: Addison-Wesley.
- Larman, Craig. 2004. *Agile and Iterative Development: A Manager's Guide*. Boston: Addison-Wesley.
- Johnson, Hilary and Chris Sims. 2012. *Scrum: a Breathtakingly Brief and Agile Introduction*. Dymaxicon.
- Stephens, Matt and Doug rosenburg. *Extreme Programming Refactored: The Case Against XP*. Berkeley, CA: Apress.

프로젝트 정의

애플리케이션을 개발하는 첫 번째 단계는 분석을 수행하여 목적과 범위, 목표를 설정하는 것이다. Java EE 애플리케이션도 예외가 없다. 개발 프로세스에 분석을 포함하는 것은 일반적인 상식이다. 나는 많은 프로젝트가 먼저 대상을 정의하지 않고 뒤죽박죽 흘러가는 것을 보고 놀랄 때가 많다.

애플리케이션 아키텍트는 프로젝트를 정의하는 작업에 직접적으로 관여하지는 않는다. 이것은 프로젝트 관리자, 업무 분석가 그리고 최종 사용자의 일이다. 그러나 아키텍트는 프로젝트가 일관성을 가지고 물리적으로 설계하고 구현할 수 있을 정도로 상세하게 정의되었는지를 확인할 책임이 있다. Java EE 개발팀의 대부분 다른 멤버들은 애플리케이션을 설계하고 구현하는데 필요한 정보가 무엇인지를 알지 못하므로, 애플리케이션 아키텍트가 프로젝트를 정의할 때 조정하는 역할을 해야 하는 경우가 많다.

애플리케이션 아키텍트는 분석 기술을 가져야 한다. 아키텍트가 분석 기술이 없으면 프로젝트를 시작할 때 프로젝트 정의의 문제점을 인식할 수 없다. 반대로 분석 기술을 가진 아키텍트는 미래의 기능 요구사항도 예측할 수 있다. 관련된 업무 프로세스를 이해할 수 있기 때문이다. 요청하기 전까지는 이들 예상 기능을 프로젝트에 포함시킬 필요가 없지만, 설계할 때 나중에 이들 기능을 추가하기 쉽게 할 수 있다. 예를 들어 현재는 아니지만, 미래의 어떤 시점에서 고객이 여러 계정을 가질 수도 있다는 것을 예상한다면, 그러한 가능성이 허용되는 설계를 할 수 있게 된다.

기술 분야의 사람들은 프로젝트 정의와 분석 수집 전략보다는 구현 기법에 관해 더 많이 듣기를 원하므로 이 이야기를 달가워하지 않을 것이다. 나도 충분히 이해한다. 나도 유용한 작업을 수행하는 좋은 코드를 작성하는 것보다 더 좋은 것은 없다. 그러나 좋은 코드를 얻기 위해서는 좋은 분석과 좋은 프로젝트 정의가 필요하다. 나의 경험으로는 먼저 제대로 된 분석을 하지 않고 유용한 코드를 얻을 수 있는 가능성은 거의 없다.

유스케이스(use-case)는 중요한 분석 도구이다. Java와 같은 객체지향 언어를 사용하는 시스템에서 분석과 설계를 기술하고 문서화하기 위해 UML Unified Modeling Language 명세서를 작성한다. 애플리케이션이 무엇을 할지를 기술하기 위한 UML 요소가 유스케이스use-case이다. 이번 장에서는 유스케이스라는 용어를 정의하고 유스케이스를 작성하는 방법을 가이드한다. 또한, 유스케이스를 생성할 때 범하게 되는 공통적인 실수를 피하는 방법을 설명하며, 작성된 유스케이스의 예를 제시하고 논의할 것이다.

이번 장은 UML 명세와 관련된 포괄적인 개요를 포함하지 않는다. 여기서는 공통으로 사용되며 실제적인 명세 일부만 설명한다. UML에 대한 전체 설명은 Booch, Rumbaugh, and Jacobson (1999)을 참고하기를 바란다.(역자 주: 역자의 UML **분석 설계 실무(전병선, 와우북스,** 2014)도 있다.)

간혹 유스케이스와 요구사항을 구별하기도 하지만 필자의 견해로는 차이점이 없다. 요구사항은 업무 용어로 작성된 애플리케이션이 제공해야 하는 기능이다. 따라서 요구사항은 요약 형식의 유스케이스이다.

Scrum과 같은 애자일 방법론을 사용한다면 유스케이스 대신에 사용자 스토리

user story를 생성하게 된다. 둘 다 같은 목적을 지닌다. 즉, 사용자 요구사항을 커뮤니케이션하기 위한 것이다. 사용자 스토리는 사용자가 애플리케이션으로 하는 것 또는 할 필요가 있는 것을 간단히 정의한 문장이다. 예를 들어 다음과 같다. "애플리케이션은 마지막 제품 검색을 기억하고 마지막으로 지정한 검색 조건을 미리 채워야 한다. 대부분 같은 검색 조건을 사용하기 때문이다." 사용자 스토리는 구현할 수 있을 정도로 상세한 내용을 포함하고 있지 않다. 상세한 내용을 알기 위해서는 사용자 대표와 말로 대화해야 한다. 반면에 유스케이스는 구현할 수 있을 정도로 상세한 내용을 포함한다. 사용자가 유스케이스를 작성하든 또는 사용자 스토리를 사용하고 말로 대화를 하든 단지 형식과 전술에서의 차이점이 있을 뿐이다.

이와 함께 사용자 인터페이스 프로토타입을 만든다. 프로토타입은 업무 측과 개발자가 개발 프로젝트의 대상을 이해할 수 있게 하는 훌륭한 수단이다. 업무 측이 프로토타입 프로세스에 관심을 가진다는 것은 자연스러운 일이다. 자신들이 무엇을 얻게 될지를 구체적으로 표현하고 있기 때문이다. 또한, 프로토타입은 유스케이스를 정제하는 것을 도와준다.

프로젝트의 유스케이스 또는 스토리가 정의되면 업무 용어로 개발자와 업무 담당자가 모두 이해할 수 있도록 프로젝트를 상당히 자세하게 정의한 것이 된다. 이것은 업무 측과 다른 관리 이해당사자가 초기에 피드백을 제공할 수 있도록 한다. 유스케이스에 대해 공식적인 승인이 이루어지면 프로젝트 관리자는 프로젝트 범위를 수용할 수 있게 된다.

프로젝트 영역 식별

유스케이스 분석과 프로토타입을 수행하기 전에 상위 수준의 프로젝트 정의와 프로젝트 범위에 대한 사전 아이디어가 효과적일 수 있다. 대부분 개발자는 세부적인 것을 좋아하고 상위 수준의 정의는 너무 모호해서 유용하지 않다고 생각한다. 상위 수준 프로젝트 정의의 목적은 구현이 아니라 단지 유스케이스 분석을 위한 범위를 결정하는 것임을 명심해야 한다. 다음은 상위 수준 프로젝트 정의문의 예이다.

- 작업을 계획하고 모든 팀 멤버의 활동을 추적하고 완료 일자를 산정하는 프로젝트 관리자를 지원하는 시스템을 구축한다. 프로젝트 추적 애플리케이션은 사용자에게 다음 기능을 제공한다.
  - 프로젝트와 작업을 정의한다.
  - 프로젝트 작업에 할당된 사람을 기록하고 각 작업을 완료하는데 필요한 시간을 산정한다.
  - 작업을 완료하는 순서를 기록한다.
  - 프로젝트 진행 내역을 기록하고 완료된 작업을 표시한다.
  - 자동으로 프로젝트 일정을 조정한다.
  - 프로젝트 진행 보고서를 생성한다.

문장이 모호하고 단순하지만 액터를 식별하고 유스케이스를 구축하는 시작점을 제공한다.

액터 식별

유스케이스 분석의 첫 번째 작업은 액터를 식별하는 것이다. 액터actor는 유스케이스에 의해 서비스를 제공받거나 영향을 받는 사용자 유형 또는 외부 시스템이다. 액터라는 단어가 실제 사람이란 의미를 내포하고 있지만, UML 액터는 외부 시스템일 수도 있고 조직 유형이나 역할일 수도 있다. 다음은 보고서 생성 애플리케이션의 액터 목록이다.

- 고객 사용자

- 고객 조직
- 보고서 템플릿 개발자
- 문서 전달 애플리케이션 인터페이스
- 보고서 템플릿 정의 인터페이스
- 데이터 웨어하우스 애플리케이션 인터페이스
- 보고서 요청 애플리케이션 인터페이스
- 애플리케이션 관리자

다음은 현금 추적 애플리케이션의 액터 목록이다.

- 현금 관리 사용자
- 거래 승인 사용자
- 수석 거래 승인 사용자
- 은행 지원 사용자
- 펀드 계정 애플리케이션 인터페이스
- 애플리케이션 관리자

여러분은 위에서 제시된 예에서 각 사용자 그룹을 분리된 항목으로 목록화한 것을 알 수 있을 것이다. 이렇게 한 이유는 모든 사용자 그룹이 다른 기능이 있기 때문이다. 어떤 유스케이스는 모든 사용자 유형에 적용될 수 있지만, 어떤 것은 사용자 그룹마다 달라진다. 각 예에서 유스케이스 분석 초기에는 분석을 완료했을 때보다 사용자 유형의 숫자가 훨씬 적었다. 유스케이스를 작성하는 과정에서 다른 기능을 요구하는 다른 사용자 역할이 있다는 것을 깨달았기 때문에 숫자가 늘어나게 되었다.

한 명의 사용자가 여러 액터일 수 있다. 예를 들어, 은행 지원을 제공하는 사용자는 현금 관리자 또는 거래 승인자의 역할을 할 수 있다.

대규모 애플리케이션에서는 애플리케이션 관리자를 액터로 간주한다. 이것은 애플리케이션에 대한 지원성을 강조하기 위해서다. 이렇게 함으로써 가용성을 증가시키고 다른 액터에게 도움을 준다.

모든 액터가 직접적이어야 한다. 때로는 사람을 외부 시스템 인터페이스로 혼동하여 외부 인터페이스에 서비스를 받는 사용자를 액터로 등록하기를 원할 수도 있다. 예를 들어 보안 무역 시스템이 외부 인터페이스 중 하나라면 무역업자를 액터로 등록하고 싶은 유혹을 받는다. 애플리케이션으로부터 간접적으로 서비스를 받기 때문이다. 그러나 보안 무역 시스템이 액터이고 무역업자는 간접적인 사용자가 된다.

작은 그룹에서 시작하면 액터를 식별하기 쉬워진다. 애플리케이션 아키텍트와 업무 분석가는 액터가 무엇인가에 관해 가정하고 팀의 다른 멤버와 업무 측과 검토함으로써 의견을 조율한다. 나의 경험으로는 빈 시트를 채우는 것보다 이미 있는 것을 논의하기가 더 쉽고 빠르다. 유스케이스 분석을 진행함에 따라 추가적인 액터를 발견하게 될 것이다.

사용자 스토리 작성

사용자 스토리는 액터와 해당 액터가 원하는 것 또는 필요한 것, 그리고 필요성이 충족되었을 때 액터가 경험하게 될 예상 이점을 포함하는 간단한 설명이다. 대개 사용자 스토리는 하나의 문장으로 구성된다. 사용자 스토리는 개발자가 기능을 구현하는데 필요한 충분한 정보를 포함하고 있지 않다. 기능을 구현하는데 필요한 세부적인 사항은 업무 대표자와 대화를 통해서 얻기 때문이다. 사용자 스토리의 공통적인 형식은 다음과 같다.

- 〈액터〉로서 나는 〈원하는 것 또는 필요한 것〉을 원하며, 이것을 함으로써 〈예상 이익〉을 기대한다.

사용자 스토리의 〈예상 이익〉 부분은 선택적이지만, 〈액터〉와 〈원하는 것 또는 필요한 것〉은 필수다. 사용자 스토리의 예는 다음과 같다.

- 등록자로서 나는 학생들이 원하기 때문에 전자적으로 배포될 수 있는 사본을 생성하기를 원한다.
- 보안 관리자로서 나는 어떤 사용자가 어떤 역할을 갖는지를 알려주는 보고서를 원한다.
- 임원으로서 나는 다른 임원과 회계와 커뮤니케이션하기 위해 예산 항목에 의견을 넣을 수 있기를 원한다.
- 학원 관리자로서 나는 학생들을 위해 등록 애플리케이션에 저장된 클래스 개요를 출판할 수 있기를 원한다.
- 애플리케이션 관리자로서 나는 메모리가 부족하면 텍스트로 알려줄 수 있기를 원한다.

대화로 획득한 추가적인 요구사항은 문서화해야 한다. 프로젝트가 아주 작고, 조직에 기업 정책이 없는 것이 아니라면 구현 세부사항을 문서로 기록할 필요가 있다. 문서는 정교하거나 길게 작성할 필요는 없다. 그 정보를 얻기 위해 대화한 업무 대표자와 공유할 수 있으면 된다. 요구사항에 대한 오해가 있다면 초기에 도출되는 것이 최선이다.

유스케이스 작성

유스케이스는 액터의 행위의 요청으로 또는 응답으로 시스템이 하는 일을 기술한다. 기술 용어가 아니라 업무 용어로 유스케이스를 작성하여야 한다. 업무 측의 사람들이 번역이나 기술 용어 사전 없이 테스트를 읽을 수 있어야 한다. 기술 용어를 포함한 유스케이스는 기술적인 설계가 이 단계에서 이루어졌다는 것을 나타내는 것이므로 이렇게 하면 안 된다. 또한, 유스케이스는 조직의 업무와 개발 측 사이에 일상적인 "계약"으로서의 역할을 할 수 있다.

특별한 유스케이스 형식은 없다. 그러나 일반적으로 유스케이스에는 제목, 개요, 액터 목록, 사전 조건 목록, 트리거, 기본 프로세스 흐름, 대안 프로세스 흐름이 포함된다.

유스케이스 개요 텍스트는 "시스템(또는 애플리케이션)은… 하게 될 것이다."로 시작한다. 이러한 형식으로 작성할 수 없는 유스케이스는 다른 유스케이스의 일부가 되어야 한다. 유스케이스가 여러 액터에게 서비스를 제공한다는 사실에 주목해야 한다. 따라서 유스케이스에 영향을 받는 모든 액터의 목록을 명확하게 기술할 것을 추천한다.

다음은 보고서 시스템에서 유스케이스 개요의 예이다.

- 시스템은 사용자가 기존의 MVS/CICS 애플리케이션에 정의된 데이터로 보고서를 실행할 수 있는 인터페이스를 제공할 것이다.
- 시스템은 애플리케이션 관리자가 고객 조직의 멤버들이 실행할 수 있는 보고서를 통제할 수 있게 할 것이다.
- 시스템은 애플리케이션 관리자가 새로운 보고서를 정의하고 사용자에게 알려줄 것이다.

액터 목록은 유스케이스에 직접적으로 참여하는 사용자를 기술한다. 또한, 유스케이스에 액터가 포함되는 간단한 이유를 추가할 수 있다.

- 고객 사용자, 자신의 투자에 대한 정보를 알기 원함.
- 애플리케이션 관리자, 추가 보고서를 정의하고 고객에게 알려주기를 원함.

사전 조건 목록은 유스케이스가 실행될 때 발생해야 하는 업무 조건 목록이다. 예는 다음과 같다.

- 고객이 로그인되어 있다.
- 새로운 보고서가 요청되었다.

트리거는 유스케이스를 실행시키는 이벤트이다. 예는 다음과 같다.

- 고객이 보고서를 실행하기 원한다.
- 애플리케이션 관리자가 새로운 보고서를 정의하는 작업을 시작하였다.

유스케이스의 기본 흐름은 에러 없이 유스케이스를 처리하는 단계별 설명이다. 보고서를 실행하는 고객에 대한 예는 다음과 같다.

1 사용자가 사용할 수 있는 보고서 목록을 표시한다.
2 사용자가 실행할 보고서를 선택한다.
3 사용자가 보고서를 실행하는데 필요한 조건을 입력한다.
4 사용자가 보고서 형식(예: HTML, PDF, Excel 등)을 입력한다.
5 사용자가 보고서를 읽는다.

대안 흐름은 유스케이스를 실행 중에 발생할 수 있는 비정상적인 이벤트를 기술한다.

- 사용자가 모든 필수 조건을 입력하지 않았다면 시스템은 필수 조건을 입력해야 한다는 에러 메시지를 표시할 것이다.
- 보고서 실행 에러가 발생한다면 시스템은 일반적인 에러 페이지를 표시하고 애플리케이션 관리자에게 상세한 에러 정보를 알려준다.

유스케이스는 좀 더 형식적인 구조와 내용으로 작성될 수 있다. 자세한 사항은 Cockburn (2001)을 참고한다.

유스케이스는 1페이지에서 3페이지 길이이어야 한다. Cockburn (2007)에서 제공하는 추천 길이다. 3페이지보다 긴 유스케이스는 유스케이스로서 적당하지 않은 내용을 담고 있다. 예를 들어 와이어 프레임 그래픽wireframe graphics (역자 주: 웹 사이트 등의 골격 구조를 그림으로 표현해 놓은 것)은 일반적으로 유스케이스로 적절하지 않다. 긴 유스케이스는 용어집 또는 와이어 프레임 그래픽을 포함하는 경향이 있다. 각 유스케이스에 대하여 두 문장보다 길지 않은 요약으로 시작하는 것이 좋다. 이것은 목록이 늘어나도 유스케이스의 구성을 단순하게 해주기 때문이다. 분석이 진행되면 대부분의 유스케이스에 추가적인 세부사항을 붙이고 싶어질 것이다

유스케이스 다이어그램을 작성하지 마라. UML 명세는 유스케이스의 그래픽 표현을 정의한다. 그러나 그래픽 표현은 별로 사용되지 않는다. 나는 이 책에서 이것을 논의할 의도는 없다. 나의 경험으로는 유스케이스 다이어그램이 업무 측과 개발자 모두를 혼란스럽게 하며, 그래픽 구조를 생성하고 설명하고 유지하는데 드는 비용이 그 이점보다 훨씬 크다.

유스케이스를 작성하는 것은 업무 측의 심도 있는 참여를 요구한다. 업무 분석가는 기술 측으로부터 도움을 받아 초기 시안을 작성할 수 있지만, 업무 측의 참여와 검토 없이 끝날 수는 없다. 업무 사용자의 협력을 이끌어내기 어렵지만 그들이 제공해주는 것은 아주 중요하다. 내 경험으로는 유스케이스 검토와 같은 분석 작업에 대한 업무 측의 불충분한 지원은 프로젝트를 실패하게 하는 원인이 될 수 있다.

소규모 그룹으로 시작해서 유스케이스 분석을 수행한다. 애플리케이션 아키텍트가

한 명의 업무 측 사용자 또는 업무 분석가와 함께 작업하며 논의를 시작함으로써 유스케이스 시안을 빨리 만들 수 있다. 이들 시안 유스케이스는 불완전할 것이며, 어떤 것은 부정확하겠지만, 아무것도 만들지 않는 것보다 피드백을 더 쉽게 빨리 얻을 수 있다. 시안에 반대하는 것을 이용하여 유스케이스를 정제하고 향상시킬 수 있다.

유스케이스 논의를 기록할 수 있는 사람을 선정하라. 논의가 이루어질 때 여러분이 노트를 작성할 시간이 없다. 중재자가 아닌 다른 누군가가 논의 노트를 작성하면 완전하고 이해할 수 있는 논의가 진행될 수 있다.

좀 더 많은 정보를 사용할 수 있을 때 수정할 수 있도록 유스케이스를 작성한다. 유스케이스는 항상 진화한다. 모델링 단계 또는 프로젝트 후반부에 추가적인 정보를 발견하면 유스케이스에 추가해야 한다.

유스케이스 분석이 완료될 때는 팀 멤버가 각 유스케이스를 구현하는데 걸리는 시간을 산정할 수 있다. 산정은 시간 단위보다 주 단위로 한다. 개발자들은 애플리케이션의 코드를 작성할 때까지 산정 시간을 제공하는 것을 불편해한다. 이런 개발자들에게 산정과 실제 작업 소요 시간 사이의 차이는 예상하고 있다는 것을 친절하게 환기해줄 필요가 있다. 개발자가 산정에 낙관적인 개발 시간만을 포함하는 것이 일반적이라는 것에 주목해야 한다. 나는 보통 개발자가 산정한 시간의 2배를 산정한다.

요구사항을 명확하게 정의하는데 어려움이 있어도 속도를 늦추지 마라. 올바르다고 가정하고 그대로 진행한다. 유스케이스가 올바르지 않다면 반대자들이 잘못되었다고 말하게 될 것이다. 그때 문제를 수정하면 된다. 이 정보를 사용하여 유스케이스를 정제하고 향상시킬 수 있다.

일반적인 실수

이번 절에서는 다양한 문제를 갖는 유스케이스의 예를 살펴보기로 한다.

요구사항을 가정하여 기술적인 설계 전제 사항을 부여한다. 이것은 가장 자주 볼 수 있는 실수다. 보고서 시스템의 다음 유스케이스를 살펴보자.

- 시스템은 애플리케이션 관리자들이 사용자 그룹의 보고서 실행을 금지하거나 배치 작업으로 실행을 돌리는 규칙을 설정함으로써 시스템 부하를 제한한다.

이 유스케이스는 여러 보증되지 않은 가정을 하고 있으며, 잘못된 문제를 해결하도록 한다. 애플리케이션이 사용하는 하드웨어/소프트웨어 아키텍처가 부하를 처리할 수 있는 확장성이 없어서 대체할 수 있는 처리 방법이 필요하다는 가정을 하고 있다. 애플리케이션이 언급된 배치 스트림보다 더 효율적으로 만들어지지 않았다고 전제한다. 그리고 사실상 배치 스트림 환경이 애플리케이션이 처리해야 하는 부하를 처리할 잉여 능력을 가지고 있다고 가정한다.

유스케이스에서 한 이러한 가정이 사실이라고 판명된다고 하더라도 그 이상의 부하를 지원할 수 있도록 아키텍처를 계획함으로써 시작해야만 한다. 사실상 대부분의 가정은 거짓으로 판명된다. 아키텍처는 부하를 효율적으로 처리할 수 있었다. 배치 스트림은 잦은 성능 병목 현상을 가져왔으며 잉여 능력을 가지고 있지 않았다. 그리고 애플리케이션의 효율성은 사용자를 만족시키는 그 이상이었다.

이 유스케이스를 작성하는 더 좋은 방법은 다음과 같다.

- 시스템은 200건까지 동시 보고서 실행과 하루 최대 500,000 보고서 처리 능력을 지원할 것이다.

유스케이스에 물리적인 설계 가정을 포함한다. 예를 들어 개발자 중의 하나가 다음과 같은 보고서 시스템 유스케이스를 제출하였다.

- 시스템은 요청이 완료된 후에 보고서 요청 테이블에 로우를 추가할 것이다.

이 유스케이스는 테이블에 요청 건을 기록한다고 하는 물리적 설계 가정을 하고 있다. 그러나 이 시점에서 우리는 물리적인 설계를 아직 결정하지 못하며, 결정해야 할 필요도 없다. 논의 끝에 나는 애플리케이션 관리자가, 사용자가 어떤 보고서를 실행했는지 찾아내서 고객이 그만큼에 보고한 문제에 해당하는 보고서를 다시 만들 수 있게 하는 방법이 필요하다는 것을 알게 되었다. 이런 요구사항이라면 유스케이스는 다음과 같이 작성하는 게 더 낫다.

- 시스템은 애플리케이션 관리자와 보고서 템플릿 개발자가 보고된 문제를 조사할 수 있도록 적어도 36시간 동안 보고서 요청 이력을 기록할 것이다.

분석 시간을 효율적으로 유지하지 못한다. 분석 노력이 많은 이유로 정체될 수 있다. 비효율적인 소통 또는 리더십 논의와 아주 낮은 상세 수준, 정보의 부족 등이 그런 이유다. 분석 세션에서 획득한 요구사항이 불완전하거나 그렇지 않으면 비효율적일 수도 있다. 애플리케이션 아키텍트는 이런 문제에서 벗어날 수 있도록 개발 방향을 잡아갈 수 있다. 세션이 정체되는 것보다는 나중에 해결해야 할 항목들에 대하여 "이슈 목록"을 만들고 나중에 추가적인 정보를 보완하도록 하는 것이 바람직하다. 이슈 목록 항목은 문서화하고 추적하여 나중에 논의한다.

작은 프로젝트에서도 유스케이스 문서화에 실패한다. 대부분 개발자는 프로젝트에 한 명의 개발자만 있는 경우에 유스케이스를 문서화할 필요가 없다고 생각한다. 그러나 유스케이스는 어떤 방식으로든 문서화되어야 한다. 작은 프로젝트에서 유스케이스는 단순한 목록만 있는 비형식적인 것일 수도 있다.

문서화된 유스케이스가 개발자를 대상으로 작성되었다면 그것은 방향을 잘못 잡은 것이다. 문서화된 유스케이스는 관리와 업무 측에게 개발의 목표를 알려주며, 추가 개발자가 팀에 합류하거나 프로젝트에 다른 개발자가 할당될 때 프로젝트 전환을 도와준다.

모든 유스케이스에 용어를 반복적으로 정의한다. 복잡한 애플리케이션에서조차 모든 유스케이스에 반복적으로 용어를 정의하는 것은 불필요하다. 대신에 별도로 업무 용어 목록에 용어를 정의하고 관리하는 것이 좋다. 예를 들어, 현금 거래는 한 계좌로부터 다른 계좌로 돈이 이체되는 것을 가리킨다. 거래의 특징은 식별자와 날짜, 금액, 하나 이상의 수신 계좌 그리고, 적어도 이체되는 계좌를 가진다.

유스케이스를 작성하기가 쉽다고 생각되면 그것이 맞는 것이다. 만약 누락된 것이 있다고 생각되거나 이 장에서 제시한 것보다 유스케이스 작성이 어렵다고 생각된다면, 작업을 필요 이상으로 어렵게 하고 있는 것이다. 유스케이스 작성이 상식 이상을 요구한다면 그것은 잘못된 것이며 그 결과에 동의할 사람이 없기 때문이다.

프로토타이핑

이 단계에서 개발팀은 사용자 인터페이스 기술(요즘 대부분 애플리케이션이 웹 기반이라서 HTML이 일반적임)을 선택할 수 있는 충분한 정보를 갖게 된다. 프로토타입의 사용자 인터페이스는 실제 애플리케이션 일부가 될 수 있으며, 기술적으로 가능하지 않은 것을 전달할 가능성을 막아준다.

프로토타입을 작성할 때 레이아웃 디자이너를 포함시킨다. 사실상 레이아웃 디자이너가 애플리케이션 아키텍트 대신에 이러한 특별한 작업을 주관해야 한다. 일반적으로 기술자들은 미적으로 아름다운 사용자 인터페이스 화면을 만들어내지 못한다. 나도 그렇다.

프로토타입은 원래 기능적인 것이 아니다. 프로토타입 화면은 동적인 데이터를 가져야 할 필요가 없다. 프로토타입을 개발하고 HTML을 사용한다면 Castro (2006)를 강력하게 추천한다.

스윔레인 다이어그램

내가 알고 있는 한 공식적인 방법론의 일부는 아니지만, 주요 업무 프로세스를 기술한 스윔레인 다이어그램swim-lane diagram으로 유스케이스와 프로토타입을 보완하는 것이 좋다. 스윔레인 다이어그램으로 설계되는 소프트웨어가 지원하는 업무 프로세스를 기술한다. 각 개발 스윔레인은 액터 또는 애플리케이션을 포함한다. 액터나 애플리케이션에 의해 업무 프로세스가 실행되는 동안에 수행되는 다른 컴포넌트와 의사 결정사항은 스윔레인 안에서 사각형과 마름모로 표현한다. 액터가 할당된 스윔레인은 수작업 프로세스이며, 애플리케이션이 할당된 스윔레인은 자동으로 수행된다. 스윔레인은 왼쪽에서 오른쪽으로 차례대로 읽는다. 그림 2.1은 그 예이다.

최종 사용자는 스윔레인 다이어그램을 어려움 없이 이해한다. 업무 프로세스의 어떤 부분이 수작업이고, 어떤 부분이 소프트웨어 애플리케이션에 의해 지원되는가를 설명하는데 아주 효과적이다. 최종 사용자는 이러한 접근 방법에 익숙하므로 프로세스를 보고 프로젝트에 필요한 것 중에서 빠뜨린 것이 있는지를 쉽게 알 수 있게 한다. 프로그래머도 소프트웨어 제품이 어떻게 사용되는지를 쉽게 알 수 있기 때문에 이 접근 방법으로부터 이점을 얻을 수 있다.

[그림 2.1] 스윔레인 다이어그램 예

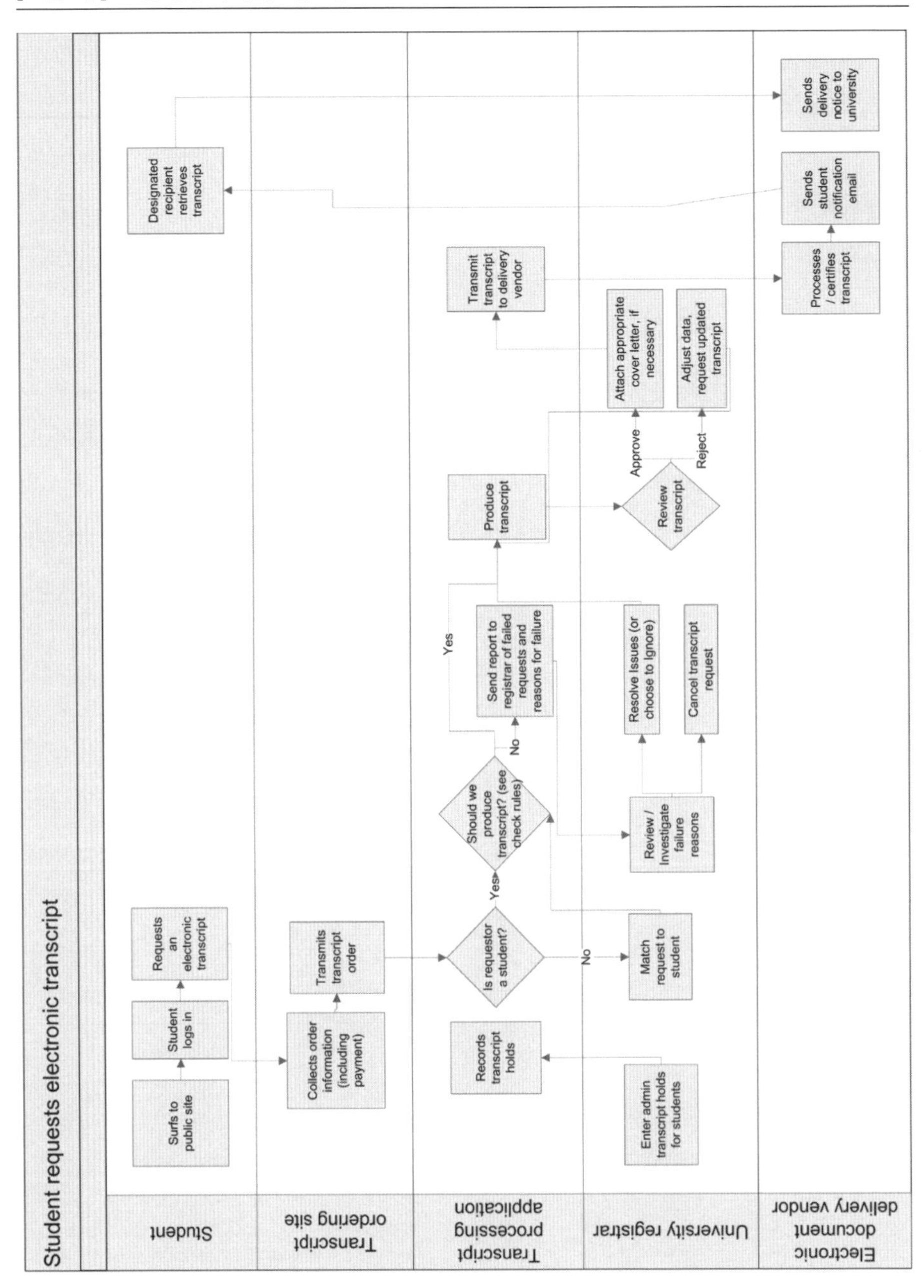

비기능 요구사항

지금까지 논의한 모든 요구사항은 기능적인 요구사항functional requirement이다. 기능적인 요구사항은 애플리케이션이 수행해야 하는 것을 정의한다. 비기능 요구사항nonfunctional requirement은 기능적인 요구사항을 애플리케이션이 성취하는 방법에 대한 제약사항을 명시한다. 예를 들어 기능적인 요구사항이 사용자가 미리 정의한 보고서를 실행할 수 있게 하는 것이라면, 비기능적인 요구사항은 모든 미리 정의된 보고서가 60초 안에 실행될 수 있어야 한다는 것이다. 다른 예로 기능적인 요구사항은 애플리케이션이 사용자가 고객 계정에 변경한 사항을 저장할 수 있게 한다는 것이라면, 비기능적인 요구사항은 애플리케이션의 백업이 필요하다거나 하드웨어 실패 시에 저장된 거래가 다시 복구될 수 있어야 한다는 것이다.

일반적으로 비기능 요구사항이 유스케이스 또는 사용자 스토리가 아닐 수 있다. 그러나 비기능 요구사항은 때때로 기능적인 요구사항에 영향을 줄 수 있다. 예를 들어, 나는 사용자가 비밀번호를 잊어서 알려달라고 요청한 경우에 고객 대표자가 사용자의 비밀번호를 볼 수 있도록 기능 요구사항을 바꿔달라는 요청을 받았다. 이때 나는 그들에게 비밀번호를 암호화되지 않은 형식으로 저장할 수 없다는 관리 부서의 지시가 있다는 것을 알려주어야 했다. 게다가 사용된 암호 방법으로 비밀번호를 해독할 수 없었다. 해독할 수 없도록 비밀번호를 암호화하라는 지시는 비기능적인 요구사항의 예이다. 이 경우 비기능 요구사항은 기능적인 요구사항에 결정적으로 영향을 미치게 된다.

분석 기술을 향상시키는 법

때로는 개발자와 초보 아키텍트는 좋은 사용자 스토리와 유스케이스를 작성하는데 필요한 업무 분석 기술을 획득하는데 어려움을 겪는다. 업무 분석은 글이든 말이든 좋은 커뮤니케이션 기술을 필요로 하며, 모든 개발자가 이 기술을 가진 것은 아니다. 기술적인 용어(파일, 필드 등)를 사용하지 않고 업무 용어로 문제를 표현할 수 있어야 한다. 구현과 같이 목표와 정확성이 필요한 영역이 아니다. 그럼에도 효과적인 유스케이스와 사용자 스토리를 작성하는 능력은 모든 아키텍트가 반드시 개발해야 하는 기술이다. 여러분이 필요하다고 생각한다면 분석 기술을 향상시키는 방법은 다음과 같다.

멘토를 구하라. 아마도 같은 조직에서 일하는 사람 중에서 존경하는, 업무 분석 기술을 가진 누군가를 선택한다. 그리고 멘토가 사적으로 여러분의 유스케이스와 사용자 스토리 또는 여러분의 조직이 기능 요구사항을 정의하는데 사용하는 문서 스타일을 검토해 달라고 요청한다. 보통 직접적으로 관련되지 않은 사람이 좀 더 목표지향적이고 가치 있는 피드백을 제공한다.

프로젝트가 끝난 다음에 검토한다. 관리자가 특별히 요청하지 않는다면 공식적으로 이 일을 할 필요는 없다. 개발자와 관련된 최종 사용자 대표와 프로젝트를 논의함으로써 이 정보를 비공식적으로 수집할 수 있다. 어떤 사용자 요구사항이 누락되었는가? 이들 누락된 요구사항을 더 빨리 식별했다면 무엇을 할 수 있었겠는가? 이것이 여러분이 얻을 수 있는 피드백이며, 향후 적용에서는 잘못된 사항을 수정할 수 있도록 만들어준다.

유스케이스 또는 사용자 스토리에 기술된 사용자의 작업을 당신이 해야 한다고 생각하라. 만약에 당신이 그 자리에 있다면 사용자의 목적을 달성하기 위해서 무엇을 해야 할 것인가? 이 연습을 하는 것이 여러분이 놓칠 수 있는 요구사항을 볼 수 있도록 할 것이다. 또한, 이것은 여러분에게 사용자가 해야 하는 것에 관한 정보를 제공할 것이며, 향후 적용에서 여러분을 도움이 될 것이다.

추천 도서

- Booch, Grady, James rumbaugh, and Ivar Jacobson. 2005. *The Unified Modeling Language User Guide*, 2nd ed. reading, MA: Addison-Wesley.
- Castro, Elizabeth. 2006. *HTML for the World Wide Web with XHTML and CSS: Visual QuickStart Guide*, 6th ed. Berkeley, CA: Peachpit Press.
- Cockburn, Alistair. 2001. *Writing Effective Use Cases*. Boston: Addison-Wesley.
- Cockburn, Alistair. 2007. *Agile Software Development*, 2nd ed. Boston: Addison-Wesley.
- Fowler, Martin, and Kendall Scott. 2003. *UML Distilled: Applying the Stan-dard Object Modeling Language*, 3rd ed. reading, MA: Addison-Wesley.

범위 정의와 산정

대부분의 조직에서 프로젝트 관리자는 업무 측과 관리와 협력하여 프로젝트 범위를 수립하고 시간과 자원 요구사항을 산정한다. 그리고 프로젝트 관리자는 애플리케이션 아키텍트에 이들 작업에 대한 지원을 요청한다. 이런 과정은 Java EE 애플리케이션이라고 해서 다르지 않다. 이번 장에서는 관리를 위한 작업을 정의하고 산정하는 것을 아키텍트가 지원하는 방법에 대해서 살펴보기로 한다. 이 작업과 관련되지 않은 독자는 그냥 넘어가도 좋다.

범위 정의

사용자 스토리나 유스케이스에 기초를 두고 객관적으로 프로젝트 범위를 정의하고 업무 측의 동의를 얻는다. 프로젝트 기간에 범위를 변경시키는 것은 프로젝트 일정에 큰 혼란을 일으키고, 개발팀의 사기를 떨어뜨린다. 업무 측이 개발이 진행된 후에 추가 요청을 한다면 그들을 인정하고 유스케이스에 기록한 후에 향후 릴리즈 일정을 조정한다. 각 유스케이스에 대하여 대략적으로 산정하는 것은 업무 측이 범위를 결정하는데 유용한 정보를 제공하게 한다.

업무 측에 유스케이스에 대한 동의를 얻는다. 유스케이스가 업무 용어로 작성되었기 때문에 무엇을 언제 인도할지에 대한 업무 측과 관리 사이의 "계약"으로 사용될 수 있다. 업무 측과 작업하여 현재 프로젝트에서 구현하게 될 유스케이스를 선택한다. 그 외의 다른 것들은 연기될 것이다. 범위가 구두로 동의가 되었다고 하더라도 문서로 작성해서 프로젝트에 원격으로 연결된 모든 사람에게 이메일을 보낸다. 복사본을 항상 보관하고 있어야 한다.

프로젝트 범위가 결정되면 지키기 위해서 애써야 한다. 일단 프로젝트 범위가 결정되면 프로젝트 관리자가 해야 할 가장 중요한 일은 그것을 지키는 것이다. 애플리케이션 아키텍트는 프로젝트 관리자에게 범위 변경을 알려주어야 할 책임이 있다. 움직이는 목표를 맞추기가 훨씬 어렵다. 나는 향후 릴리즈의 일정을 조정하는 것을 선호하지만, 아키텍트는 대개 일정 문제를 결정하지 않는다. 나는 유스케이스 형식으로 요청을 산정하여 사전 산정치를 제공한다. 대개 프로젝트 관리자는 이 정보를 사용하여 향후 릴리즈 일정을 업무 측과 협상한다.

프로젝트 범위를 결정하는데 사용된 가정을 문서화한다. 이 단계에서 잘 모르는 프로젝트 요구사항이 있을 수 있다. 종종 잘 모르는 것을 조사하는 동안에 프로젝트를 중단할 수는 없다. 이러한 상황에서는 요구사항을 추측하여 이 추측을 가정으로 문서화한다. 관리자와 제품 관리자 또는 다른 업무 대표자가 이러한 가정에 대한 문서의 복사본을 필수적으로 가지고 있어야 한다. 가정이 부정확하다면 범위 변경 통보를 받을 것이고 그 결과에 따른 산정이 이루어질 수 있다.

XP 또는 Scrum과 같은 애플리케이션 방법론에서 "프로젝트"는 "반복iteration"이라고 하며 좀 더 작은 크기를 갖는 경향이 있다. 대부분의 애자일 방법론은 현재 개발하고 있는 반복iteration에서 수행할 범위를 고정시키라고 주장한다. 애자일 방법론은 현재 개발 중이지 않은 반복에 대해서는 유연성(범위 변경 허용)을 제공함으로써 변화를 수용한다.

산정의 기초

많은 기술자가 산정을 어려워한다. 그리고 실제로 그렇다. 이 단계는 과학이라기보다는 예술에 가깝다. 여기에서는 유스케이스 분석과 프로토타입에서 얻은 정보를 기반으로 총체적으로 산정하는 방법을 제시하도록 한다. 나는 이 방법이 유일한 방법이라고 주장하지 않는다. 여러분의 방법이 있다면 그것을 사용해도 좋다. 같은 프로젝트를 여러 방법으로 산정하는 것은 산정한 결과를 확신할 수 있게 한다. 여러 방법이 유사한 결과를 보여준다면 더욱 그렇다.

프로젝트 초기에 수행한 산정은 정기적으로 검토하여 좀 더 세부적인 계획과 설계를 한 후에 정제되어야 한다. 외부 인터페이스 정의와 객체 및 데이터 모델링을 완료한 후에는 좀 더 정확한 산정을 할 수 있을 것이다. 이때 수행하는 산정은 어떤 유스케이스를 결합하여 산정할 때 사용할 수 있을 정도로 자세해야 한다. 이상적이라면 업무 측에서 범위를 결정할 때 비용 대비 효과를 분석하게 된다.

팀에서 가장 늦은 자원을 기준으로 산정한다. 우리는 모두 다른 사람들보다 개발 작업에 적은 시간을 소요하는 사람이 있다는 것을 잘 알고 있다. 프로젝트가 늦어지는 이유를 설명하는 것보다는 프로젝트를 빨리 인도하는 것이 더 낫다.

산정은 비율적으로 균형 있게 해야 한다. 전형적인 개발팀은 자원 예산을 계획과 설계에 1/3 정도를 사용하고, 1/3을 구현과 단위 테스트, 그리고 1/3을 시스템 및 사용자 테스트를 지원하는데 사용한다. 계획과 설계 예산의 어느 정도는 이전 장에서 설명한 유스케이스 분석을 수행하는데 소요되어야 한다. (나는 보통 계획과 설계 시점에서 50% 정도 완료됐다고 가정한다.) 이러한 비율은 프로젝트 전체에 적용된다.

산정은 작업시간 단위로 표현되어야 한다. 즉, 작업을 완료하는데 필요한 작업시간을 산정한다. 대부분 프로젝트 관리 소프트웨어는 프로젝트 계획에 기반이 되는 날짜를 계산한다. 자원이 다른 프로젝트로 빠질 때 프로젝트에 미치는 영향에 대해 좀 더 정확하게 관리자에게 알려줄 수 있게 된다.

개발, 테스트, 및 운영 환경을 설정하는데 필요한 시간을 고려한다. 대부분 기업은 기업 전체 수준에서 수립된 환경을 제공한다. 예를 들어, 많은 기업에는 중앙 관리팀이 있어서 새로운 애플리케이션의 개발, 테스트 및 운영 환경을 수립한다. 여러분의 기업에 그런 팀이 있다면 환경 설정에 할당된 시간이 적을 것이며, 이 경우에는 보통 사전 산정 자료에 포함되지 않는다. 여러분의 기업에 그런 팀이 없다면 환경을 설정하기 위한 산정을 추가해야 한다.

개발자들은 대부분 구현과 단위 테스트 산정을 잘한다. 합리적인 구현과 단위 테스트 작업을 산정할 수 있다면 전에 언급한 비율을 적용하여 나머지를 추정할 수 있으며 예측 산정ballpark estimate 결과를 얻을 수 있다. 이러한 비율로 전체 산정을 위해서는 산정 당시 계획과 설계가 50% 완료되었다고 가정하고 구현과 단위 테스트 산정에 2.5를 곱한다.

이력 데이터와 비교하여 산정을 확인한다. 산정된 작업을 실제로 완료하는데 걸리는 시간을 확인한다. 이 방법은 산정에서의 실수를 찾아서 향후 프로젝트에 수정하여 사용할 수 있다. 결과적으로 이전 프로젝트로부터 실제로 완료하는데 걸리는 시간 정보를 포함하는 라이브러리를 가질 수 있게 된다. 이 라이브러리로부터 비교 대상 작업(작업량과 난이도가 유사한 작업)을 찾는다. 현재 프로젝트에서 평가하고 있는 산정 결과는 비교 대상 작업에서 경험했던 것과 거의 일치해야 한다. 이것은 부동산이 평가되는 방식과 같다. 부동산 전문가는 근처의 유사한 부동산의 판매 가격을 찾아서 부동산의 가치를 산정한다. 같은 방법이 소프트웨어 산정에도 적용될 수 있다.

산정 알고리즘

애플리케이션 아키텍트는 시간만 산정할 책임이 있다는 것을 명심해야 한다. 프로젝트 관리자는 다른 프로젝트에 대한 책임과 휴가 때문에 결석하는 것을 고려해야 한다.

1단계 애플리케이션을 계량화한다. 대략적인 웹 페이지 수와 배치 작업, 보고서, 데이터베이스 테이블, 그리고 외부 애플리케이션 인터페이스를 결정한다. 이전 이력으로부터 비교 대상 프로젝트의 데이터를 가져온다. 이력 데이터에서 하나의 웹 페이지(데이터 액세스 로직과 업무 로직이 함께 개발되어야 한다는 가정하에)를 완료하는데 걸린 평균 시간을 도출한다. 예를 들어 동적인 웹 페이지당 평균 작업 시간은 복잡성 정도에 따라 40시간에서 80시간이다. 배치 작업과 보고서, 데이터베이스 테이블, 외부 애플리케이션 인터페이스에 대해서도 유사한 산정 범위를 가진다. 데이터베이스 테이블이 목록에 있는 이유는 물리적으로 테이블을 생성하는 것 말고도 데이터 모델링과 데이터베이스 설계 작업이 수행되어야 하기 때문이다. 구현과 단위 테스트를 산정하기 위해 프로젝트에 고려해야 하는 유스케이스 그룹에 따라 다음과 같은 산정치를 수집한다.

- 사용자 인터페이스 화면/페이지 (각각 40에서 80시간)
- 외부 애플리케이션 인터페이스 (각각 80에서 120시간)
- 데이터베이스 테이블 (각각 4에서 8시간)
- 배치 작업 변환 (각각 24에서 40시간)

여러분이 처음 산정하는 것이라면 비교 대상 프로젝트로부터 이력 데이터를 가지고 있지 않을 것이다. 이 경우에는 동료에게 물어본다. 여러분의 관리자나 프로젝트 계획을 함께 작업하는 사람에게 물어보고 이전 프로젝트로부터 추정한다.

각 유스케이스에 이들 항목이 모두 있지는 않을 것이다. 이전 목록에서 괄호

안의 기본적인 산정은 개발팀이 꾸려지지 않은 경우에 적용할 수 있다. 개발팀이 있다면 각 항목에 대한 더 정확한 산정이 가능할 것이다. 이 시점에서 산정은 정확하지 않을 것이다. 객체의 수에 따른 산정이 좀 더 정확하지만, 객체 모델링이 수행되기 전에는 사용할 수 없다.

2단계 각 유스케이스당 구현과 단위 테스트 시간을 산정한다. 1단계에서 수집한 정보를 기초로 유스케이스 조합에 대한 기초 산정치를 구하기 위해 간단한 수학 계산을 한다. 기초 산정치는 한 명의 개발자가 구현과 단위 테스트 작업을 하는데 걸리는 시간을 말한다. 설계가 완료되기 전에 구현과 단위 테스트 시간을 산정하는 것이 조금은 이상하지만, 이러한 모호성으로 인해 방해를 받을 개발자는 거의 없는 듯하다.

많은 개발자가 단위 테스트와 시스템 테스트를 혼동한다. 단위 테스트는 엄격하게 Java 클래스 수준에서만 이루어진다. 애플리케이션 안에서 다른 클래스로부터 호출될 때 클래스가 제대로 기능을 수행하는지를 테스트하는 것은 통합 테스트이지 단위 테스트가 아니다.

예를 들어 4개의 화면, 2개의 외부 인터페이스, 5개의 데이터베이스 테이블, 2개의 환경 설정과 관련되고 데이터 변환은 없는 유스케이스의 집합에 대하여 기초 산정치는 다음과 같다.

(4×80시간)+(2×120시간)+(5×8시간)+(2×8시간)+(0×40시간)=616시간

3단계 2단계에서 구한 기초 산정치에 2.5배를 하여 각 사용자 스토리 또는 유스케이스에 대한 분석과 테스트 활동을 산정한다. 구현과 단위 테스트가 각 유스케이스 종합 비용의 약 1/3이라면, 전체 비용은 기초 산정치의 약 3배가 되어야 한다. 이 단계에서 분석이 약 50퍼센트 정도 끝났기 때문에 전체 비용 산정치는 기초 산정치의 약 2.5배가 된다. 이전 예에서 계속하면 프로젝트에 남아 있는 전체 시간은 600×2.5=1,500시간이 될 것이다.

4단계 프로젝트에 투입된 각 개발자에 대하여 20% 정도를 추가 산정한다. 기초 산정치는 프로젝트가 한 명의 개발자만 있다는 가정에서 산정된다. 프로젝트에 투입된 각 개발자에 커뮤니케이션과 통제 시간을 더한다. (Brook, 1995) 그렇다 하더라도, 커뮤니케이션과 통제에 소비한 시간은 개발에 소비한 시간이 아니다. 그러므로 추가된 각 개발자에 대하여 기초 산정치에 20% 정도를 더한다(즉, 1.2를 곱한다). 예를 들어 기초 산정치가 2,600시간이고 5명의 개발자가 투입된다면 구현과 단위 테스트에 2,600×1.2=3,120시간이 산정된다. 말이 난 김에 이것이 정확한 산정이라고 하는 잘못된 인상을 주지 않기 위해 이 값을 3,500으로 반올림하는 것이 바람직하다.

프로젝트의 5명의 개발자가 전담(1주 32시간, 국경일 제외)한다면 개발팀은 1주당 전체 160시간 작업을 할 수 있다. 이것은 프로젝트 인도가 대략 5, 6개월 걸린다는 것을 의미한다. 이 시점에서는 공식적으로는 몇 달 또는 분기로 산정하여 이것이 정확한 산정이라고 하는 인상을 피하는 것이 좋다.

5단계 개발팀과 산정 결과를 검토한다. 개발자는 자극을 주지 않으면 산정에 대한 압박을 받지 않는다. 설계가 완료되면 이들 산정이 재평가되리라는 것을 개발자에게 환기시켜 주는 것이 중요하다.

많은 인력이 투입된다고 해서 지체된 프로젝트 일정은 거의 단축되지 않는다. 앞에서 설명한 바와 같이 커뮤니케이션/조율 비용으로 인해 지체된 프로젝트에 인력을 투입하는 것은 더 지체되게 만들 뿐이다. 아키텍트는 종종 모든 분석이 끝나기 전에 예측 산정을 요청받는다. 문자 그대로 그것이 정확하지 않더라도 가정으로 작성함으로써 산정을 예측하고 산정 결과를 문서화할 수 있다.

산정에 소비한 시간만큼 결과가 따르는 것은 아니다. 말할 것도 없이 프로젝트를 완료하는 실제 작업시간은 산정치와는 다를 것이다. 대부분은 산정 과정에 좀 더 많은 시간을 적용한다고 해서 좀 더 정확하게 산정할 수 있는 것은 아니다. 이것이 처음 산정을 하는 많은 개발자에게는 불편한 생각이겠지만, 개발자들이 함께 배워야만 하는 진실 중 하나이다.

더 짧은 개발 반복을 사용하는 애자일 방법론을 따르는 사람들은 더 낮은 산정을 하게 될 것이다. 그러나 같은 개념이 적용된다. 스토리가 기존 애플리케이션에 기능을 추가하는 것이라면, 이력 데이터를 가지고 있는 과거 스토리로부터의 산정치를 활용해야 한다.

산정 관리

애플리케이션 아키텍트 역할과 함께 프로젝트 관리자 역할도 함께 해야 한다면 정기적으로 산정에 대한 진행 상황을 관리해야만 한다. 진행 상황을 관리하는 것은 개발자가 할당된 작업에 실제로 소요한 시간을 수집하여 산정 시간과 비교하는 것이다.

산정 관리는 프로젝트가 어느 정도의 시간 및 예산 범위 안에 있는지 문서화한다. 대부분 프로젝트는 하루아침에 두어 달씩 지체되지 않는다. 지체되는 징후가 있다. 대부분 간부들은 미리 문제를 본다면 충분히 일정 문제를 수용할 수 있다.

산정 관리는 다른 프로젝트에 자원을 재할당한 결과를 문서화한다. 프로젝트에 투입되는 시간만 관리함으로써 일정을 준수하기 위해 프로젝트에 주어진 시간이 충분하지 않다면 관리에게 통보한다. 나는 수행된 작업을 기준으로 본다면 조금도 늦은 것이 아니라는 것을 강조함으로써 계획보다 지체된 프로젝트를 방어할 수 있었다. 프로젝트가 지체되는 이유는 자원이 다른 프로젝트에 할당되었기 때문이지 팀을 잘못 관리했기 때문이 아니었다.

산정 관리는 향후 프로젝트를 향상시킬 수 있다. 예를 들어서 내가 기존 애플리케이션에 새로운 화면/페이지를 추가하는 일에 관련된 작업을 끊임없이 과소평가한다면 향후 프로젝트에서 유사한 작업에 대한 산정치가 증가할 것이다.

나는 매주 진행을 관리하며, 상태 보고서에 진행 요약(팀이 앞서 가든 뒤처지든)을 포함한다. 매주 진행을 관리하는 것은 관리에 아주 유용하며 또한, 그렇게 많은 시간을 소비하는 것은 아니다. 상태 보고서에 진행 상황을 표시하면 지체되더라도 관리자가 놀라지 않게 된다. 또한, 자원이 다른 프로젝트로 전환된 영향도 문서화한다.

비기능 요구사항 고려

지난 장에서 설명한 바와 같이 비기능 요구사항은 애플리케이션 요구사항이 충족되는 방법에 대한 제약사항을 정의한다. 마찬가지로 비기능 요구사항도 종종 프로젝트 산정에 영향을 준다. 예를 들어 애플리케이션이 하드웨어 장애 시에 원활하게 장애 복구를 지원할 필요가 있다면 테스트 산정치는 더 높아질 것이다. 애플리케이션이 초당 50건 처리를 지원할 수 있어야 한다는 비기능 요구사항이 있다면 성능 테스트 산정치는 그것을 반영해야 할 필요가 있다. 만약 애플리케이션이 적어도 90%의 코드 커버리지를 가져야 한다면 개발 산정치는 그것을 반영해야 할 필요가 있다.

추천 도서

- Brooks, frederick P., Jr. 1995. *The Mythical Man-Month: Essays on Software Engineering, Anniversary Edition*, 2nd ed. reading, MA: Addison- Wesley.
- DeMarco, Tom, and Timothy Lister. 1999. *Peopleware: Productive Projects and Teams, 2nd ed. New York*: Dorset House.

외부 애플리케이션 인터페이스 설계

보통 Java EE 애플리케이션은 여러분이 통제할 수 없는 외부 애플리케이션과 인터페이스 한다. 예를 들어, 주문 애플리케이션은 회계 애플리케이션에 모든 주문 정보를 알려주어야 하며, 재고 관리 애플리케이션은 모든 입출고 정보를 회계 애플리케이션에 알려주어야 한다. 애플리케이션 아키텍트는 애플리케이션 자체뿐만 아니라 애플리케이션 인터페이스를 설계해야 할 책임이 있다. 일반적으로 애플리케이션 아키텍트는 특별히 외부 애플리케이션이 커스텀 개발(수립된 인터페이스 기능을 갖지 않는 벤더 제품이 아님)일 때 외부 애플리케이션과의 애플리케이션 인터페이스를 설계할 때 중심 역할을 한다. 이번 장에서는 양쪽 애플리케이션 팀은 설계와 구현 작업을 수행하는데 필요한 정보를 갖게 되도록 외부 애플리케이션 인터페이스 요구사항을 정의하는 방법을 설명하기로 한다.

때로는 외부 애플리케이션이 판매되고 있고, 지원되는 인터페이스 메서드가 이미 정의되어 있어서 사용할 수 있는 경우도 있다. 때로는 외부 애플리케이션이 다른 팀이나 업무 영역에서 지원하지만, 아직 존재하지 않는 경우도 있다. 외부 애플리케이션 인터페이스를 생성하는 일반적인 목적은 다음과 같다.

- 참조 또는 처리용 외부 애플리케이션 데이터를 읽는다.
- 작업 일부를 처리하기 위해 외부 애플리케이션을 활용한다.
- 외부 애플리케이션에 기능을 제공한다.

보고서 애플리케이션은 외부 애플리케이션 데이터를 읽을 필요가 있는 공통적인 예이다. 대부분의 보고서 애플리케이션은 보고서 내용에 필요한 정보를 관리하지 않는다. 보고서 애플리케이션은 필요할 때마다 데이터를 읽는 것이 보통이다. 또한, 사용자는 여러분이 작성한 애플리케이션의 기능을 사용할 때 외부 애플리케이션으로부터 데이터를 참조하기를 원하는 것이 보편적이다.

외부 애플리케이션의 기능을 활용하는 것 또는 다른 애플리케이션에 기능을 제공하는 것은 있는 것을 사용하라(DRY Don't Repeat Yourselft) 원칙의 예이다. 사실상 이들은 관점에서만 다르다. 모든 "외부" 애플리케이션은 누군가가 지원하는 애플리케이션이며, 그들은 여러분의 애플리케이션도 "외부" 애플리케이션으로 생각한다. 예를 들어, 여러분의 애플리케이션이 고객 청구 기록을 시작할 필요가 있다고 하자. 요즘에는 아무도 커스텀 회계 애플리케이션을 작성하지 않는다. 여러분의 애플리케이션은 해당 청구를 시작하기 위해 상용 회계 애플리케이션을 활용할 필요가 있다.

외부 인터페이스는 안정성 리스크를 일으킨다. 외부 애플리케이션에 문제가 발생하면 여러분이 지원하고 있는 애플리케이션에 부분적인 문제를 일으킬 수 있다. 게다가 또한, 외부 애플리케이션이 변경(즉, 제품 업그레이드 또는 제품 기능 향상)되면 여러분이 지원하고 있는 애플리케이션을 변경해야 하는 경우도 있다. 결과적으로 안정성 리스크를 완화하거나 포함하는 방식으로 인터페이스를 구현하는 것이 반드시 필요하다. 이러한 리스크를 완화하는 방법이 있으며, 이번 장에서 논의하게 될 것이다.

외부 인터페이스는 개발과 지원 활동을 복잡하게 한다. 개발과 지원이 영향을 받는 경우는 문제를 해결할 사람이 팀 외부에 있을 때다. 게다가 어떤 애플리케이션이 그 문제를 일으키는지 알기가 쉬운 것이 아니다. 보고된 문제를 조사해서 외부 애플리케이션이 문제를 일으킨다는 것을 발견할 수는 있겠지만, 여러분이 할 수 있는 모든 것은 해당 애플리케이션을 지원하는 팀이나 벤더에게 이슈를 제기하는 것뿐이다. 외부 인터페이스가 일으키는 복잡성을 감소시키는 방법이 있으며, 이 장에서 설명하게 될 것이다.

애플리케이션 아키텍트는 일반적으로 외부 인터페이스가 형식에 맞게 잘 정의되고 문서화되어 있는지를 확인해서 두 애플리케이션 개발자가 객체 모델링(6장에서 설명함.)을 하는 기반이 될 수 있도록 해야 할 책임이 있다. 양쪽 애플리케이션의 애플리케이션 아키텍트는 모델링과 구현 작업을 할 기반이 필요하다. 게다가 프로젝트 관리자는 여러분의 개발 그룹과 외부 시스템 개발자 사이의 책임을 기술한 계약이 필요하다.

외부 인터페이스의 다음 사항이 외부 팀과 논의되어야 하며, 팀 사이에 동의가 있어야 한다.

- 인터페이스 방법 선택(즉, 웹 서비스, 메시징)
- 출판된 서비스 또는 기능
- 데이터 구조
- 콘텐츠 교환 트리거 이벤트
- 에러 처리 프로시저와 책임

애플리케이션 아키텍트는 인터페이스 설계 논의를 중재해야 한다. 중재자 역할의 한 부분은 일단 목록에 올라와 있는 주제로 논의를 제한하는 것이다. 양쪽 애플리케이션의 내부 설계는 논의할 필요가 없다. 외부 애플리케이션이 사용하는 플랫폼은 논의해야 하는데 그것은 인터페이스 방법에 따라서 Java EE 애플리케이션의 능력에 영향을 미치기 때문이다. 예를 들어 외부 애플리케이션이 Java로 작성되지 않은 경우에 Java EE 애플리케이션은 EJB나 RMI와 같은 커뮤니케이션 방식을 사용할 수 없다.

이번 장에서는 공통으로 사용되는 인터페이스 방법과 장단점을 설명함으로써 외부 인터페이스를 설계할 때 사용할 수 있는 가이드를 제공하고자 한다.

외부 애플리케이션 데이터 소비 전략

외부 인터페이스의 가장 공통적인 유형은 다른 애플리케이션이 관리하는 데이터를 읽는 것이다. 이것에 사용되는 일반적인 전략은 직접 외부 애플리케이션 데이터베이스를 활용하거나, EJB[Enterprise Java Bean], 메시징 기술, REST 서비스, 또는 웹 서비스를 활용하여 필요한 정보를 얻는 것이다. 이들 각 전략은 장단점이 있다.

외부 애플리케이션 데이터베이스 직접 읽기

외부 애플리케이션 데이터를 직접 읽는 전략의 이점은 다음과 같다.

- 가장 구현하기 쉽고 비용이 적게 든다.
- 외부 애플리케이션 벤더 또는 애플리케이션 팀의 개입이 거의 필요 없다.
- 항상 최신의 데이터를 제공한다.

이 전략은 초기 개발이 단순하고 비용이 적게 들기 때문에 많이 사용된다. 외부 애플리케이션 인력과의 상호작용이 거의 없다. 게다가 데이터베이스 액세스 방법은 대부분 개발자가 잘 알고 있으며 쉽게 이해할 수 있다.

이 전략의 단점은 다음과 같다.

- 외부 애플리케이션 변화에 역으로 영향을 받을 리스크가 증가한다.
- 외부 애플리케이션 사용자의 의도되지 않은 결과(예: 성능)의 리스크가 증가한다.

외부 애플리케이션 데이터베이스를 직접 읽는 것은 많은 경우, 절대로 외부에 노출할 의도가 없었던 애플리케이션 내부를 사용하게 된다. 외부 애플리케이션이 판매되는 제품이라면, 데이터베이스 스키마 변경을 포함하는 제품 업그레이드가 이루어지는 게 보통이다. 외부 애플리케이션이 개별 팀 또는 부서에 속한 것이라면 알려주지 않은 채로 외부 애플리케이션의 데이터베이스가 변경될 수도 있다. 결과적으로 이들 유형의 변화를 외부에 노출시키지 않도록 하는 것이 바람직하다.

Oracle은 예외지만, 대부분 데이터베이스 문제는 기본적으로 읽을 때 로크가 걸린다는 것이다. 이것은 데이터를 읽는 것이 반드시 해가 없는 것이 아니라는 것을 의미한다. 역으로 이 전략은 외부 애플리케이션 사용자에게 (읽기 로크 때문에) 성능에 영향을 줄 수 있게 된다.

직접 외부 애플리케이션 데이터베이스를 읽는 리스크는 운영 데이터 저장소를 사용함으로써 감소시킬 수 있다. 필수적으로 여러분의 애플리케이션은 외부 애플리케이션 데이터베이스를 직접 사용하는 대신에 외부 애플리케이션 데이터의 복사본을 읽는다. 이것은 순수히 데이터를 추출하는 리스크를 지역화함으로써 애플리케이션 변경으로 인한 역영향을 감소시킨다. 대부분의 애플리케이션은 영향을 받지 않게 되기 때문이다. 운영 데이터 저장소가 벤더 중립적인 형식이라면 즉, 단지 외부 애플리케이션 데이터베이스의 복제된 복사본이 아니라면, 이 데이터의 소스는 최소한의 영향만으로 다른 제품으로 변경될 수도 있다. 예를 들어 외부 애플리케이션이 회계 패키지라고 하자. 이 전략을 사용할 때 현재 회계 패키지는 다른 벤더의 경쟁 제품으로 대체될 수 있어야 한다. 그리고 이러한 변화로 영향을 받는 부분은 데이터를 추출하는 것에만 한정되어야 하며, 애플리케이션 코드에는 영향을 주지 말아야 한다.

또한, 그림 4.1에서 볼 수 있는 바와 같이 이 전략은 외부 애플리케이션 사용자에게 의도되지 않은 부정적인 영향을 미칠 수 있는 리스크를 감소시킨다. 외부 애플리케이션에 대한 액세스는 스케줄링되고 통제되기 때문이다. 이 전략은 외부 애플리케이션의 현재 데이터가 가장 최근에 추출된 것과 같다는 것을 의미한다.

이들 유형의 추출을 제공하는 여러 가지 추출, 변형 및 적재(ETL Extract, Transform and Load) 제품이 있다는 것에 주목하는 것이 중요하다. 이들 제품 중에는 오픈 소스도 있어 무료로 사용할 수도 있다. 많은 ETL 제품 스위트는 종속성이 강하고 배우기 어렵다. 내 경험으로는 데이터 추출과 변형의 필요성이 광범위해야 이들 유형의 도구 세트를 활용하는 것이 비용 효율성을 가진다.

[그림 4.1] 운영 데이터 저장소 전략

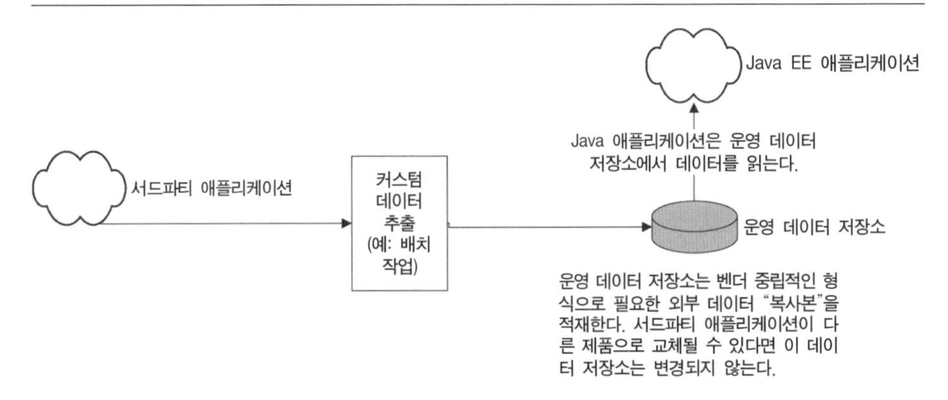

외부 애플리케이션 데이터베이스에 직접 저장하는 것은 리스크가 상당히 크다. 이것은 절대적으로 다른 선택의 여지가 없을 때만 사용해야 한다. 이것은 외부 애플리케이션 사용자에게 의도되지 않은 영향을 미치는 리스크를 상당히 증가시킨다. 만약 여러분의 코드에 버그가 있다면 외부 애플리케이션이 제대로 작동하지 않을 수도 있다. 게다가 외부 애플리케이션이 벤더 제품이라면 이렇게 하는 것은 지원 계약을 무효로 만들어버릴 수 있다.

웹 서비스 활용

커스텀 인터페이스를 지원하는 많은 벤더 제품은 이러한 목적으로 웹 서비스 라이브러리를 제공할 것이다. 다른 인터페이스 방법과 마찬가지로 웹 서비스도 여러 가지 장단점이 있다.

애플리케이션 인터페이스로 웹 서비스를 활용하는 이점은 다음과 같다.

- 웹 서비스 정의는 WSDL을 사용하여 스스로 문서화한다.
- 웹 서비스는 확장된 제품 지원을 제공한다.
- 웹 서비스는 변경 격리 레이어change insulation layer를 제공한다.
- 웹 서비스는 플랫폼 중립적이다.
- 웹 서비스는 인터넷상에서 안전하게 출판될 수 있다.

웹 서비스 인터페이스는 플랫폼 중립적이기 때문에 확실히 많이 사용된다.

이 방법은 대체 플랫폼을 선택하는데 유연성을 가지고 싶은 대부분 조직에 필수적이다. 이와 함께 웹 서비스를 출판하고 소비하는 작업을 지원하는 도구도 상당히 발전되어 있다. 예를 들어 Java EE 명세(JAX-WS 부분)에는 웹 서비스를 손쉽게 출판할 수 있도록 웹 서비스 어노테이션이 추가되어 있다. 이와 함께 다른 개발 플랫폼과 마찬가지로 Java/Java EE에서 사용할 수 있는 수많은 웹 서비스 프레임워크도 있다.

JAX-WS 명세를 웹 서비스를 프로그래밍하는 방법에 대한 코드 수준의 정보를 원한다면 http://docs.oracle.com/cd/E17802_01/webservices/webservices/docs/2.0/tutorial/doc/JAXWS.html에서 튜토리얼을 살펴볼 수 있다.(역자 주: 역자의 **All-in-One Java 애플리케이션 개발(전병선, 2014, 와우북스)**에서도 살펴볼 수 있다.) 아키텍처 관점에서는 웹 서비스를 소비하거나 출판하는 코드를 애플리케이션의 다른 코드로부터 분리하는 것이 바람직하다. 이것은 "단일 책임의 원칙single responsibility principle"을 적용하여 격리 레이어insulation layer를 제공함으로써 양측에서의 변경에 대한 역효과를 제한한다. 또한, 단위 테스트를 더 쉽게 구축할 수 있도록 한다. 예를 들어 여러분의 애플리케이션이 문서 관리 시스템(DMSdocument management system) 제품이 제공하는 웹 서비스를 소비한다고 하자. 이 경우에 나는 일반적으로 그림 4.2a와 같이 애플리케이션의 나머지 부분으로부터 인터페이스를 소비하는 코드를 분리해낸다.

[그림 4.2a] 웹 서비스 클라이언트 설계 예

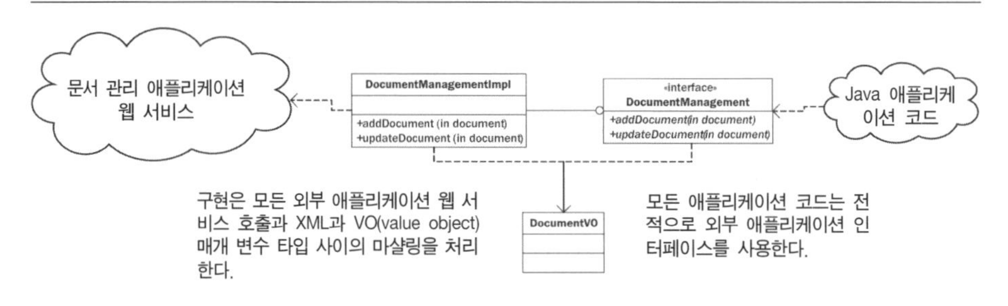

이와 같은 설계는 여러 가지 이점을 제공한다. 제품 업그레이드나 제품 또는 벤더 교체와 같은 방식으로 DMS 제품을 변경해도 웹 서비스 클라이언트 구현 코드에만 영향을 미친다. 따라서 애플리케이션의 나머지 부분은 영향을 받지 않게 된다. DocumentManagement 인터페이스는 가짜로 구현될 수 있다. 따라서 애플리케이션을 단위 테스트할 때 실제로 DMS에 접근하지 않아도 된다.

우리는 이 개념을 웹 서비스를 출판할 때도 활용할 수 있다. 가령 우리가 보고서 애플리케이션을 지원하고 있고 외부 애플리케이션이 사용할 수 있도록 보고서를 실행하는 기능을 노출시켜야 할 필요가 있다고 하자. 이런 경우에 나는 그림 4.2b에서와 같이 출판된 웹 서비스를 애플리케이션의 다른 부분과 분리한다.

이 설계는 여러 가지 이점을 가진다. 보고서 애플리케이션을 원하는 대로 자유롭게 리팩토링하거나 재설계할 수 있다. ReportService와 매개 변수, 그리고 WSDL 명세가 같다면 여러분의 웹 서비스를 사용하는 애플리케이션에는 아무런 영향을 미치지 않게 될 것이다.

[그림 4.2b] 웹 서비스 설계 예

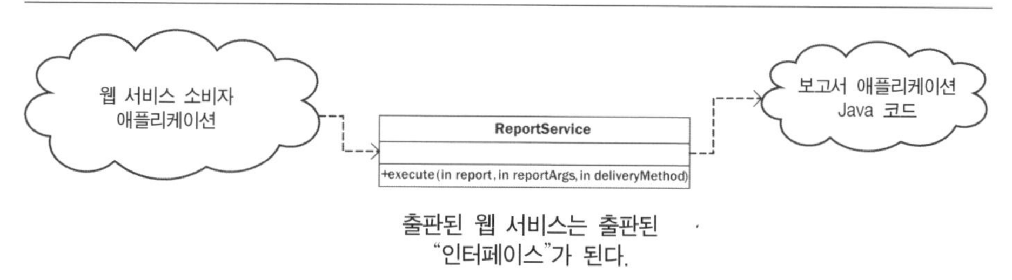

이 설계는 여러 가지 이점을 가진다. 보고서 애플리케이션을 원하는 대로 자유롭게 리팩토링하거나 재설계할 수 있다. ReportService와 매개 변수, 그리고 WSDL 명세가 같다면 여러분의 웹 서비스를 사용하는 애플리케이션에는 아무런 영향을 미치지 않게 될 것이다.

이와 함께 웹 서비스 레이어를 제공하는 것은 외부 애플리케이션의 변경을 격리시키는 레이어를 자연적으로 제공하게 된다. 외부 애플리케이션에 기능을 노출하기 위해 웹 서비스를 출판하는 것을 선택해야 한다. 웹 서비스 인터페이스가 변경되지 않는 한 웹 서비스를 소비하는 애플리케이션에 영향을 미치지 않고서도 애플리케이션을 변경시킬 수 있기 때문이다.

웹 서비스 활용의 단점은 다음과 같다.

- 웹 서비스는 다른 인터페이스 메서드에 비교하여 개발하고 유지·보수하기 어렵다.
- 웹 서비스는 대량의 데이터를 가져오는 데 최적화되어 있지 않다.
- 필요할 때 웹 서비스를 사용하지 못 할 수도 있다. 소비자는 이런 경우에 대처할 전략이 필요하다.

여러 가지 지원 도구가 증가됨에도 웹 서비스를 출판하고 소비하기는 외부 애플리케이션 데이터를 직접 활용하는 것에 비해 여전히 어렵다. 게다가 웹 서비스를 대량 데이터를 가져오는 데 사용할 때 좋은 성능을 제공하지 못한다. 이러한 이유로 해서 앞에서 언급한 데이터베이스 전략이라든지 REST 서비스를 사용하여 데이터를 읽는 여러 인터페이스를 사용한다. 그러나 데이터를 저장할 때는 웹 서비스 인터페이스를 사용하는 것이 좋다.

여러분의 Java EE 애플리케이션이 외부 애플리케이션의 작업을 시작한다면 2장에서 논의한 바와 같이 이들 애플리케이션을 유스케이스 분석에서 액터로 식별해야 한다. Java EE 애플리케이션과 외부 애플리케이션 사이에 전달되는 정보에 대한 모든 명세는 하나 이상의 유스케이스의 주제가 되어야 한다. 예를 들어 구매 시스템이 회계 시스템에 모든 주문에 대해 알려주는 사실이 유스케이스의 주제가 되어야 한다.

RESTful 웹 서비스 활용

RESTful 웹 서비스는 구조화된 URL을 사용하여 정보 요청 명세를 커뮤니케이션한다. 예를 들어/customer/account/5555와 같은 RESTful 웹 서비스 URL은 고객 계정 번호가 55555인 정보를 요청하는 것을 의미할 수 있다. 이 경우 REST 서비스 호출로부터 구조화된 XML 또는 JSON 형식의 데이터가 반환될 것이다.

좀 더 나아가서 HTTP를 사용하여 재고 관리 시스템에 정보를 요청하는 다음과 같은 구매 애플리케이션의 예를 생각해보자.

1 구매 애플리케이션은 어떤 제품(예: 세제 용품)에 대한 현재 재고 수준을 요청하는 HTTP 요청(java.net.URL 사용)을 재고 애플리케이션에 보낸다. REST에서 URL은 요청 내용을 나타낸다. 예를 들어 REST 요청은 〈서버〉/sku/〈제품 SKU 번호〉와 같은 형식(예: /inventory/sku/14678)일 수 있다.
2 재고 관리 시스템에서 서블릿이 요청을 받아 URL로부터 요청 명세를 해독하

고 처리를 시작한다.

3 재고 관리 시스템은 데이터베이스를 조회하여 요청된 제품의 재고 수량을 결정한다.

4 재고 관리 시스템은 제품 정보를 포함하는 XML 문서를 작성한다.

5 재고 관리 시스템 서블릿은 XML 문서를 브라우저에 HTML을 반환하는 것과 마찬가지 방법으로 호출 측에 반환한다.

구매 애플리케이션은 XML 문서를 받아서 파싱한 다음에 받은 재고 정보를 사용하여 처리를 계속한다.

RESTful 웹 서비스를 애플리케이션 인터페이스로 활용하는 이점은 다음과 같다.

- RESTful 웹 서비스는 변경 격리 레이어를 제공한다.
- RESTful 웹 서비스는 플랫폼 중립적이다.
- RESTful 웹 서비스는 웹 서비스보다 소비하기 더 쉽다.

RESTful 웹 서비스를 활용하는 단점은 다음과 같다.

- 필요할 때 사용할 수 없을 수도 있다. 소비자는 이런 경우에 대처할 전략이 필요하다.
- 웹 서비스의 WSDL 그 자체가 서비스를 설명하는 문서로 제공되는 반면에, RESTful 웹 서비스는 이러한 내장된 문서화 전략built-in documentation strategy을 제공하지 않는다.

메시징 서비스 활용

메시징 서비스는 비동기적인 커뮤니케이션 방법이다. 즉, 요청이 전달되지만, 응답이 즉시 이루어지지 않을 수도 있다. Java EE는 메시지 구동 빈(MDB Message Driven

Bean)이라 하는 구조로 메시징을 공식 지원한다. 필수적으로 컨테이너는 JMS 메시지 수신자가 되어 MessageListener(http://docs.oracle.com/javaee/1.3/api/javax/jms/MessageListener.html) 인터페이스를 구현하는 해당 목적지 클래스에 모든 메시지를 라우팅한다.

메시징 서비스의 가장 큰 이점은 JMS 메시지가 비동기적이라는 사실에 기인한 보장된 전달성을 제공한다는 것이다. 즉, 메시지가 전달될 때 수신 애플리케이션이 다운되어 있을 수도 있지만, 애플리케이션이 다시 가동될 때 메시지를 수신하고 처리할 수 있게 된다. 결과적으로 메시징 인터페이스를 소비하는 애플리케이션은 사용할 수 없을 때 대처할 전략이 필요 없게 된다. 수신되었지만 처리되지 않은 메시지는 궁극적으로는 최종 사용자가 알 수 있게 될 것이라는 점에 주목하기 바란다.

메시징은 플랫폼 중립적일 수 있지만 메시징 벤더에 의존적이기도 하다. Java EE 메시징의 JMS 명세는 Java 종속적이다. 그러나 JMS 인터페이스를 구현한 몇몇 벤더는 다른 개발 플랫폼을 사용하는 클라이언트에게 공급하기도 한다.

메시징은 하나의 애플리케이션이 다른 애플리케이션에 특정한 이벤트를 알려줄 필요가 있는 상황에서 아주 유용하다. 다른 인터페이스 방법을 사용한다면 외부 애플리케이션은 일정한 주기로 해당 이벤트에 대한 정보를 끌어와야 한다. 그러나 대개 이러한 방식은 적절하지 않다. 애플리케이션 인터페이스로서 메시징 서비스를 활용하는 이점은 다음과 같다.

- 메시징 서비스는 전달을 보장한다.
- 메시징 서비스는 플랫폼 중립적이다.
- 메시징 서비스는 Java EE 컨테이너 지원을 받는다.

메시징 서비스를 활용하는 단점은 다음과 같다.

- 메시징 서비스는 RESTful 웹 서비스와 마찬가지로 내장된 문서화 전략built-in documentation strategy을 제공하지 않는다.

EJB 활용

EJBEnterprise Java Beans는 다른 애플리케이션을 호출하는데 사용되는 순수한 Java 기술이다. 애플리케이션 인터페이스로서 EJB를 활용하는 이점은 다음과 같다.

- EJB 정의는 출판된 Java 인터페이스를 사용하여 스스로 문서화한다.
- EJB는 확장된 제품 지원성을 가진다.
- EJB는 변경 격리 레이어를 제공한다.

애플리케이션 인터페이스로서 EJB를 활용하는 단점은 다음과 같다.

- EJB는 Java 기반 클라이언트로 제한된다.
- EJB는 보호하기 쉽지 않다.
- EJB는 필요할 때 사용할 수 없을 수도 있다. 소비자는 이런 경우에 대처할 전략이 필요하다.

Java EE 명세가 뒤늦게 EJB를 쉽게 출판할 수 있게 변경되고, EJB를 소비하는데 사용할 수 있는 도구가 지원되었다. 그러나 웹 서비스가 좀 더 인기가 있다. 웹 서비스는 EJB와 같은 기능을 제공하면서도 소비자가 Java 기반 애플리케이션이 아니어도 상관없다.

일반적인 실수

데이터베이스와 파일 시스템을 "메시지 브로커"로 사용하는 것. 에러가 발생하기 쉬운 이 전략은 데이터베이스 테이블의 로우(또는 파일 시스템의 파일)에 메시지 내용을 저장한다. 그러면 에이전트가 데이터베이스(또는 파일 시스템)를 "폴링" 하여 새로운 메시지가 도착했는지를 확인하고, 메시지 내용을 읽어 처리한 다음에 로우나 파일을 삭제한다.

필수적으로 이 전략은 고유한 메시징 시스템을 작성하는 것과 유사하다. 따라서 전형적인 잦은 버그의 원인이 된다. 굳이 새로운 것을 만들 필요는 없다. 낮은 수준의 커뮤니케이션 프로그래밍보다는 기존의 커뮤니케이션 형식 중 하나를 선택해서 업무 로직에 집중하는 것이 더 좋다.

응답이 필요할 때 메시징과 같은 비동기 커뮤니케이션 방법을 사용하는 것. 이 전략은 애플리케이션이 비동기적인 메시지를 다른 애플리케이션을 보내고 해당 애플리케이션이 메시지를 반환하기를 기다린다.

응답이 요구될 때 비동기 커뮤니케이션을 사용하면 응답을 기다리는 알고리즘을 프로그래밍해야 한다. 얼마나 오랫동안 기다려야 할까? 너무 오래 기다리면 사용자를 대기하게 하고, 충분히 오래 기다리지 않으면 에러가 발생하게 될 것이다. 이것은 두 사람이 극도로 시끄러운 방 안에서 어두울 때 서로 찾는 것과 비슷하다. 응답이 필요하다면 동기적인 커뮤니케이션 방법을 사용하는 것이 좋다.

메시지를 시작하는 애플리케이션이 응답이 필요하지 않으면, 비동기 커뮤니케이션 방법을 사용하는 것이 갑작스러운 시스템 중단에 따른 문제에 덜 영향을 받게 된다. 수신하는 애플리케이션이 현재 사용할 수 없게 되어도 송신자는 에러를 경험하지 않게 되기 때문이다. 그리고 수신하는 애플리케이션은 다음에 다시 온라인 상태가 되었을 때 메시지를 소비할 수 있게 된다. 비동기적인 메시징을 하기 위해서는 메시징 소프트웨어를 사용해야 하므로 비동기적인 커뮤니케이션을 사용하려면 애플리케이션에 컴포넌트와 복잡성을 추가하게 된다. 비동기적인 메시징을 사용하는 것이 위험하다는 인상을 받지 않기를 바란다. 메시징 기술은 성숙되어 있고 강력하며 안정적이다.

운영 환경(production environment) 요구사항을 고려하지 않는 것. 로드 밸런싱 옵션, 커뮤니케이션 프로토콜, 그리고 보안 방법을 표준화하지 않은 조직의 경우에 어떤 외부 애플리케이션을 사용할 계획인지를 조사하여 인터페이스 설계할 때 이들 계획을 수용할 필요가 있다. 보안 사항과 하드웨어 플랫폼을 표준화한 조직은 이 정보가 이미 제공되었을 가능성이 있다. 이러한 위험을 피하는 하나의 방법은 앞단에서 계획된 커뮤니케이션 방법의 구현을 소규모 테스트하는 것이다. 이러한 방식으로 설계를 수정할 필요가 있다면 대응할 더 많은 시간을 갖게 될 것이다.

데이터 구조 결정하기

외부 애플리케이션에 전달되는 모든 데이터를 문서화한다. 커뮤니케이션 구조 또는 형식은 전송 조건과 함께 계약 일부로서 외부 시스템 개발자에게 제공되어야 한다. 데이터 구조는 문서화되어야 한다.

레거시 플랫폼과 인터페이스할 때는 XML 또는 CSV와 같은 단순한 구조 형식을 사용한다. XML 파서를 구입하지 않는다면 레거시 플랫폼을 사용하는 개발자에게 XML은 골칫거리다. 이 책을 쓰는 현재 COBOL이나 PL/I에서는 오픈 소스 파서와 다른 도구를 사용할 수 없다. 이것은 가치 있는 오픈 소스 프로젝트가 될 것이다. 외부 애플리케이션이 레거시 시스템이고 XML 지원 도구를 구입하지 않는다면 커스텀 형식이 주로 사용되게 마련이다. 커스텀 형식은 XML과 같은 키워드 타입의 구성keyword-type organization이거나 위치적인 구성propositional organization 타입일 수 있다. COBOL은 위치적인 구성을 사용하여 고정 길이 문자열을 사용한다.

DTD 또는 스키마를 개발하거나 그렇지 않으면 XML 문서 형식과 태그를 허용되는 값과 함께 문서화할 필요가 있다. 이러한 커뮤니케이션을 구두로 하는 것은 바람직하지 않으며 프로젝트 지연의 원인이 된다. 7장에서는 XML 문서를 설계하는 방법을 설명한다.

여러 소프트웨어 제품에서 광범위하게 CSV 형식을 지원한다. 그러나 CSV 형식에 대한 명세를 작성하는 작업이 시도되고 있지만, 허용되는 구분자와 문자열에 사용되는 이스케이프 문자에 대한 공식적인 동의는 아직 없다. 따라서 XML을 사용하는 추세를 따르는 것이 좋다.

외부 인터페이스용 XML 문서를 검증할 필요는 없다. 문서 형식을 기술하기 위해 DTD를 개발하는 일이 문서를 파싱할 때 문서를 검증해야 한다는 것을 의미하는 것은 아니다. 검증은 사람이 직접 작성하여 에러를 포함할 가능성이 있는 문서에 적합하다. 애플리케이션 인터페이스는 기계적이다. 초기 개발의 경우를 제외하고는 다른 애플리케이션 프로그램 방식으로 생성된 잘못된 형식의 XML 문서를 수신할 가능성은 아주 낮다. 따라서 대부분은 검증의 이점이 성능 비용보다 더 크지 않다.

외부 인터페이스에 직렬화된 Java 객체를 메시지로 사용하지 않는다. 두 애플리케이션이 같은 클래스에 종속적이게 되므로 느슨한 연결성의 이점을 약화시키기 때문이다. 클래스가 변경되어야 한다면 두 애플리케이션 모두 동시에 변경해야 한다. 게다가 두 애플리케이션 중 하나가 JVMJava Virtual Machine을 업그레이드시킨다면 직렬화 문제가 발생한다. 직렬화 객체는 시각적으로 내용을 알 수 없으므로 프로그램 방식으로 처리되어야 한다. 또한, Java 애플리케이션과의 커뮤니케이션을 제한한다.

에러 처리 요구사항

에러 처리 요구사항은 완벽하게 논의하고 문서화하여 동의해야 한다. 잘못된 에러 처리는 높은 유지·보수 비용의 원인이 된다.

에러 알림 프로시저

모든 외부 애플리케이션 인터페이스는 에러 알림 프로시저를 가져야 한다. 어떤 조직에서는 운영 요원은 애플리케이션 에러 처리 지원 요원에게 알려줄 책임이 있다. 일반적으로 에러가 발생했다는 것을 콘솔 메시지를 통해서 알 수 있게 된다. 그러나 24×7×365 동안 콘솔을 모니터할 수는 없다. 따라서 이런 조직의 경우에 프로그램 방식으로 누군가 조처를 하도록 메시지를 보내는 방법을 사용한다.

자동으로 에러를 알려주는 방식을 사용해야 한다. 전사적인 에러 알림 프로시저가 수립되지 않은 기업일 때 나는 심각한 시스템 에러를 전자우편으로 알려주는 방식을 사용한다. 누군가 볼 것이라는 가정하에 단순히 에러를 로그에 저장하지만, 일반적으로 로그에 저장된 메시지는 알아차리기 힘들다. 대부분 모바일 기기는 전자우편을 통해서 메시지를 받을 수 있기 때문에 심각한 에러에 대한 모바일 알림을 포함시키는 것은 쉽다. 이와 함께 에러가 발생한 이유도 제공해야 한다.

에러를 로깅할 때 상세한 설명을 포함시키는 것이 좋다. 에러 로그에는 가능한 한 많은 정보를 포함시켜야 한다. 이들 정보 중에 얼마는 특정한 문제에 대해 유용하지 않을 수도 있지만, 정보가 적은 것보다는 많은 것이 좋다. 로깅이 성공적이라면 많은 에러가 추가적인 정보 없이도 에러 메시지로부터 분석될 수 있을 것이다.

로깅에 상업용 도구를 사용할 수도 있다. BMC Patrol, EcoTools, Tivoli 등이 기업용 모니터링에 사용할 수 있는 상업용 네트워크 관리 솔루션이다. OpenNMS (http://www.opennms.org)와 Nagios (http://www.nagios.org/)와 같은 오픈 소스 네트워크 관리 솔루션을 사용할 수도 있다.

재시도 프로시저

일단 초기 개발이 완료되면 대부분의 인터페이스 에러는 환경적인 원인에서 발생한다. 예를 들어 누군가 데이터베이스를 종료시키고 백업을 하고 있을 수도 있으며, 네트워크 코드가 빠지거나 서버 파일 시스템이 다 차버렸을 수도 있다. 대부분 이런 에러는 해결하기만 하면 애플리케이션 인터페이스는 다시 정상적인 기능을 수행할 수 있게 된다.

그러나 대부분 애플리케이션에서는 실패한 전송에 대하여 복구 또는 재전송 프로시저가 수행되어야 한다. 예를 들어 회계 기록을 정확하게 유지하기 위해서 주문 애플리케이션으로부터 전달된 고객 주문 메시지를 재전송해야만 한다.

재시도 프로시저를 자동화한다. 사용자가 물리적으로 기다리지 않는 전송에 대해서는 자동화된 재시도 로직을 포함시키는 것이 좋다. 환경적인 문제는 대부분 조직에서 충분히 발생할 수 있기 때문에 선택적인 재시도 로직을 포함시켜서 좀 더 빠르고 많은 노력을 하지 않고도 시스템 중단으로부터 복구하는 것을 보장할 수 있도록 해야 한다. 재시도 메커니즘의 목적은 애플리케이션 관리자의 수작업을 개입시키지 않고도 일시적인 시스템 중단으로부터 자동으로 복구하는 것이다.

일시적인 중단과 시간이 지나감에 따라 사라지지 않는 에러를 구별하는 일은 복잡하다. 이 경우에 포괄적인 접근 방법shotgun approach을 사용하여 모든 에러가 일시적인 중단의 결과로 발생하는 것이라고 가정하고 항상 재시도 로직을 시작하게 할 수 있다. 이 접근 방법의 위험성은 일시적인 중단이 아닌 상황에서 무한 루프에 빠질 수 있다는 것이다. 따라서 이 접근 방법을 조심해서 사용해야 한다.

모든 자동화 재시도 로직은 제한적이어야 한다. 무한 루프에 빠지지 않도록 재시도하는 것이 중요하다. 재시도 간격과 재시도 횟수를 면밀하게 결정해야 한다. 또한, 제한 사항을 설정할 수 있도록 하여 쉽게 조정할 수 있게 하는 것이 좋다. 또한, 재시도 회수를 로그에 저장하거나 자동화 알림 프로시저를 따르도록 해야 한다. 애플리케이션 관리자가 재시도 알림을 받으면 해당 문제를 해결하는 조처를 할 수 있게 된다.

외부 인터페이스 가이드라인

많은 Java EE 애플리케이션은 외부 시스템과 커뮤니케이션하며, 이들 중에는

Java 애플리케이션이 아닌 경우도 있다. 애플리케이션 아키텍트로서 여러분은 외부 인터페이스를 설계하고 구현할 기회를 가질 것이다. 해를 거듭하면서 나는 성공적인 외부 인터페이스를 생성할 수 있는 여러 가지 기법을 채택하였다.

외부 애플리케이션에 전송하고 요청하는 모든 사항을 기록한다. 이 작업은 어떤 외부 인터페이스에든 해야 하는 첫 번째 작업이다. 이 정보를 로그에 기록하여 그 시간을 알 수 있도록 한다. 클러스터 환경이라면 노드도 함께 기록한다. 외부 애플리케이션에서 시작한 작업이 문제가 있다면 해당 개발자에게 정확하게 무엇을 언제 호출했는지를 알려달라고 할 것이며, 외부 애플리케이션 호출을 처리하는데 문제가 있다면 복제하여 문제를 빨리 해결하기 위해 충분한 정보를 원할 것이다.

다른 사람의 실수 때문에 여러분 또는 개발팀 멤버가 비난을 받지 않으려면 문서화하는 습관을 들이는 것이 좋다. 누군가 소송을 하는 경우에 사실에 대한 기록이 없다면, 잘못이 없다는 것을 증명할 때까지 죄를 뒤집어쓰는 경우도 있다. 전송 로그를 기록하는 것은 어떤 애플리케이션이 문제가 있는지를 결정하기 쉽게 해준다.

애플리케이션 관리자가 외부 애플리케이션으로부터의 작업 요청을 다시 제출할 수 있는 방법을 만든다. 애플리케이션에 환경적인 문제가 발생하고 여러분이 그 문제를 해결했다면 애플리케이션 관리자는 실패한 작업을 다시 제출할 수 있어야 한다. 이것은 최종 사용자 영향을 미치는 작업으로 제한되어야 하며, 문제를 수정하는데 필요한 사람의 수와 시간에도 제한을 두어야 한다. 때로는 다시 작업을 제출하는 것이 가능하지 않을 수도 있고 적용할 수 없을 수도 있지만, 가능한 한 그렇게 하는 것이 유지·보수 시간을 단축하는데 유리하다.

하나의 예로서 내가 지원하는 애플리케이션 중 하나는 보고서 출력 기능을 제공하는 것이 있다. 애플리케이션 관리자는 관리자의 웹 기반 유틸리티를 사용하여 브라우저에 전달되지 않은 보고서를 다시 제출할 수 있다.

전송자 식별 값을 수집한다. 모든 전송에는 호출자의 식별 값을 나타내는 정보가 있어야 한다. 이것은 보안 메커니즘으로서가 아니라 유지·보수 시간을 줄이는 방법으로써 필요하다. 부적절한 호출이 이루어진 경우에 해당 애플리케이션에 그것을 빨리 알려줄 수 있게 될 것이다. 만약 그것이 어디서 호출되었는지 모른다면 그것을 찾아서 고치는데 더 많은 시간이 걸릴 것이다.

전송자에게 에러를 "푸시" 할 수 있는 자동화 방법을 개발한다. 외부 애플리케이션의 요청을 처리하는데 문제가 발생한다면 해당 애플리케이션 관리자에게 알려줘야 할 필요가 있다. 인터페이스가 세션 빈이나 RMI 서버와 같이 밀접한 결합성을 가진다면 예외를 던지는 것만으로도 충분하다. 외부 애플리케이션이 에러 처리에 어떤 메커니즘을 사용하든 에러를 처리할 수 있기 때문이다.

인터페이스가 메시징 기술을 사용하여 느슨한 결합성을 가진다면 에러를 발생시킨 외부 애플리케이션을 관리자에게 자동으로 알려주는 방법을 구축할 필요가 있다. 대부분 나는 효율적인 에러 알림 채널로서 전자우편을 사용한다. 대부분 모바일 기기가 전자우편을 받을 수 있으므로 이것을 활용하는 것도 좋다. 그러나 이 방법을 사용하기 전에 에러 처리를 완전하게 테스트하는 것이 필요하다.

에러 처리 로직을 적절하게 테스트한다. 종종 개발자들은 에러 처리 테스트를 무시한다. 에러 처리 로직에서 에러가 해당 문제를 숨기게 함으로써 제품 지원을 훨씬 더 어렵게 할 수 있다.

SECTION II

Java EE 애플리케이션 설계

일반적으로 애플리케이션 아키텍트는 모든 애플리케이션 설계 행위를 주도하고 도와준다. 여기에서 배우게 될 내용은 다음과 같다.

- 객체 모델로 애플리케이션 설계를 문서화하여 개발자들이 설계를 쉽게 이해할 수 있게 한다.
- 소프트웨어 레이어 개념을 이해하고 이 개념을 사용하여 Java EE 애플리케이션을 더 작고 관리하기 쉬운 모듈로 구성하는 방법을 이해한다.
- 각 소프트웨어 레이어에 공통 디자인 패턴을 적용한다.
- 데이터 모델링 기법을 사용하여 애플리케이션 저장소 요구사항을 문서화한다.
- XML 문서 형식을 설계한다.
- 설계 단계 후에 프로젝트 산정을 정제한다.

Java EE 레이어 설계 방식

애플리케이션 아키텍트는 애플리케이션 개발자에게 전반적인 설계를 제공해야 한다. 개발자가 전반적인 설계를 이해하여 코드를 개발하게 하는 것이 중요하다. 개발자들이 설계를 이해하지 못하면 설계를 따르지 않으리라는 것을 아키텍트는 알고 있어야 한다. 게다가 개발자가 설계에 동의하지 않는다면 구현이 진행되기 전에 이러한 의견 차이를 해소해야만 한다.

최근 애자일 방법론의 확산으로 문서화가 환영을 받지 못하지만, 어느 정도의 설계 문서는 필요하다. 애플리케이션의 규모가 크고 개발자의 수가 많으면 많을수록 설계 문서를 그만큼 더 확장시킬 필요가 있다. 어느 정도의 문서화는 빠르고 쉽게 추가적인 개발자의 투입을 결정할 수 있게 하므로 필요하다.

이번 장에서는 Java EE 애플리케이션을 설계하는 일반적인 접근 방법을 제시하고 설명한다. 이 장에서 논의된 내용은 다음 장에서 설명하는 내용의 기반이 되며, 이전 장에서 설명한 유스케이스 분석을 구체적인 설계로 변형하는 팁과 기법을 제공한다. 이것은 모든 비즈니스 애플리케이션에 적용될 수 있는 일반적인 접근 방법이다.

모든 Java EE 비즈니스 애플리케이션에 대한 접근 방법이 일관성을 가진다면 각 애플리케이션에 필요한 설계 문서를 최소화할 수 있다. 이전 프로젝트에서 함께 작업했던 개발자라면 이미 이 방식에 친근할 것이기 때문에 개발자에게 설계를 이해시키고 개발자에게 넘겨주는데 더 적은 시간이 소요될 것이다. 또한, 각 애플리케이션 필요한 개발자의 수를 최소화시킬 수 있다.

객체 모델은 Java EE 애플리케이션 설계를 문서화하는데 가장 많이 사용하는 메커니즘이다. 애플리케이션 아키텍트는 일반적으로 애플리케이션의 가장 복잡한 부분에 대한 객체 모델 생성을 도와줄 책임이 있다. 아주 짧은 반복(예: 반복당 2주)을 사용하여 애자일 방법론을 사용하는 사람들에게 초기 반복에 수행되는 아주 짧은 작업이 된다.

가장 복잡한 부분에는 객체 모델과 함께 주요 업무 프로세스 흐름을 기술하는 것이 필요하다. 이 경우에 일반적으로 스윔레인 다이어그램을 사용한다. 이번 장에서는 이들에 대한 깊이 있는 설명과 예제를 제공하게 될 것이다.

Java EE 애플리케이션 설계는 주제가 광범위하다. 책 전체가 설계 기법과 디자인 패턴, UML 객체 모델에 관해 설명해야 한다. 대부분 크고 복잡한 방법론과 마찬가지로 UML은 부분적으로만 업무 애플리케이션에 적용된다. 따라서 이 장에서는 모든 것을 다 설명하기보다는 주제에 대한 일관성 있는 접근 방법을 취하기로 한다. 예를 들어 수많은 디자인 패턴 중에서 요즘 업무 애플리케이션에서 많이 사용되는 몇 개의 패턴에 집중하기로 한다.

레이어 분할 개념 개요

Java EE 애플리케이션에 사용되는 가장 일반적인 프레임워크는 소프트웨어 레이어 분할software layering로, 각 레이어가 시스템의 한 부분에 대한 기능을 제공한다. 레이어는 다른 레이어를 지원 및 기반 기능을 제공하도록 구성한다. 예를 들어 데이터 액세스 레이어는 애플리케이션 데이터를 읽고 쓰는 서비스들을 제공한다. 재고 관리 애플리케이션은 특정한 항목과 재고에 대한 정보를 읽을 수 있는 서비스를 제공할 필요가 있다.

레이어 분할은 새로운 개념이 아니다. 운영체제와 네트워크 프로토콜은 오랫동안 레이어 분할을 사용해왔다. 예를 들어 네트워크를 다루어본 사람이라면 telnet과 FTP 그리고 인터넷 브라우저에 익숙하다. 이들 모든 서비스는 TCP/IP 네트워킹 레이어networking layer에 의존한다. TCP/IP 서비스 인터페이스가 변경되지 않는 이상, telnet이나 FTP 또는 인터넷 브라우저 기능에 영향을 미치지 않고도 TCP 프레임워크 안에 있는 네트워크 소프트웨어의 기능을 향상시킬 수 있다. 일반적으로 TCP/IP 레이어는 디바이스 레이어의 서비스가 필요하다. 디바이스 레이어가 이더넷 카드와 커뮤니케이션하는 방법을 알고 있기 때문이다.

업무 애플리케이션도 전략적으로 같은 개념을 사용한다. 예를 들어 일반적으로 데이터 액세스를 애플리케이션의 다른 부분으로부터 분리하는데, 그것은 애플리케이션의 여러 부분에서 사용되는 데이터 액세스 로직을 통합하기 쉽기 때문이다. 예를 들어 ID로 고객을 검색하는 기능은 애플리케이션의 여러 부분에서 사용될 수 있다. 데이터 액세스를 한 레이어로 분리하고 통합함으로써 기존 코드를 쉽게 찾을 수 있고 재사용할 수 있다. 이와 함께 데이터 액세스 방법으로 다른 방식으로 변경해야 하는 경우(예: 데이터베이스를 MySQL에서 Oracle로 바꾼다.)에 애플리케이션의 프로세싱과 업무 로직에 영향을 주지 않고도 물리적으로 데이터를 읽고 쓰는 방식을 변경시킬 수 있다.

재고 관리 예에서 데이터 액세스 레이어에 UPC 코드로 재고 항목에 대한 정보를 조회하는 메서드가 있다고 하자. 애플리케이션의 다른 부분에서는 이 메서드를 사용하여 필요할 때(예. 웹 페이지에서 고객이 해당 항목을 조회하거나 재고 분석가가 해당 항목의 재고를 주문한다.) 항목에 대한 정보를 조회할 수 있다. 항목 정보에 액세스하는 메서드가 변경되지 않는 한, 애플리케이션의 다른 부분에 영향을 미치지 않고도 항목과 재고에 관한 정보를 저장하는 방법을 다시 구성할 수 있다.

필수적으로 레이어 접근 방법은 기술 발전에 따르는 위험성을 없애준다. 이 개념을 배포 메커니즘을 분리(예: Java Server Faces 또는 Struts)하는데 사용한다면, 예를 들어 애플리케이션 기능을 웹 서비스로 제공하기로 했다면, 업무 로직이나 데이터 액세스 레이어를 변경시키지 않고도 새로운 배포를 추가할 수 있다. 업무 로직과 데이터 액세스 로직을 애플리케이션의 다른 부분에서 효율적으로 분리한다면 전체 애플리케이션을 변경시키지 않고도 웹 서비스 배포를 자유롭게 추가할 수 있게 된다.

[표 5.1] 일반적인 Java EE 애플리케이션 소프트웨어 레이어

레이어	역할
데이터 액세스 객체 레이어	데이터를 읽고, 쓰고, 갱신하고 삭제하는 것을 관리한다. 일반적으로 JDBC 코드를 포함하지만, XML 문서와 파일 저장소 관리에도 사용될 수 있다.
업무 로직 레이어	업무 처리 규칙과 로직을 관리한다.
엔터티 객체 레이어	관계형 데이터베이스 테이블에 직접 매핑되는 경량 구조체
값 객체 레이어	요약된 업무 정보를 표시할 수 있는 경량 구조체
배포 레이어	업무 객체 기능을 출판한다.
프레젠테이션 레이어	사용자에게 표시하는 것을 통제한다.
아키텍처 컴포넌트 레이어	일반적인 애플리케이션 유틸리티. 주로 이들 객체는 기업 범위 사용에 좋은 대상이 된다.

소프트웨어 레이어 분할은 관심의 분리separation of concerns라는 아키텍처 개념을 구현한다. 관심의 분리 원칙은 소프트웨어 컴포넌트가 단 하나에만 집중하고 작업을 수행하는데 필요한 것에만 관심을 가지며 그 밖의 다른 것에는 아무런 관심을 두지 않는 것이다. 게다가 한 소프트웨어 컴포넌트가 집중하는 작업은 다른 컴포넌트와 중복되어서는 안 된다. 이 원칙의 기본 사상은 크고 복잡한 문제를 여러 개의 작고 단순한 문제로 분할함으로써 소프트웨어 개발을 단순하게 하는 것이다. 이 원칙은 또한, 재사용성을 촉진시킨다. 관심의 분리 원칙에 대한 좀 더 자세한 정보는 http://aspiringcraftsman.com/2008/01/03/art-of-separation-ofconcerns/에서 살펴볼 수 있다. 이 원칙을 위반하는 경우를 일반적으로 **관심의 누출**leakage of concerns이라고 한다.

일반적으로 소프트웨어 레이어 사이의 호출 패턴은 엄격하게 통제된다. 어떤 한 소프트웨어 레이어에 있는 어떤 클래스든 같은 레이어에 있는 다른 클래스를 호출할 수 있다. 그러나 데이터 액세스 레이어 클래스는 업무 로직 레이어나 프레젠테이션 레이어 클래스를 호출하지 못한다. 이들 클래스는 데이터를 읽고 쓰는데 직접적으로 관련이 없기 때문이다. 업무 로직 레이어는 다른 업무 로직 레이어 클래스뿐만 아니라 데이터 읽기 또는 쓰기 작업이 필요할 때 데이터 액세스 클래스를 호출할 수 있다. 업무 로직 레이어 클래스는 SQL을 제출하거나 데이터를 읽기 또는 쓰기를 시작하지 않는다. 이 행위는 데이터 액세스 레이어에 속하기 때문이다. 그림 5.1은 전형적인 Java EE 애플리케이션 소프트웨어 레이어 호출 패턴을 보여준다.

[그림 5.1] Java EE 애플리케이션 소프트웨어 레이어 호출

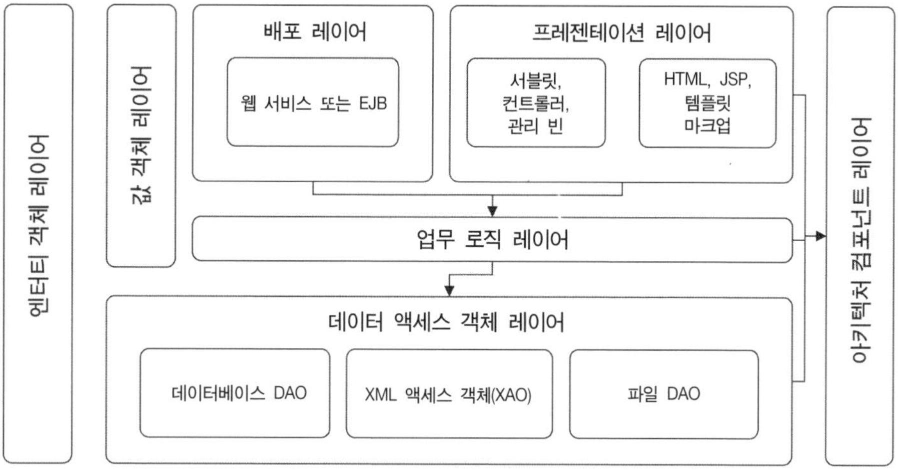

엔터티와 값 객체 클래스가 모든 레이어에서 사용되고 있는 점에 주목하기 바란다. 이들 클래스는 다른 소프트웨어 레이어 사이에 정보를 전달할 때 사용된다.

코드로 작성할 때 레이어를 각각의 패키지로 구현한다. 패키지의 구조 예는 다음과 같다.

com.jmu.app.dao	데이터 액세스 객체 레이어
com.jmu.app	업무 로직 레이어
com.jmu.app.entity	엔터티 객체
com.jmu.app.vo	값 객체
com.jmu.app.ui	프레젠테이션 레이어
com.jmu.app.util	아키텍처 컴포넌트 레이어
com.jum.app.services	배포 레이어/웹 서비스

여기에서 jmu는 "just made up"의 약자로 사용하고 있다. 또한, app 약자는 의미를 가지는 애플리케이션 이름으로 대체할 수 있다.

데이터 액세스 레이어를 직접적으로 활용할 수 있는 단 하나의 레이어는 업무 로직 레이어라는 것에 주목하는 것이 중요하다. 내가 받는 질문 중의 하나는 왜 프레젠테이션 레이어로부터 데이터 액세스 레이어를 직접 호출할 수 없는가? 하는 것이다. 데이터 액세스 레이어를 직접 호출하면 여러 레이어를 제거함으로써 코드를 절약할 수 있지만, 이렇게 하면 업무 로직을 데이터 액세스 레이어나 프레젠테이션 레이어에 두어야 하고 따라서 이들 레이어가 복잡해지게 된다. 소프트웨어 레이어 분할은 소수의 커다란 것보다는 여러 개의 작은 문제를 해결하기가 더 쉽다는 가정하에 작동한다. 우리는 경험으로부터 다음과 같은 두 가지 교훈을 얻을 수 있다.

- 데이터 레이어가 수정되는 경우에 업무 로직 레이어에 모두 통합되는 것보다 더 적은 부분이 영향을 받게 될 것이다.
- 일관성은 엄청난 가치가 있다.

유지·보수를 목적으로 하는 일관성은 가치가 있다. 예를 들어 어떤 JSP는 데이터 액세스 객체를 직접 호출하지만 어떤 것은 업무 객체를 통해서 작업하며, 또 다른 것은 배포 래퍼deployment wrapper를 사용한다면 여러분이 익숙하지 않은 코드를 변경하려면 전체 행위 순서를 철저히 검사해야만 한다. 이것은 관심의 분리와 소프트웨어 레이어 분할의 이점을 없애버린다.

나의 고객 중 하나에서 기업 전체에 걸쳐 일관성을 갖는 아키텍처를 활용하도록 하는 권한을 가진 적이 있다. 이 특별한 클라이언트 사이트에서 우리는 수십 개의 애플리케이션을 2.5명의 개발자 리소스로 지원할 수 있었다. 내가 알고 있는 어떤 클라이언트 사이트는 대부분 애플리케이션을 지원하는데 두 배 이상의 개발자가 투입되었다. 아키텍처의 일관성은 좋은 개발자 효율성을 얻도록 하는 가장 큰 이유 중의 하나다.

데이터 액세스 객체 레이어

데이터 액세스 객체(DAO Data Access Object)는 특정한 유형의 지속성 저장소persistent storage에 접근하는 것을 관리한다. 대부분 사용되는 저장소는 관계형 데이터베이스이지만, DAO는 NoSQL 데이터베이스나 파일, XML 문서, 또는 다른 유형의 지속성 저장소에도 접근할 수 있다.

NoSQL(Not Only SQL의 약자) 데이터베이스가 많은 인기를 얻고 있다. NoSQL은 SQL을 사용하지 않는 데이터베이스를 설명하는 용어다. NoSQL로 분류되는 많은 제품이 있다. 사실상 NoSQL 데이터베이스는 문서 저장소document store, 키 값 저장소key value store, 그래프 데이터베이스graph database 등 여러 가지로 분류된다. NoSQL 데이터베이스는 아주 다양하며 극단적으로 서로 다른 장단점을 가지고 있다. 이 때문에 NoSQL이란 명칭을 갖는 다양한 제품의 장단점을 설명하는 것은 그 자체로도 한 권의 책이 필요하다.

그러나 좀 더 유명한 NoSQL 데이터베이스 제품을 범용적으로 장단점을 개관하려는 시도도 있다. 내가 찾아낸 가장 좋은 아티클은 http://kkovacs.eu/

cassandra-vs-mongodb-vs-couchdb-vs-redis이다. 아주 범용적으로 이야기하면 NoSQL 데이터베이스는 관계형 데이터베이스 모델에 쉽게 적용할 수 없는 데이터 저장소와 데이터 저장소에 실행할 질의가 알려져 있고 잘 정의된 경우에 적합하다. 로깅logging은 NoSQL 데이터베이스를 사용하는 가장 좋은 예이다. 또한, NoSQL은 CMSContent Management Systems 애플리케이션에 주로 사용된다. 그러나 이 책을 쓰는 시점에는 아직도 관계형 데이터베이스가 지배적이다. 따라서 이 책에서는 관계형 데이터베이스에 좀 더 집중하게 될 것이다.

데이터 액세스를 애플리케이션의 다른 부분과 분리하는 가장 근본적인 이유는 데이터 소스data source를 변경하기 쉽고, 애플리케이션 사이에 DAO를 공유하기 쉽기 때문이다. 게다가 여러 애플리케이션이 같은 데이터베이스를 사용하는 경우에는 데이터 액세스 레이어 코드를 통합시켜서 다양한 Java EE 애플리케이션에서 같은 코드를 활용하도록 하는 게 가능해진다.

데이터 액세스 객체와 관련된 몇 개의 패턴은 아주 공통으로 사용된다. 가장 단순한 패턴이 각 지속성 객체persistent object를 DAO로 표현하는 것이다. 이것을 단순화 데이터 액세스simplified data access 패턴이라고 부른다. 좀 더 복잡하지만, 유연성을 갖는 패턴이 팩토리 기반 패턴이다. 이것을 데이터 액세스 객체data access object 패턴이라고 한다. 각 패턴에 대해서는 잠시 후에 정의하게 될 것이다.

편의성 때문에 나는 DAO 객체를 패키지 계층도(com.acme.appname.data 또는 com.acme.appname.dao)로 분리한다. 이렇게 하는 이유는 어떤 모델링 도구(예: Rational Rose)는 모델링할 때 패키지 구조를 결정하도록 하기 때문이다. 또한, 어떤 개발자는 데이터 액세스 객체 이름 뒤에 DAO를 붙인다. 예를 들어 고객 DAO는 CustomerDAO가 된다.

데이터베이스 지속성 방법 선택

어떤 지속성 방법이 가장 좋은가 하는 질문은 상당한 논쟁을 불러일으키는 주제다. Java EE가 JPA Java Persistence API 명세를 제공하고 있지만, 다른 유명한 데이터베이스 지속성 형식도 존재한다. 개발자들 사이의 이러한 논쟁은 마치 종교나 정치 논쟁과 유사하다. 논쟁이 전적으로 이성적인 것이 아니다. 여러 가지 선택에 대한 내 생각과 실무에서 내가 경험한 것, 그리고 내가 선호하는 것을 설명하겠지만, 이 장에서 설명하는 모델링 개념은 모든 지속성 방법에 적용할 수 있다.

객체 모델링 활동을 시작할 때 구현 시에 사용할 지속성 방법을 선택하지 않고 DAO를 식별할 수 있다. 예를 들어 DAO는 커스텀 코드로 작성된 JDBC일 수도 있고, JPA(예: Hibernate)를 사용하는 클래스 또는 MyBatis와 같은 O/R object-relational 매핑 도구를 활용한 객체일 수도 있다. Java EE 애플리케이션은 이들 모든 지속성 방법에 호환된다.

결정할 때 나는 먼저 데이터 액세스 객체 레이어에 필요한 것이 무엇인지를 고려한다. 그다음에 각 지속성 방법이 다음과 같은 평가 시스템을 사용하여 이들 목적을 얼마나 잘 달성할 수 있는지에 따라 점수를 매긴다.

- 상: 목적을 달성할 수 있음.
- 중: 어느 정도 목적을 달성할 수 있음.
- 하: 목적을 달성할 수 없음.

표 5.2는 여러 가지 데이터 지속성 방법의 목적과 평가 목록을 보여준다. 이 표의 평가 이유도 설명하게 될 것이다. 표에서 처음 4개의 목표는 대부분 고객이 가장 중요하게 생각하는 것이다.

학습 곡선 최소화. JDBC는 데이터베이스용 첫 번째 지속성 API이므로 전체는 아니지만, 대부분 개발자에게 가장 친근하다. 따라서 가장 낮은 학습 곡선을 가진다. JPA나 ORM 매핑을 사용하기 위해서 개발자는 해당 기술뿐만 아니라 JDBC도 이해해야 할 필요가 있다. 또한, 에러가 발생하면 JPA나 ORM 구현이 에러를 진단할 때 무엇을 하는지도 알아야 한다.

[표 5.2] 데이터 지속성 방법 평가

목표	JDBC	JPA	O/R 매핑
학습 곡선 최소화	상	중	중
코드 및 설정 파일 작성과 유지·보수 최소화	하	중	중
튜닝 기능 최대화	상	하	하
배포 작업 최소화	상	중	중
코드 호환성 최대화	중	상	상
벤더 의존성 최소화	상	상	하

코드 및 설정 파일 작성과 유지·보수 최소화. 개발 용이성을 평가할 때 코드 행 숫자를 고려하는 경향이 있다. 설정 파일(어노테이션 또는 XML 설정 파일)도 다른 구문을 갖는 코드로 간주해야 한다. JPA 구현과 대부분의 O/R 매핑 도구는 대부분 상황에서 얼마간의 코드를 절약할 수 있게 한다.

튜닝 기능 최대화. JDBC는 가장 낮은 수준의 API로서 데이터베이스에 가장 밀접하므로 자유롭게 데이터베이스 SQL을 튜닝할 수 있는 기능을 제공한다. 그 밖의 다른 방법은 제품이 생성해준 SQL에 의존한다. 예를 들어 대부분의 JPA 구현과 O/R 매핑 도구는 실행할 SQL을 생성한다. 일반적으로 SQL을 직접 다루지 않고 튜닝을 하는 것은 더 어렵다.

배포 작업 최소화. 배포 문제와 씨름하는 것은 개발과 유지·보수 시간에 부정적인 영향을 미친다. 이 경우에는 대부분이 재배포 변경에 따라 작업은 거의 동등하다.

코드 호환성 최대화. 데이터 액세스 코드를 다른 데이터베이스로 이식할 수 있는지는 애플리케이션에서 고려해야 하는 사항이다. 이러한 점에서 JPA 구현은 많이 사용되는 어떤 관계형 데이터베이스에서도 실행될 수 있는 진짜로 호환성을 갖는 코드를 작성할 수 있는 가장 좋은 기회를 제공할 수 있다. 많은 업무 애플리케이션에서 데이터베이스 제품을 변경할 필요성은 그다지 많지 않다. 따라서 이 목표는 좀 더 낮은 가중치를 가진다.

벤더 의존성 최소화. Java EE 컨테이너 서비스와 JDBC 드라이버, JPA 구현, 그리고 O/R 매핑 도구를 제공하는 벤더에 대한 의존성을 줄일 필요가 있다. JDBC 드라이버 벤더를 변경하기는 쉽다. 나는 이것을 여러 번 해봤다. JDBC 벤더를 바꾸는 것은 컨테이너 설정에서 jar 파일을 변경하기만 하면 된다. 대부분 애플리케이션은 JDBC 벤더에 특정한 클래스를 사용하지 않으므로 벤더를 바꾸어도 변경할 필요가 없게 된다.

컨테이너 벤더를 변경하는 것은 어느 정도 쉽다. JPA 벤더와는 성능 튜닝 문제의 가능성이 있으며, O/R 매핑 도구를 사용하면 애플리케이션 코드는 벤더(또는 벤더가 생성한) 클래스를 직접 사용한다. O/R 매핑 도구를 변경하는 것은 대부분 상당한 개발 노력이 필요하다.

소프트웨어 도구를 사용할 때는 경제학자가 시장 효율성을 고려하는 것과 마찬가지 방법으로 효율성을 고려해야 한다. 금융 분석가와 경제학자는 금융 시장이 효율성이 있다는 이론을 가진다. 즉, 새로운 정보가 공표될 때 해당 정보와 관련된 모든 기업의 주식 시세는 시간이 지남에 따라 변경된다. 예를 들어 엔론과 유나이티드항공 도산이 공표되었을 때 그 뉴스는 이들 주식 시세에 심각한 영향을 미쳤다.

새로운 소프트웨어 패러다임이 소개될 때 비용을 초과하는 이익을 제공하는 경우에 시간이 지나감에 따라 개발자들이 그것으로 전환하게 될 것이다. 프로그래밍 패러다임에서 이것이 발생하는 것은 금융 시장보다 훨씬 느리다. 내가 이 책의 첫 번째 판을 쓸 때 데이터베이스 지속성과 관련된 "시장"은 JDBC를 선호하는 것으로 의견이 통일되었다. 그러나 검색 엔진에서 키워드로서 Hibernate(JPA 구현체)에 대한 관심이 JDBC에 대한 관심과 유사한 정도가 되었다. 이것은 개발자가 Hibernate와 같은 JPA 구현체로 트랜드를 이동시키고 있다는 추론을 할 수 있게 한다. 또한, 구직 관련 데이터도 시장 트랜드를 반영한다. 구직 관련 데이터는 HIbernate에 관심을 가지는 고용주가 JDBC를 능가한다는 것을 말해준다.

구글 트랜드가 보여주는 검색 엔진 키워드 변동 추세는 그림 5.2에 있다. 구직 관련 데이터는 라이센스 제한으로 포함시킬 수 없었다.

[그림 5.2] 지속성 기술 용어 관련 검색 엔진 키워드 통계

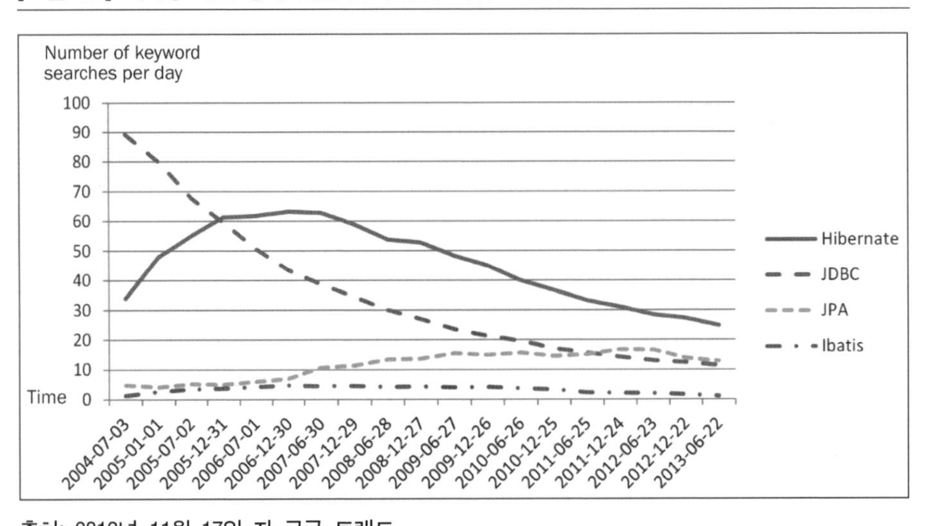

출처: 2013년 11월 17일 자 구글 트랜드

단순화 데이터 액세스(simplified data access) 패턴

가장 일반적인 데이터 액세스 객체와 관련된 두 패턴 중에서 이 패턴은 가장 단순하다. 이 패턴에서 물리적인 저장소 구조(예: 관계형 데이터베이스 테이블, XML 문서, 또는 파일)와 그것을 관리하는 DAO가 1대1 대응한다. 예를 들어 관계형 데이터베이스 안에 있는 CUSTOMER 테이블에 액세스를 관리하는 CUSTOMER_DAO를 정의할 수 있다. 아직 식별된 메서드는 없지만, 이 클래스가 인수로서 검색 조건을 사용하여 하나 이상의 고객을 검색하여 정보를 반환하리라는 것을 예상할 수 있다. 이와 함께 고객 정보를 추가, 갱신, 삭제하는 메서드를 가질 수 있다.

이 패턴의 이점은 단순하다는 것이다. 가장 큰 단점은 하나의 데이터 소스 유형에만 특정하다는 것이다. XML 문서 조작과 관련된 코드는 데이터베이스 테이블

을 사용하는데 필요한 JDBC와 SQL과 아주 다르다. 데이터 소스 유형을 바꾸려면 클래스의 대부분 메서드를 철저히 점검해야 한다.

이 패턴은 어떤 데이터베이스 지속성 메커니즘을 선택하든 상관없이 사용할 수 있다. 데이터 지속성 방법 선택은 단순히 어떻게 DAO 클래스가 내부적으로 구현되는지를 기술한다. 그림 5.3은 이 패턴이 적용된 객체 모델의 예를 보여준다.

[그림 5.3] 단순화 데이터 액세스 패턴

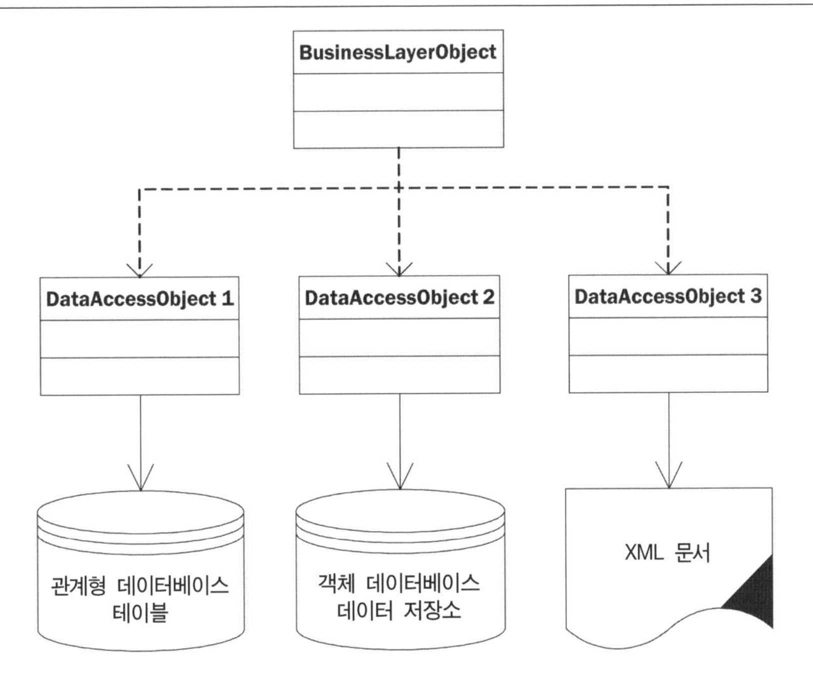

다중 데이터베이스 지원

여러 유형의 데이터베이스를 지원하는 애플리케이션은 팩토리 기반의 데이터 액세스 객체data access object 패턴이 아주 적당하다. 이 패턴은 인터페이스로 DAO를 구현한다. 이 인터페이스를 구현하는 객체를 생성하는데 팩토리factory를 사용하게 된다. 이와 함께 각 유형의 데이터 소스에 대하여 이 인터페이스의 구현체를 가진다. 팩토리는 모든 구현체의 인스턴스를 생성하는 방법을 알고 있다. 그림 5.4는 이 패턴의 객체 모델 예를 보여준다.

[그림 5.4] 데이터 액세스 객체(data access object) 패턴

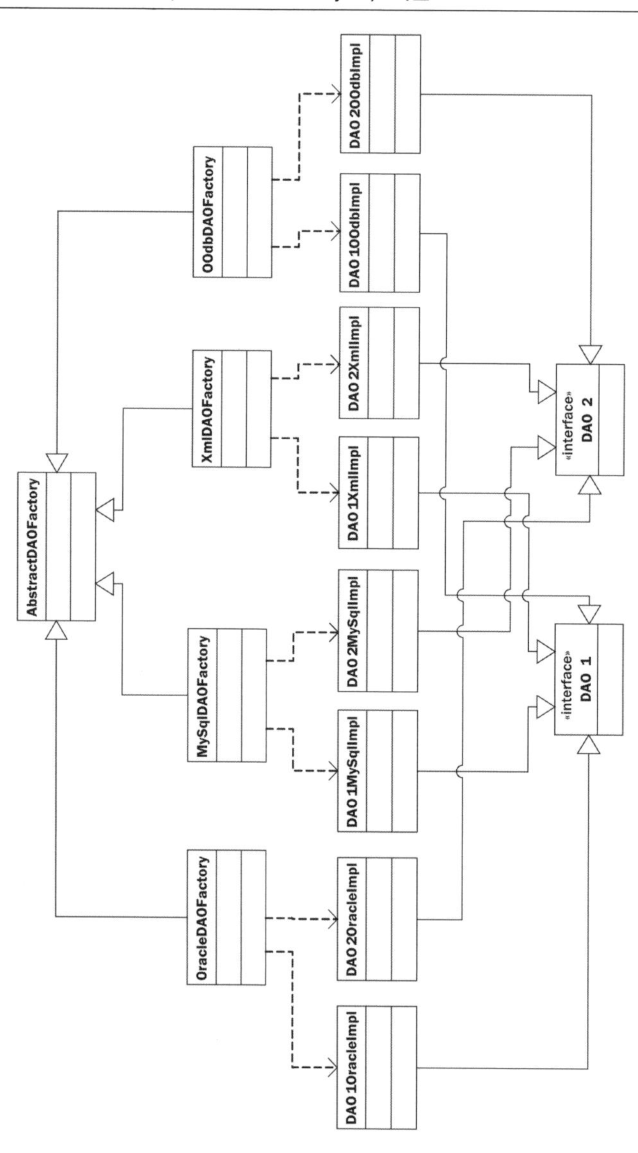

예를 들어 고객 DAO 구현을 생각해보자. CustomerDAO 인터페이스에는 다양한 조회 메서드뿐만 아니라 추가, 갱신, 삭제하는 메서드가 포함된다. 또한, 고객 DAO 팩토리(CustomerDAOFactory)는 애플리케이션이 사용할 DAO를 제공할 책임이 있다. 이와 함께 지원하는 모든 관계형 데이터베이스의 구현체(예: CustoermDAOOracleImpl, CustomerDAOSybaseImpl, CustomerDAOMySQLImpl 등)를 가진다. 업무 객체 코드가 CustomerDAO 인터페이스를 사용할 때 이들 구현체 중 하나를 사용할 수 있게 된다.

데이터 액세스 레이어에 이 수준의 설정이 필요한 다른 이유는 단위 테스트를 하기 위해서다. 데이터 액세스 레이어의 주요 소비자인 업무 로직 레이어를 단위 테스트할 때 업무 로직 레이어 테스트용으로 데이터 액세스 레이어의 스텁stub을 생성하는 것이 아주 유용하다. 이것은 특정한 데이터베이스에 대한 의존성을 제거한다.

수작업으로 객체 팩토리 코드를 작성하는 대신에 제어의 역흐름(IoC, Inversion of Control) 제품을 사용하는 것을 고려한다. 현재 많이 사용하고 있는 IoC 구현체로는 Spring, Goolge Guice, Pico 등이 있다. 이들 제품은 팩토리 코드를 작성할 필요를 없애준다. 그러나 설정이 필요하고 조금 복잡하다.

향후 여러 데이터베이스 벤더를 지원해야 할 필요성을 예측할 수 없고, 업무 로직 레이어의 단위 테스트를 유지할 계획이 없다면 데이터 액세스 객체(data access object) 패턴을 적용하는 것은 지나치다. 여러 데이터베이스를 지원해야 할 필요가 있는 업무 애플리케이션은 그다지 많지 않다. 대부분 개발자는 어느 정도의 단위 테스트는 수행하지만 많은 개발자가 테스트 주도적 개발(TDD Test-Driven Development)을 적극적으로 수행하지는 않는다. 더 많은 코드를 유지해야 하기 때문이다. 여러분의 조직이 적극적으로 자동화된 단위 테스트를 작성하고 실행하고 있다면 데이터 액세스 객체 패턴을 사용할 필요가 있다. 그러나 여러분의 조직이 이런 수준의 테스트를 지원하지 않는다면 디자인 패턴에 필요한 추가적인 복잡성을 감수할 이점이 없다. 소프트웨어 벤더는 업무 애플리케이션 개발자보다는 좀 더 이 패턴을 적용할 필요가 있다. 많은 책에서 이 패턴을 무조건 추천하고 있기 때문에 여기에서 상세히 논의하였다.

엔터티 객체 레이어

대부분 애플리케이션이 관계형 데이터베이스를 저장소로 사용한다. 엔터티entity 클래스는 애플리케이션의 관계형 데이터베이스 테이블과 1대1 매핑된다. 예를 들어 CUSTOMER 테이블이 있다면 Java에서 해당 테이블을 표현하는 CustomerEntity 클래스가 있어야 한다. 해당 클래스는 테이블의 컬럼에 대응되는 필드를 갖게 될 것이다. CustomerEntity 클래스의 인스턴스는 CUSTOMER 테이블의 로우를 표현한다. 엔터티 객체 레이어는 관계형 데이터베이스의 "Java" 버전을 표현한다.

어떤 의미에서 데이터 액세스 클래스는 엔터티 클래스의 팩토리다. 관계형 데이터베이스 데이터를 "입력"으로 사용하여 하나 이상의 엔터티 클래스의 인스턴스를 출력으로 생성한다. 또한, 엔터티 클래스에 있는 데이터를 변환하여 애플리케이션의 데이터베이스에 저장한다.

일반적으로 엔터티 클래스는 다른 패키지 구조(예: com.acme.appname.entity)로 분리한다. 이와 함께 엔터티 클래스의 이름 규칙을 적용하여 해당 클래스가 엔터티 클래스라는 사실을 쉽게 알 수 있도록 한다. 일반적으로 엔터티 클래스에는 "Entity"라는 접미사를 사용(예: AccountEntity)한다. 데이터베이스 설계가 제3정규형을 적용했다면 해당 설계로부터 도출된 엔터티 클래스는 객체 모델링 관점에서 식별된 것과 밀접하게 매치될 것이다. 예를 들어 앞에서 예로 든 CUSTOMER와 ACCOUNT 테이블은 객체 모델링에서 Java 클래스의 논리적인 후보가 된다. 모든 애플리케이션은 논리적으로 속해있는 데이터 항목이 있으며, 일반적으로 함께 사용된다.

일반적으로 엔터티 클래스는 접근자accessor와 변경자mutator 메서드가 포함되지만, 그 밖에 다른 것은 별로 포함되지 않는다. 그리고 엔터티 클래스는 모든 다른 애플리케이션 레이어에서 참조된다.

값 객체 레이어

저장하고 나중에 조회할 데이터를 표현하는 엔터티 클래스와 함께 모든 애플리케이션은 논리적으로 속해있고 함께 사용되는 일시적인 데이터 항목을 가진다. 일시적인 데이터는 특정한 작업을 수행하기 위해서만 존재하는 데이터로 직접 저장되지는 않는다. 값 객체(VOvalue object) 클래스는 이러한 데이터를 표현한다. 예를 들어 값 객체는 사용자 화면에 표시하기 위한 집합적인 판매 정보(예: `SalesDisplayVO`)를 표현하는데 사용될 수 있다. 집합적인 판매 정보는 직접 저장되지 않는다. 화면에 표시하거나 보고서에 필요할 때 상세한 판매 데이터로부터 요약된다.

값 객체에 대한 주제와 관련된 몇 가지 혼란이 있다. "값 객체"에 대한 나의 정의는 데이터 전송 객체(DTOData Transfer Object)와 아주 가깝다. DTO에 대한 정의는 http://martinfowler.com/eaaCatalog/dataTransferObject.html에서 찾을 수 있다. 몇 년 동안 Java EE 커뮤니티는 DTO를 세션 빈session bean과 클라이언트 사이에 데이터를 전송하는 방식(따라서 이름에 전송이란 단어가 붙는다.)으로 선호해왔다. DTO라는 용어의 사용은 EJBEnterprise Java Beans의 사용을 의미하기 때문에 사람들은 그러한 의미를 피하고자 "값 객체"란 용어를 사용하기 시작하였다. 값 객체란 용어는 C++ 그룹에서는 다른 의미를 가진다. C++ 그룹에서 값 객체란 의미 있는 방식(예: 돈, 날짜 등)으로 하나의 값을 표현한다.

Java EE 초기에 EJB는 요즘보다는 훨씬 더 광범위하게 사용되었다. EJB와 함께 값 객체는 빈 그 자체와 호출자 사이에 네트워크 전송을 최적화하는데 사용되었다. EJB의 사용이 감소하면서 대부분 애플리케이션은 그러한 수준의 배포가 필요하지 않게 되었다. 따라서 이러한 목적으로 값 객체 클래스를 사용하는 것은 더는 적절하지 않다.

프로그램상으로 이러한 데이터 항목의 논리적인 그룹을 분리된 객체로서 처리하는 것이 편리하다. 이러한 유형의 객체를 어떤 책에서는 데이터 전송 객체DTO란 용어를 사용하기도 하지만 일반적으로 값 객체VO라고 한다. C/C++와 다른 언어와 마찬가지로 Java가 "구조체"가 있다면 VO는 구조체가 된다.

예를 들어 보고서 템플릿에 필요한 다양한 정보를 VO로 결합할 수 있다. 보고서 템플릿 인수가 필요한 메서드는 개별적인 인수 대신에 구조체의 모든 구성 요소로서 `ReportTemplateVO`를 받아들일 수 있다.

일반적으로 VO는 접근자accessor와 변경자mutator 메서드가 포함되지만, 그 밖에 다른 것은 별로 포함되지 않는다. 그리고 일반적으로 VO는 `java.io.serializable`을 구현함으로써 원격 애플리케이션 클라이언트에 전송하거나 세션에 직렬화serialize할 수 있다. Java EE 컨테이너와 RMI 서비스는 원격 머신에 전송하기 전에 Java 클래스의 내용을 직렬화한다. 관습적으로 `CustomerVO`와 같이 값 객체 이름에 VO란 접미사를 붙인다.

공통 패턴

값 객체는 공식적으로 정의된 패턴으로부터 유래한다. 책(Alur, Crupi, Malks, 2001)에서 이 패턴을 값 객체 패턴이라고 한다. VO 패턴은 EJB 성능을 향상시키기 위해 사용되지만, 모든 애플리케이션 레이어 사이의 커뮤니케이션에도 유용하다.

VO 패턴을 어떤 것이 다른 것을 포함할 때 사용하는 복합composite 패턴과 결합할 수 있다. 예를 들어 보고서 템플릿은 여러 매개 변수를 포함한다. 그림 5.5의 예와 같이 복합 패턴을 사용하여 ReportTemplateVO는 ReportTemplateParameterVO 객체의 배열을 포함한다.

[그림 5.5] 값 객체와 복합 패턴

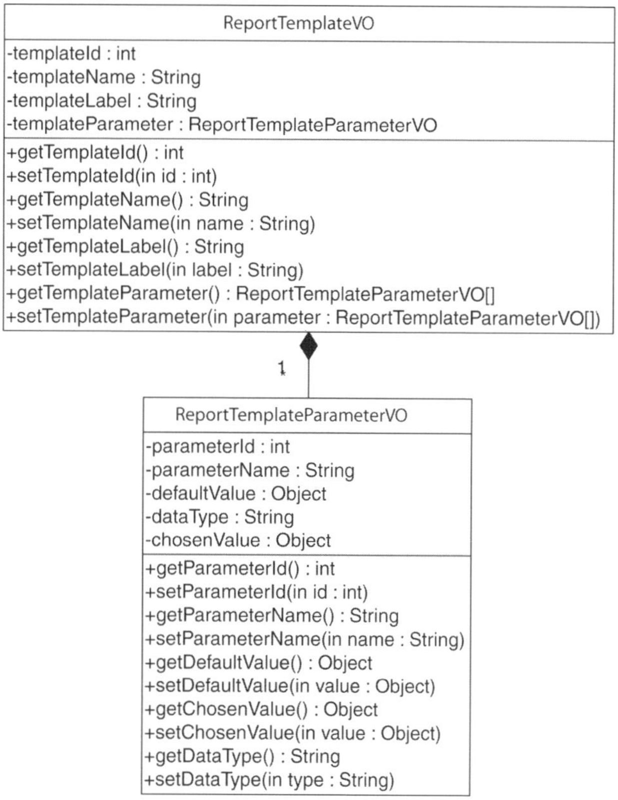

ReportTemplateVO
-templateId : int
-templateName : String
-templateLabel : String
-templateParameter : ReportTemplateParameterVO
+getTemplateId() : int
+setTemplateId(in id : int)
+getTemplateName() : String
+setTemplateName(in name : String)
+getTemplateLabel() : String
+setTemplateLabel(in label : String)
+getTemplateParameter() : ReportTemplateParameterVO[]
+setTemplateParameter(in parameter : ReportTemplateParameterVO[])

1

ReportTemplateParameterVO
-parameterId : int
-parameterName : String
-defaultValue : Object
-dataType : String
-chosenValue : Object
+getParameterId() : int
+setParameterId(in id : int)
+getParameterName() : String
+setParameterName(in name : String)
+getDefaultValue() : Object
+setDefaultValue(in value : Object)
+getChosenValue() : Object
+setChosenValue(in value : Object)
+getDataType() : String
+setDataType(in type : String)

업무 로직 레이어

업무 로직 레이어에 있는 객체는 데이터를 업무 규칙, 제약사항 및 활동과 결합한다. 업무 객체는 DAO와 엔터티 객체, VO, 웹 서비스와 같은 서비스 레이어와 분리되어 재사용의 가능성을 최대로 해야 한다. 업무 객체는 여러 데이터 액세스 객체의 활동을 사용하고 순서대로 배열한다.

업무 객체는 독립적으로 배포될 수 있어야 한다. 업무 객체는 배치 작업이나 웹 애플리케이션, 씩 클라이언트thick client 애플리케이션에서 쉽게 사용될 수 있어야 한다.

업무 로직 객체는 데이터 액세스 클래스를 활용하고 엔터티 및 값 객체를 참조한다. 그러나 프레젠테이션 레이어에 있는 어떤 것도 참조하지 않는다. 프레젠테이션 레이어는 업무 로직 레이어를 사용하지만 그 밖의 다른 것은 사용하지 않는다.

업무 로직은 애플리케이션 수행하는 작업에 대한 트랜잭션 스크립트를 포함한다. 예를 들어 신규 고객에 대하여 자동으로 신용 등급 조회를 시작한다고 하면, 신규 고객 정보 저장을 관리하는 업무 로직 클래스는 해당 고객에 대해 신용 등급 조회를 시작해야 한다. 이 활동은 웹 애플리케이션을 통해 업무 사용자가 시작하거나 배치 작업 처리를 통해 시작된다. 업무 로직 클래스는 실행 컨텍스트에 관한 어떤 가정도 하지 않는다.

공통 패턴

업무 로직 레이어에서 가장 자주 사용되는 패턴 중 하나가 트랜잭션 스크립트 Transaction Script 패턴이다. 이 패턴은 기본적으로 애플리케이션을 구별된 트랜잭션의 연속으로 본다. 예를 들어 은행에서 공통 트랜잭션은 신규 고객과 해당 고객의 신규 계좌 개설을 정의하는 것이다. 그림 5.6과 같이 금융 거래 검증의 일부로서 계정 잔액을 확인findBalance하는 트랜잭션을 생각할 수 있다. 좀 더 자세한 정의는 http://martinfowler.com/eaaCatalog/transactionScript.html에서 찾을 수 있다.

트랜잭션 스크립트Transaction Script 패턴은 종종 객체지향적이 아니라고 비판을 받는다. 그것은 사실이다. 그렇지만 소프트웨어를 가능한 한 단순하게 한다는 실천을 준수하고 있기 때문에 많이 사용된다.

레이어 초기화Layered initialization 패턴도 같은 객체가 서로 다른 다양성을 가질 때 주로 사용하는 패턴이다. 예를 들어 대부분 애플리케이션은 서로 다른 유형의 사용자를 가지고 있다. 그림 5.7에서 볼 수 있는 바와 같이 신뢰 고객TrustCustomer, 기업 고객CorporateCustomer, 은행 지원 사용자BankingSupportUser, 애플리케이션 관리자

AdminUser 등이 있을 수 있다. 이들 모든 고객은 공통성을 공유하지만 고유한 점도 가지고 있다.

[그림 5.6] 트랜잭션 스크립트(Transaction Script) 패턴 예

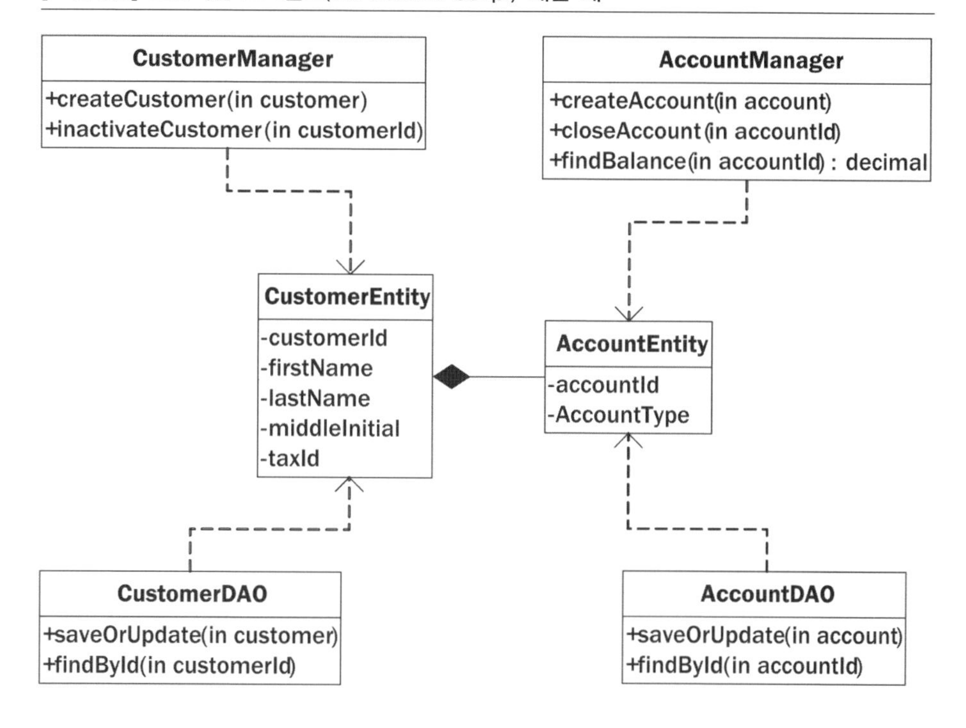

[그림 5.7] 레이어 초기화(Layered initialization) 패턴 예

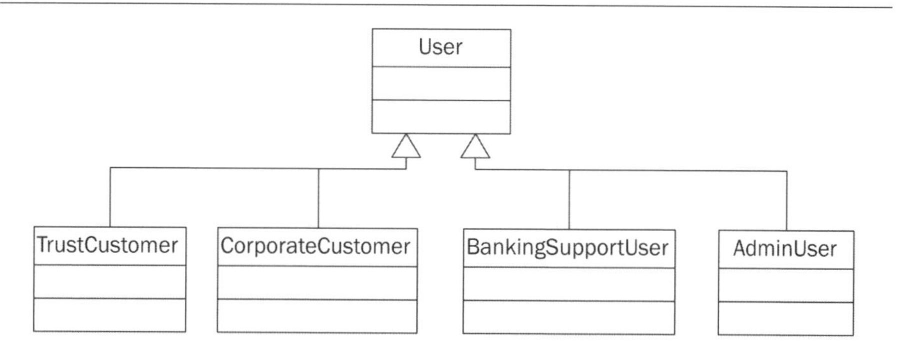

같은 업무 객체가 서로 다른 결과를 산출하거나 서로 다른 입력을 사용한다면 어댑터adapter 패턴을 사용할 수 있다. 그림 5.8의 예를 살펴보자. 보고서 업무 객체는 전자우편, FTP 등 여러 가지 다른 전달 메커니즘을 가지고 있다. 그러나 그 밖의 다른 모든 처리는 동일하다. 게다가 전자우편과 FTP 전달을 수행하는 기존의 유틸리티가 있지만, 애플리케이션에서 현재 필요한 인터페이스를 구현하지는 않고 있다. 어댑터는 인터페이스를 구현하고 보고서 전달을 실제로 수행하는데 필요한 서드파티 제품을 활용하는 책임을 진다.

[그림 5.8] 어댑터(adapter) 패턴 예

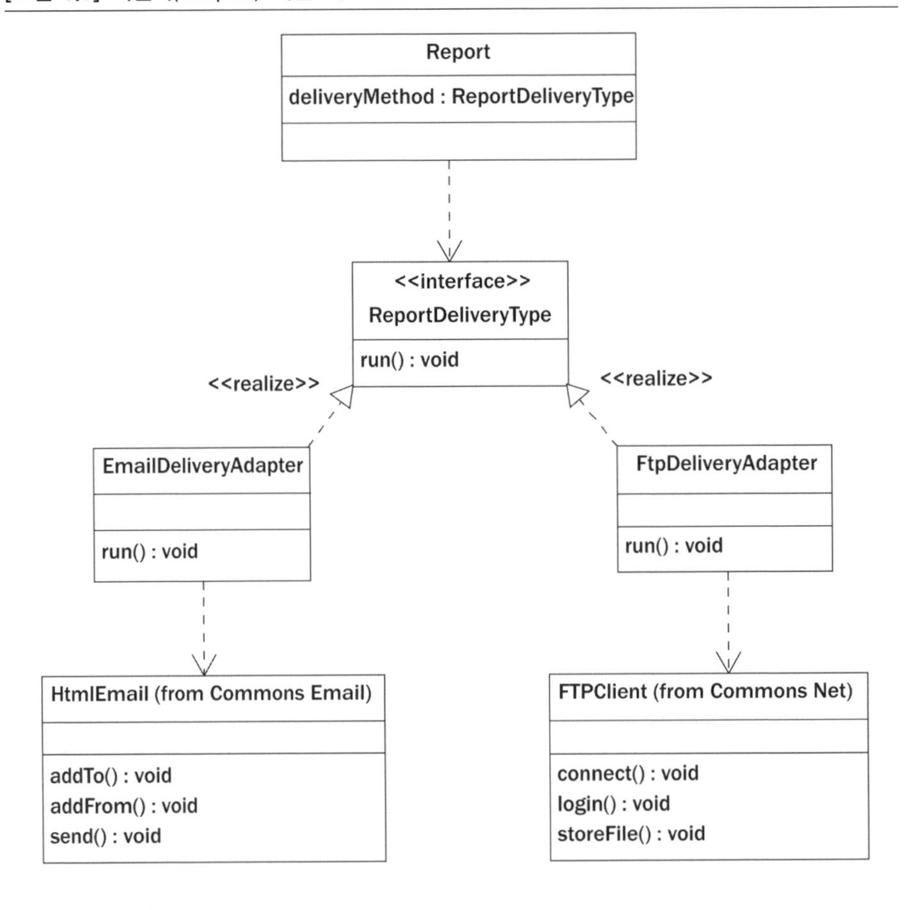

어댑터adapter 패턴과 같이 업무 객체의 행위가 컨텍스트에 따라 다양한 경우에 전략strategy 패턴을 사용한다. 그러나 어댑터adapter 패턴은 클래스의 활동은 동일하지만, 입출력이 동적으로 다양한 경우에 사용되고, 전략strategy 패턴은 클래스의 활동이 동적으로 다양하고 입출력이 동일한 경우에 사용된다. "누구의 클라이언트인가?"라는 개념에서 차이가 있다. 그림 5.9는 전략strategy 패턴의 예를 보여준다.

[그림 5.9] 어댑터(adapter) 패턴 예

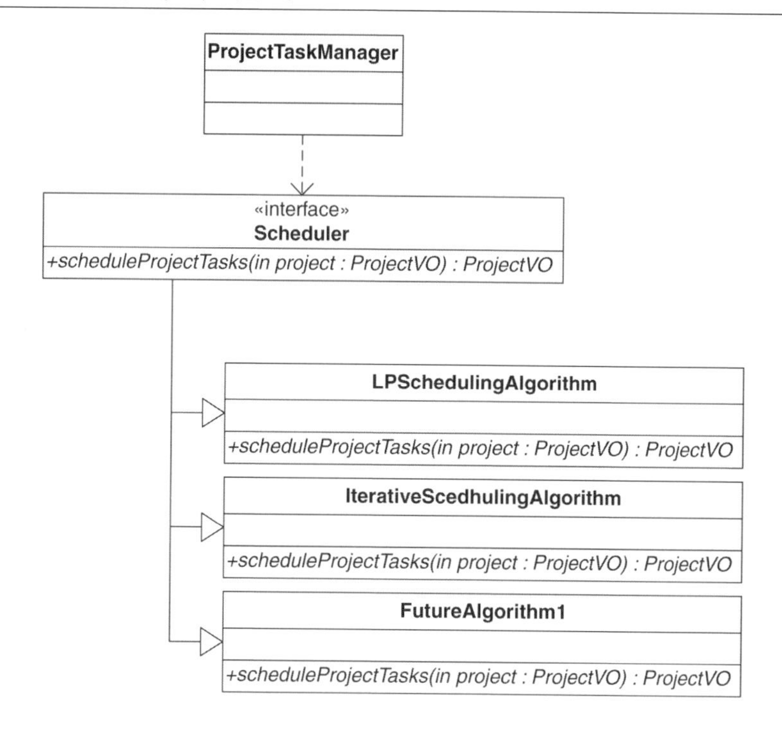

배포 레이어

배포 래퍼deployment wrapper는 업무 객체 기능을 Java 클래스로 출판하여 별도의 머신에서 실행될 수 있도록 한다. 배포 래퍼의 예로서는 엔터프라이즈 빈(예: 세션 빈, 메시지 빈)과 웹 서비스가 있다.

업무 기능을 배포하여 다른 애플리케이션에서 호출할 수 있도록 함으로써 재사용성을 증진시킬 수 있게 된다. 새로 만드는 것보다는 기존의 기능을 재사용하는 것이 더 낫기 때문이다. 때로 재사용되는 기능이 자주 바뀌거나 단순히 해당 기능이 공통 코드로 애플리케이션에 포함시키기 어려운 부담스러운 리소스 요구사항이 있을 수도 있다.

배포 레이어 클래스는 업무 로직을 출판한다. 서비스 레이어 클래스는 업무 로직 클래스를 활용하고 엔터티 클래스와 값 객체를 참조한다. 직접 데이터 액세스 클래스를 참조하지는 않는다.

배포 레이어 클래스 안에 직접 업무 로직을 구현하지 않는다. 어떤 개발자는 엔터프라이즈 빈으로 업무 로직을 표현한다. 업무 객체와 엔터프라이즈 빈을 같은 클래스로 통합하는 것이 기술적으로 가능하긴 하지만 그다지 추천할 만하지는 않다. 업무 로직을 별도로 하는 것이 완전한 배포 유연성을 제공한다. 같은 업무 객체를 변경시키지 않고도 세션 빈, 메시지 빈, 웹 서비스 또는 클라이언트 애플리케이션으로 배포할 수 있다. 업무 로직을 배포 독립적인 클래스로 분할하려면 추가적인 클래스를 생성해야 하지만, 덜 복잡하다.

독립적인 작업 단위로 출판하는 것이 트랜드다. 원격 호출이 성공적이면 해당 원격 호출로 발생하는 변경은 커밋되고 롤백에 참여하지 못한다. 만약 원격 호출로 수행된 작업을 롤백하는 기능이 필요하다면, 애플리케이션에 트랜잭션 전략을 통제할 수 있도록 하는 업무 로직 코드를 포함시키는 것이 바람직하다.

많은 양의 트랜잭션이 예상되는 원격 기능을 출판하지 않는 것이 트랜드다. 원격 호출은 로컬 호출에는 없는 네트워크 오버헤드가 있다. 어떤 배포 래퍼를 사용하든 상관없다.

배포 래퍼 선택

같은 업무 객체에 대하여 여러 배포 래퍼deployment wrapper를 가질 수 있다. 예를 들어 고객 객체에 대하여 메시지 빈과 웹 서비스 배포를 생성하는 것은 드문 일이 아니다.

각 유형의 배포 래퍼는 장단점이 있다. 어떤 유형의 배포 래퍼를 사용할 것인가를 선택하기는 어렵다. 실질적으로 유스케이스 분석과 프로토타이핑(3장)을 완료하지 않았거나 애플리케이션 인터페이스(4장)을 정의하지 않았다면 더욱 그렇다. 표 5.3은 배포 래퍼 유형 사이의 차이점을 요약한다.

[표 5.3] 배포 래퍼 유형의 특징

특징	EJB	웹 서비스	메시징/JMS	RMI	HTTP
호출 플랫폼 요구사항	Java 플랫폼	모든 플랫폼	모든 플랫폼	Java 플랫폼	모든 플랫폼
지원 커뮤니케이션 방법	동기적	동기적/비동기적 둘 다	동기적/비동기적 둘 다	동기적	동기적
결합도	밀접함	느슨함	느슨함	밀접함	느슨함
확장성과 가용성을 위한 클러스터링 지원	지원	지원	지원	미지원	지원

어떤 배포 래퍼를 사용할 것인가 그리고 어떤 업무 객체를 출판할 것인가를 결정해야 할 때 다음 질문을 한다. 이들 질문이 의사 결정 과정에 도움을 줄 것이다.

업무 객체가 Java가 아닌 애플리케이션에서 호출되는가?

이 기능은 웹 서비스로 출판하는 것이 일반적이다. 웹 서비스는 SOAP 형식을 사용하여 모든 XML 커뮤니케이션을 인코딩함으로써 언어 종속성의 제약을 완전히 제거한다. 웹 서비스는 프로그램적인 결합성을 표현하지 않기 때문에 배포 조율도 필요로 하지 않는다.

웹 서비스는 광범위하게 사용되며, 가장 선호하는 배포 래핑 기술이다.

메시징 벤더가 JMS를 지원하고 외래 애플리케이션 플랫폼의 네이티브 API를 가지고 있다면 이 기능을 메시지 빈으로 배포할 수도 있다.

JMS를 통해 업무 객체를 수신하고 처리하는가?

JMS 메시지 수신과 처리를 지원하는 기능은 보통 메시지 빈으로 구현된다. 이 빈은 업무 로직 클래스를 활용하여 메시지를 처리하는데 필요한 작업을 수행한다. 비교적 최근에 JMS 표준이 생성되고 정제되었지만 메시징 기술은 10년이 넘도록 존재하고 있다. 대부분 메시징 기술 벤더는 JMS 인터페이스를 구현하고 있다. 메시징은 정보를 전송하는 좋은 수단이다. 이 기술은 응답 시간보다는 전달을 보장할 수 있도록 설계되었다.

업무 객체가 2단계 커밋 기능을 필요로 하는가?

그렇다면 업무 객체를 세션 빈으로 배포한다. 2단계 커밋2phase commit 기능은 JTA가 필요하며 Java EE 컨테이너가 제공한다. Java EE 컨테이너 안에서 실행되는 웹 서비스와 서블릿은 JTA에 액세스할 수 있지만, 이들 배포는 JTA를 지원하지 않는 환경에서 사용되는 경우가 많다.

공통 패턴

배포 래퍼에 사용되는 패턴은 세션 퍼사드session facade 패턴과 프록시proxy 패턴이 결합된 것이다. 이들 패턴 결합(또는 약간 변형된 것)은 대부분의 배포 레퍼 유형에 사용될 수 있다. 세션 퍼사드session facade 패턴은 특별히 EJB 배포로 유명해졌지만, 이 개념은 대부분의 분산 객체 유형에 유효하다.

엔터프라이즈 빈 또는 웹 서비스와 같은 배포 래퍼의 두 가지 일반적인 설계 목표는 네트워크 트래픽을 최소화하고, 변경을 최소화하는 것이다. 퍼사드facade는 출판된 기능의 입자성을 크게coarse-grained 함으로써 네트워크 트래픽을 최소화한다. 즉, 퍼사드를 사용하여 원격 서비스의 원격 호출이 더 많은 양의 데이터를 업무 로직이 처리할 수 있게 하거나, 또는 더 낮은 수준의 업무 로직 기능을 결합하여 하나의 호출로 처리할 수 있도록 한다. 일반적으로 원격 서비스에 호출하는 횟수를 최소화하는 것이 중요하다. 호출하거나 반환하는 데이터가 더 크더라도 그렇다.

퍼사드는 원격 호출자에게 출판되는 기능에 변경을 최소화할 수 있게 한다. 즉, 업무 로직 레이어나 애플리케이션의 다른 레이어를 리팩토링하고 변경해도 원격 애플리케이션에 해당 기능을 출판하는 퍼사드를 변경시키지 않아도 된다. 이것은 서비스의 원격 애플리케이션이 자주 변경되지 않고도 호출할 수 있다는 점에서 고객 친화적이다. 또한, 우연히 고객에게 영향을 주지 않고도 서비스를 출판하는 애플리케이션을 리팩토링하고 변경시킬 수 있게 된다.

몇몇 개발자는 업무 로직 레이어 객체를 직접 웹 서비스나 엔터프라이즈 빈으로 출판하고 싶어한다. 이러한 시도가 단순하고 복잡성을 줄여주기 때문이다. 그러나 이와 같은 접근 방법의 문제는 업무 로직 레이어를 변경할 때 잠재적으로 이들 서비스가 호출되고 사용되는 방법을 변경하게 한다는 것이다. 이것은 업무 로직 레이어의 순수한 리팩토링이 이들 서비스를 호출하는 애플리케이션에 의도하지 않은 결과를 일으킨다는 것을 의미한다. 그림 5.10은 세션 퍼사드session facade와 프록시proxy 패턴을 효율적으로 결합하는 방법을 보여준다.

[그림 5.10] 프록시(proxy)가 결합된 세션 퍼사드(session facade) 패턴

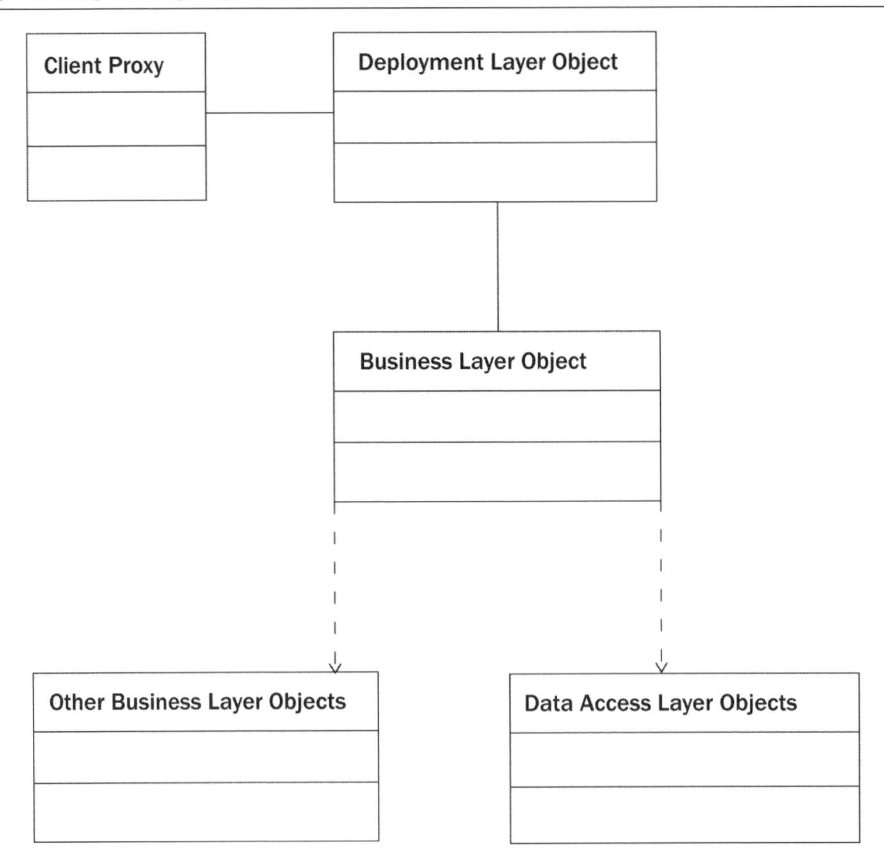

추천 도서

• Gamma, Erich, richard Helm, ralph Johnson, and John Vlissides. 1995. *Design Patterns*. Reading, MA: Addison-Wesley.

객체 모델 생성

애플리케이션 아키텍트는 애플리케이션 설계 프로세스를 주도할 책임이 있다. 이 역할에 따라 아키텍트는 애플리케이션 설계자이면서 중재자가 된다. 이번 장에서는 이전 장에서 설명한 레이어 분할 접근 방법과 함께 유스케이스 분석을 활용하여 Java EE 애플리케이션을 효율적으로 설계하고 객체 모델로 문서화하는 방법에 대해서 살펴보기로 한다. 이와 함께 설계 프로세스 그룹을 주도하는 기법에 대해서도 공유하려고 한다.

완료된 유스케이스는 효율적인 애플리케이션 설계에 필수적이다. 이들 없이 객체 모델링 세션은 해답보다 더 많은 질문을 만들어내게 될 것이다. 유스케이스 문서에서 모호한 점이나 해결되지 않은 문제를 발견한다면 차이를 메우기 위해 가정하는 기법을 적용한다. 여러분이 가정한 것을 문서화하여 나중에 업무 측에서 이들을 확인할 수 있도록 한다. 규모가 큰 프로젝트에서 유스케이스 분석은 좀 더 불완전해질 수 있다.

객체 모델링 작업은 소프트웨어 벤더가 제공하는 부분을 제외한 순수하게 커스텀 작성되는 Java 애플리케이션 부분에만 적용된다. 서드파티 소프트웨어 컴포넌트를 모델링하는 것은 애플리케이션이 직접 호출하는 클래스로만 제한된다.

애플리케이션을 100% 모델링할 필요는 없다. 특별히 레이어 아키텍처를 활용한다면 그렇다. 객체 모델은 값 객체와 업무 로직 레이어에 가장 필요하다. 예를 들어 설계의 데이터 모델링 부분(다음 장에서 설명함.)이 완료되었을 때 비로소 전체 엔터티 레이어의 객체 모델이 분명해진다. 각 클래스가 테이블과 1대1 관계를 갖기 때문이다. 게다가 많은 JPA 구현체는 데이터베이스와 매핑되는 클래스를 생성해준다. 마찬가지로 데이터 액세스 레이어 클래스는 대개 엔터티 클래스와 1대1 관계를 가진다(예: 고객 엔터티 클래스는 입출력을 처리할 고객 데이터 액세스 클래스를 가진다). 따라서 애플리케이션의 가장 복잡한 부분(일반적으로는 업무 로직 레이어)에 모델링 행위를 집중하는 것이 바람직하다.

애플리케이션 아키텍트는 설계 논의를 조성할 책임이 있으며, 설계 프로세스에 업무 로직과 프레젠테이션 티어 개발자들이 포함되어야 한다. 주관적인 본성 때문에 객체 모델링 프로세스는 혼란과 프로젝트 병목 현상의 주요 원인이 된다. 몇몇 프로젝트에서 아키텍트가 객체 모델을 사적으로 생성한 다음에 다른 개발자들에게 그것을 따르라고 강요하는 경우를 보았다. 한 명의 모델러가 팀보다 더 빨리 객체 모델을 만들 수는 있지만, 이런 모델은 에러와 누락된 것을 포함할 가능성이 많다. 그리고 아키텍트만 그것을 이해하고 충실하게 된다.

모델이 사적으로 생성된다면 실질적인 개발자 지원을 얻을 수 없다. 결국, 개발자가 이해하거나 동의할 수 없다면 그들은 그것을 따르려고 하지 않을 것이다. 많은 개발자가 그 시점으로부터 의미 있는 것에 기여하기를 중단하는 방식으로 아키텍트가 생성한 모델에 반응한다. 아키텍트는 설계 프로세스를 이끌어가는 수단으로서 모델의 "시안"을 작성할 수 있다. 그러나 이 경우에도 개발자들이 이 시안이 단지 논의를 위해 제시된 것일 뿐 변경될 수도 있다는 것을 완전히 이해해야만 한다.

사실상 나는 여러 개발자로부터 의미 있는 지원이 필요할 때 시간을 좀 더 길게 잡는다. 모델에 기여한 것이 많고, 반복적으로 향상시킬 기회를 제공한 개발자들은 좀 더 열정적으로 구현하게 된다.

모든 모델링 세션을 기록할 사람을 임명한다. 설계 세션을 이끌고 가면서 동시에 논의된 항목을 정확하고 완벽하게 기록하기는 어렵다. 보통 아키텍트가 세션을 주도하기 때문에 개발자 중에서 번갈아 가면서 한 사람이 기록자 역할을 하는 것이 좋다. 설계 세션이 끝난 후에 기록자는 세션에서 논의한 변경사항이 반영되도록 객체 모델을 갱신할 책임이 있다.

이번 장의 나머지 부분은 객체 모델링 프로세스에서 개발 스태프를 가이드하는데 사용할 수 있는 프레임워크를 제시한다. 이 프로세스의 첫 번째 단계는 유스케이스로부터 애플리케이션 주요 객체를 식별하는 것이다. 다음에는 이들 객체를 클래스로 정제한 후에 상호작용하는 방법을 결정하고, 애트리뷰트와 메서드를 식별한다. 이번 장에서 프로세스를 능률적으로 수행하는 방법과 곤혹스런 병목 현상을 피하는 방법을 보여줄 것이다.

객체 식별

가장 중요한 구조물(construct)을 식별한다. 일반적으로 유스케이스에서 명사는 클래스의 좋은 후보가 된다. 따라서 객체 식별을 시작하는 하나의 좋은 방법은 유스케이스를 읽고 모든 명사 목록을 추출하는 것이다("시스템은 …"하고 시작하는 부분에서 유스케이스 형식이기 때문에 시스템은 무시해도 된다).

여기서 여러분은 객체라는 단어를 느슨하게 해석해야 한다. 개발 초기 단계에 어떤 클래스가 도출될 것인지 정확하게 이해할 수 있을 정도로 충분하게 이들 객체에 대해 알 수는 없다. 여기에서 객체란 단어는 클래스의 인스턴스라는 의미로 사용하고 있는 것과는 다르다.

이 단계에서는 애트리뷰트나 관계에 신경쓰지 않는다. 애트리뷰트와 관계는 중요하지만, 너무 초기에 이들을 식별하는 것은 너무 깊숙히 난항에 빠지게 하여 자주 팀을 궤도에서 이탈하게 한다. 이 시점에서는 프로세스에 대해 너무 신경 쓰지 않도록 한다. 그 대신에 데이터 구조에 집중하는 것이 바람직하다.

객체가 식별되면 지속성 요구사항을 기록한다. 몇몇 클래스는 애플리케이션의 경우 대개 데이터베이스에 저장해야 하는 데이터를 표현할 것이다. 이 경우 지속성을 가진다고 말한다. 사실상 지속성 객체는 데이터 모델에서 엔터티(entity 실체)가 된다. 나는 지속성 데이터를 갖는 객체를 객체 모델에 식별할 때 데이터 모델에 실체로 기록한다. 데이터 모델링에 대해서는 7장에서 상세히 논의한다.

이 단계에서 식별된 객체는 상위 수준이다. 설계 프로세스에서 나중에 이들을 정제하고 확장하여 특정한 클래스를 결정하게 될 것이다.

객체 식별 예

최근에 내가 구현한 보고서 시스템으로부터 따온 예를 사용하기로 하자. 팀은 다음과 같은 유스케이스를 정의하였다.

- 시스템은 기존의 MVS/CICS 애플리케이션으로부터 보고서 템플릿 정의를 받는 인터페이스를 제공해야 한다. 보고서 템플릿은 ID, 이름, 템플릿을 실행하는데 필요한 매개 변수 목록, 그리고 템플릿이 생성하는 데이터 항목 목록으로 구성된다.
- 시스템은 신뢰 고객 조직에 속하는 사용자가 실행할 수 있는 보고서 템플릿을 애플리케이션 관리자가 통제할 수 있어야 한다.
- 시스템은 이전 시스템의 평균 속도보다 더 빠르게 보고서를 실행해야 한다.
- 시스템은 모든 신뢰 고객 사용자에 대하여 보고된 데이터는 그들이 속한 신뢰 고객 조직으로 제한해야 한다.
- 시스템은 은행 지원 사용자가 어떤 신뢰 고객 조직 데이터든 사용하여 모든 보고서 템플릿을 실행할 수 있도록 한다.

이들 유스케이스로부터 순서대로 명사(시스템은 무시한다.)를 찾아서 표 6.1의 첫 번째 열에 나타나도록 목록을 작성한다.

[표 6.1] 객체 식별 예

명사(유스케이스로부터)	객체
인터페이스	ReportTempateInterface
보고서 템플릿	ReportTempate
매개 변수 목록	ReportTempateParameter
데이터 항목	ReportDataItem
애플리케이션 관리자	ApplicationAdministrator
신뢰 고객 조직	TrustCustomerOrganization
신뢰 고객 사용자	TrustCustomerMember
보고된 데이터	Report
은행 지원 사용자	BankingSupportUser

다음에는 표 6.1과 같이 명사를 사용하여 독립적인self-contained 객체 이름을 부여한다. 여기에서 독립적인self-contained이란 말의 의미는 객체 이름이 의미를 제공하는 구문에 의존적이지 않아야 한다는 것이다. 예를 들어 첫 번째 유스케이스에서 인터페이스는 ReportTempateInterface가 되고, 매개 변수 목록은 ReportTempateParameter가 된다. 유스케이스에서 매개 변수 "목록"이라고 한 것은 관계를 내포하고 있는 것이다. 객체 이름 서술적이면 더 좋다. ReportTempateInterface을 제외한 모든 객체는 지속성을 가진다(이 유스케이스에서 인터페이스란 단어가 애플리케이션 인터페이스를 의미하는 것이지 Java 인터페이스를 의미하는 것은 아니라는 점에 주목하기 바란다).

애플리케이션 관리자와 신뢰 고객 멤버, 은행 지원 고객 등 세 가지 사용자 유형이 목록에 나타난다. 우리가 애트리뷰트를 구할 때 또 다른 객체 즉, User라고 하는 서브 타입subtype을 갖는 객체가 있다는 것을 알게 되었다. 이와 같은 상속성 관계는 애트리뷰트를 식별할 때 더 알기 쉽다. 따라서 지금은 객체 목록에서 제외하였다.

명사를 식별하는 또 다른 방법은 데이터 모델링을 먼저 수행하는 것이다. 식별된 모든 엔터티는 객체의 좋은 후보가 된다. 또한, 이 예에서 우리가 식별한 많은 객체가 엔터티의 좋은 후보가 되기도 한다. 7장에서 자세히 살펴보게 될 것이다.

이들 객체 중에서 애플리케이션의 여러 소프트웨어 레이어에 클래스로 구현된 것이 있다. 이 과정은 다음 절에서 집중적으로 설명할 것이다. 이들 레이어에 대한 정의와 예는 5장에서 설명하였다.

객체를 클래스로 전환

일단 애플리케이션의 주요 객체를 식별했다면 이들 객체를 클래스로 정제하고 이들을 프레임워크로 구성해야 한다.

객체를 식별한 후에 이들이 속할 레이어를 식별한다. 객체가 여러 역할을 하는 일은 흔히 있다. 여러 역할을 수행하도록 식별된 객체는 여러 레이어에 할당되어야 한다. 예를 들어 표 6.1에서 ReportTempate, ReportTempateParameter, ReportDataItem은 업무 객체 요구사항뿐만 아니라 지속성 요구사항도 가진다. 따라서 이들 객체는 적어도 데이터 액세스 레이어와 업무 객체 레이어, 그리고 엔터티 레이어 안에 클래스로 나타나야 한다.

각 레이어의 각 객체는 별도의 클래스로 정의한다. 이들 각각의 역할에 대하여 같은 클래스를 정의한다면 클래스가 너무 커서 효율적으로 관리하기 어려워 소프트웨어 레이어 분할의 이점을 잃어버리게 된다.

객체 식별 예에서 ReportTempate 객체를 생각해보자. ReportTempateDAO 클래스는 데이터 액세스 레이어에 있으면서 관계형 데이터베이스를 사용하여 템플릿 정보를 읽고 쓰는 책임을 진다. 엔터티 레이어에 있는 ReportTempateEntity는 보고서 템플리스이 모든 특징(즉, 이름, 데이터 타입, 화면 표시 길이 등)을 기술한다. 업무 로직 레이어에 있는 ReportTempateManager는 새로운 보고서 템플릿을 생성하는 모든 규칙을 조율하고 강화한다. 그리고 ReportTempateManager는 보고서 템플릿 정보와 템플릿 매개 변수 정보, 그리고 보고서를 실행하거나 편집하는데 필요한 다른 정보를 조율한다.

관계 결정

관계relationship는 서로 다른 클래스가 상호작용하는 방식을 기술한다. 개별 클래스를 식별한 후에는 관계를 결정해야 한다. UML 관련 자료에서는 객체 관계의 여러 유형을 설명한다. 대부분 애플리케이션은 4가지 유형의 관계가 사용된다.

종속(사용) 관계dependency(uses) relationship는 하나의 클래스가 다른 클래스를 사용하는 관계다. 코드 수준에서 다른 클래스를 사용한다는 것은 어떤 방법으로든 해당 클래스를 참조한다(예: 선언, 인스턴스 생성 등)는 것을 의미한다. 이 관계 유형은 연관 관계association relationship 유형과 아주 유사하므로 불필요한 복잡성을 없애기 위해 나는 이들 두 유형 사이의 차이점을 무시하곤 한다. 그림 6.1에 표현된 관계는 "Customer가 Account를 사용한다."라고 읽는다.

[그림 6.1] 종속 관계 예

일반화(확장) 관계generalize(extend) relationship는 하나의 클래스가 다른 클래스를 확장 또는 특징을 상속하는 관계다. 대부분 애플리케이션에서 이 유형의 관계를 많이 찾을 수 있다.

확장 관계는 빈 화살촉을 가지는 직선으로 표기된다. 그림 6.2에서 TrustCustomer에서 시작한 관계는 "TrustCustomer는 Customer를 확장한다."라고 읽는다. Customer의 애트리뷰트는 모든 자식 클래스에서 사용할 수 있게 된다.

[그림 6.2] 확장 관계 예

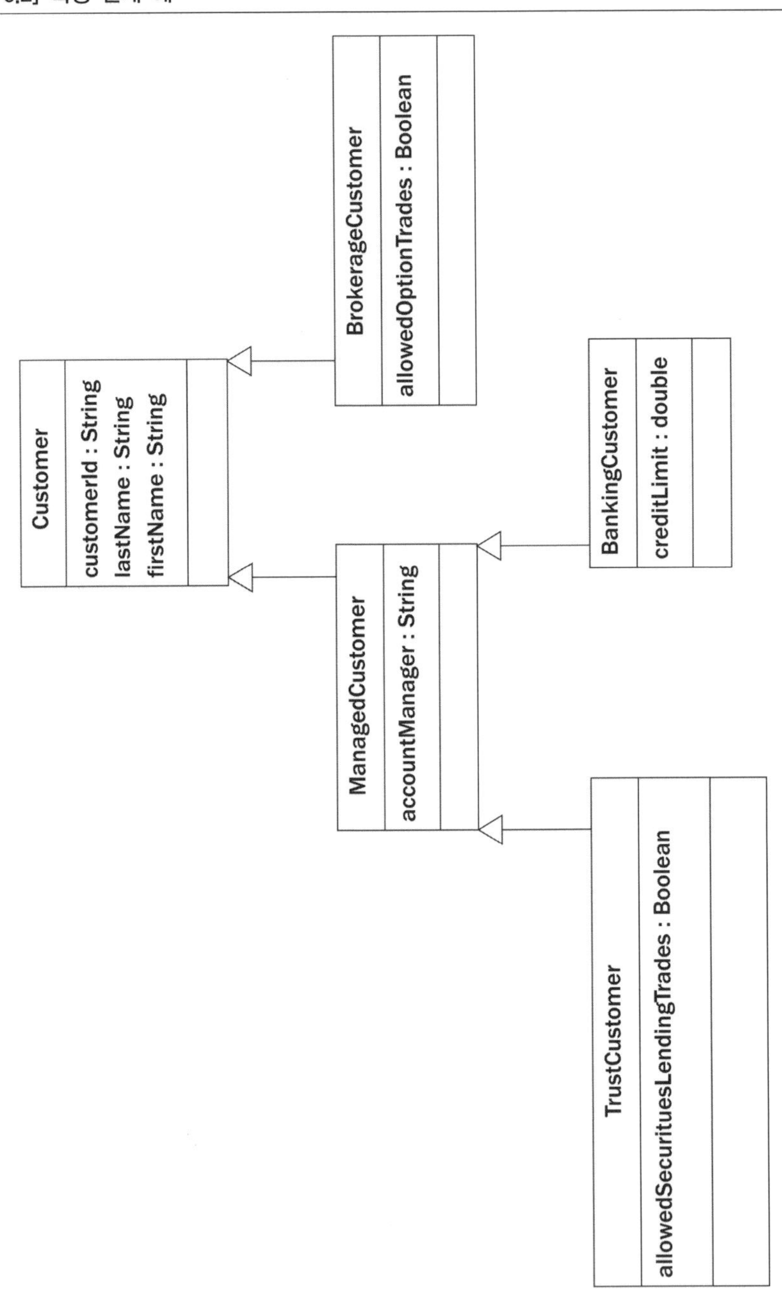
Customer
customerId : String
lastName : String
firstName : String
BrokerageCustomer
allowedOptionTrades : Boolean
BankingCustomer
creditLimit : double
ManagedCustomer
accountManager : String
TrustCustomer
allowedSecurituesLendingTrades : Boolean

실현(구현) 관계realization(implement) relationship는 클래스가 인터페이스를 구현하는 관계다. 구현 관계는 빈 화살촉을 갖는 점선으로 표기된다. 그림 6.3에서 표현된 관계는 "E-mailDeliveryType은 ReportDeliveryType을 구현한다."라고 읽는다.

[그림 6.3] 구현 관계 예

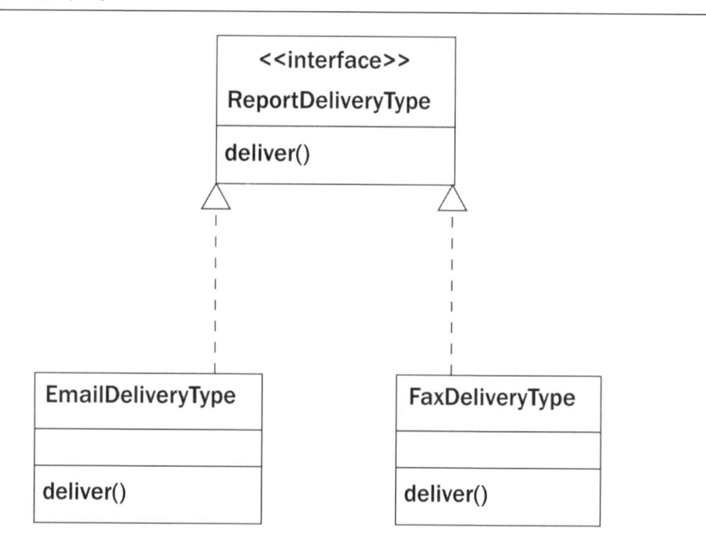

집계(수집) 관계aggregation(collect) relationship는 하나의 클래스가 어떤 클래스의 여러 경우occurrence를 수집하는 관계다. 집계 관계는 수집하는 클래스에 채워진 마름모꼴을 갖는 직선으로 표기된다. 그림 6.4에서 표현된 관계는 "Customer는 Account를 집계한다."라고 읽는다.

값 객체나 엔터티 객체에 형식적인 관계를 문서화하지 않는다. VO와 엔터티는 많은 관계가 있어서 이들 관계를 문서화하면 모델은 복잡해져서 읽을 수 없고 사용할 수 없게 된다. 최종적으로 클래스 다이어그램을 생성하는 목적은 팀이 이해하고 구현하기 쉽게 하기 위해서다. 어떤 경우에서 VO 관계는 개발자가 메서드 시그너처로부터 이해하기가 더 쉽다.

[그림 6.4] 수집 관계 예

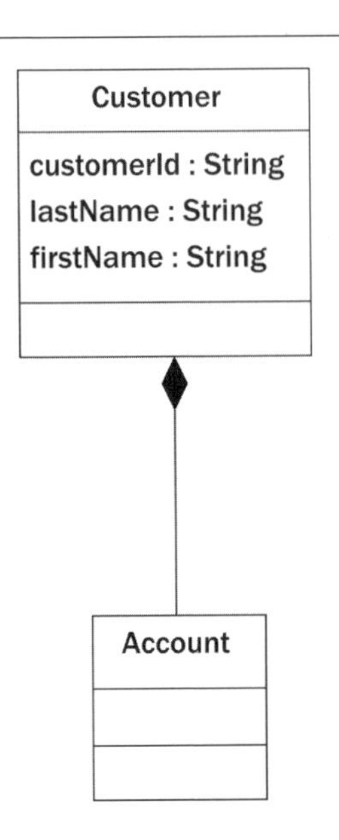

애트리뷰트 식별

애트리뷰트는 클래스가 포함하는 필드다. 코드 수준에서 애트리뷰트는 인스턴스 변수 선언이다. 대부분의 애트리뷰트는 VO 또는 적은 애트리뷰트를 갖는 다른 객체 타입과 함께 사용된다.

이상적으로 애트리뷰트는 파생 애트리뷰트가 아닌 기초 애트리뷰트이어야 한다. 기초 애트리뷰트base attribute는 원자적atomic이다. 즉, 애트리뷰트 값이 다른 요소의 값이나 계산 결과로부터 도출되지 않아야 한다. 바꾸어 말하면 파생 애트리뷰트derived attribute는 다른 요소의 값으로 구성된다. 예를 들어 CustomerVO 클래스가 firstName과 lastName, fullName 애트리뷰트를 가진다고 하자. 이 경우 fullName 애트리뷰트가 파생 애트리뷰트다. 이 애트리뷰트는 firstName과

lastName 애트리뷰트로 구성되기 때문이다.

파생 애트리뷰트를 선언하지 마라. 앞에서 언급한 fullName과 같은 파생 애트리뷰트는 유지하기 어렵다. 만약 고객이 성을 변경하면 두 애트리뷰트의 값이 변경되어야 한다. fullName 애트리뷰트를 만드는 대신에 두 애트리뷰트 값이 결합된 이름을 반환하는 getFullName()와 같은 메서드를 만드는 것이 더 바람직하다.

메서드 식별

메서드는 수행되는 행위이다. 메서드는 사용자가 무엇을 하고자 할 때 또는 예정된 일이 발생될 때, 외부 인터페이스로부터 어떤 것을 받았을 때 호출된다. 메서드를 식별하는 일반적인 방법은 각 이벤트를 분석하여 그 과정에 필요한 작업을 메서드로 문서화하는 것이다. 메서드를 식별하는 과정 동안에 새로운 클래스를 식별하게 될 수도 있다.

사용자 행위에서 시작해보자. 나는 화면 프로토타입을 사용하여 메서드를 식별한다. 예를 들어 애플리케이션 로그인을 생각해보자. 대부분 애플리케이션은 사용자의 신원과 옵션 설정에 따라 메인 화면을 조정한다. 애플리케이션 수준이 아니라 엔터프라이즈 아키텍처enterprise architecture가 제공하는 권한과 인증이 제공된다고 하자. 더 나아가 보안 패키지로부터 사용자 명세를 구하기 위해 어떤 것을 호출하고, 사용자 옵션 설정을 가져오기 위해 어떤 것을 호출하고, 마지막으로 메인 애플리케이션 페이지를 호출한다고 하자.

여러분이 Struts를 사용한다면 메인 페이지를 표시하기 위해 보안 패키지로부터 사용자 명세를 구하고 고객의 옵션 설정을 가져오기 위해 Action 클래스가 필요할 것이다. 아직 이것을 할 액션 클래스를 식별하지 않았다면 모델에 추가한다. 보안 패키지는 무시한다. 범위를 벗어나기 때문이다. 그다음에는 사용자 옵션 설정을 가져오기 위해 메서드가 필요하다.

5장에서 소프트웨어 레이어 분할을 논의할 때 프레젠테이션 티어에 있는 클래스는 DAO를 직접 사용하지 않고 업무 로직 레이어 클래스를 사용한다고 하였다. 대부분 애플리케이션은 사용자 객체를 식별하고 DAO 클래스와 엔터티 클래스, 그리고 업무 객체 클래스를 도출한다. 그리고 사용자 업무 로직 레이어 클래스에 `findById(String userId)` 메서드를 추가하게 될 것이다. 또한, 사용자 옵션 설정 정보를 포함하는 `UserEntity`를 반환하는 메서드도 필요하다.

개별 데이터 항목 대신에 VO나 엔터티를 넘겨주고 반환하도록 한다. 그렇게 함으로써 메서드 호출 사이에 전달되는 인수의 개수를 줄일 수 있으며 코드가 읽기 쉽게 된다.

물리적으로 사용자 옵션 설정을 조회하는 것은 보통 DAO에 전달한다. 따라서 사용자 옵션 설정을 조회하는 작업을 수행하는 `findById()` 메서드를 포함하는 `UserDAO`를 식별할 수 있다.

지금은 왜 `Action` 클래스가 DAO를 직접 호출할 수 없는지 의아할 것이다. 이 예에서 제품의 기능에 별로 추가할 것이 없어 보이는 클래스의 여러 레이어를 잘라내기 때문에 더 간단해 보일 것이다. 기술적으로는 `Action` 클래스가 DAO를 직접 호출할 수 있다. 그러나 그렇게 하는 것은 Action 클래스를 아주 복잡하게 만들어서 디버깅하기도 쉽지 않고 이전 장에서 논의한 소프트웨어 레이어 분할의 이점을 없애버리게 된다.

그림 6.5는 방금 논의한 예제에 대한 객체 모델을 보여준다.

[그림 6.5] 객체 모델 예

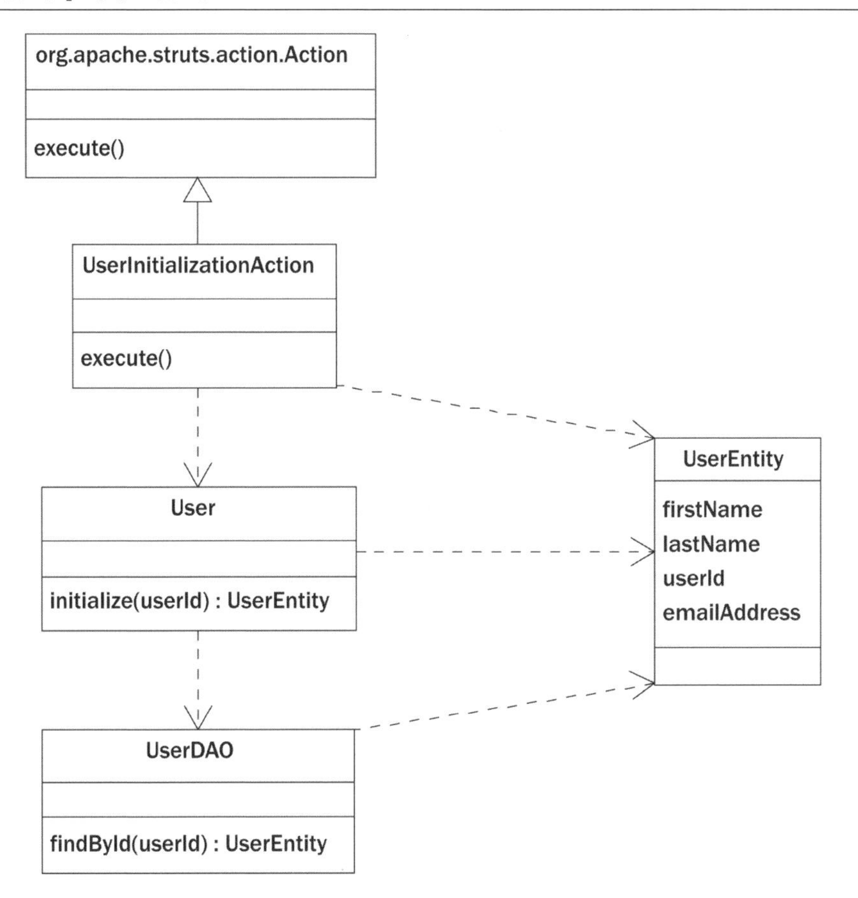

지름길

나는 여러 해 동안 객체 모델링 단계에 필요한 시간과 노력을 줄일 수 있는 여러 가지 방안을 채택하였다.

모든 애트리뷰트는 접근자(accessor) 메서드(get 메서드)와 변경자(mutator) 메서드(set 메서드)를 가진다고 가정한다. 이것은 모델을 단순하게 하고 따분한 많은 단순 작업을 제거한다. 또한, 모델을 좀 더 읽기 쉽게 만들어서 유용하게 한다.

예를 들어 CustomerVO 클래스가 lastName 애트리뷰트를 가진다면 명확하게 문서화하지 않더라도 getFirstName()과 setFirstName() 메서드가 있다고 가정할 수 있다.

JDK에 있는 객체의 관계는 생략한다. 이 관계를 포함시키는 것은 그다지 가치가 없으며 오히려 복잡성을 가중시켜 모델을 읽기 어렵게 만든다. 예를 들어 JDK에 있는 많은 애트리뷰트는 문자열이다. 기술적으로 문자열 애트리뷰트를 포함하는 클래스는 java.lang.String 클래스와 관계를 가져야 한다. 일반적인 애플리케이션에서 이들 관계를 문서화하기 위해서는 수백, 수천 관계를 모델에 추가해야 하지만 이점은 없다.

UML로부터 코드를 생성하는 것은 잊어버린다. 내 경험으로 볼 때 이것은 시간적인 손실을 가져온다. 보통 모델에 세부사항을 모두 입력하는 시간은 통합 개발 환경IDE에서 코드를 입력하는 시간보다 더 걸린다. 반면에 기존 코드로부터 UML을 생성하는 것은 훨씬 더 가치가 있으며 IDE가 이 기능을 지원하면 아주 쉽다.

메서드를 결정할 때 구현에 대한 세부적인 사항까지 관리하지 않는다. 이 작업은 개발자에게 남겨둔다. 개발팀이 비공개 메서드까지 문서화하기 시작하면 너무 나간 것이다.

예제: ADMIN4J

Admin4J (www.admin4j.net)는 기본적인 Java EE 애플리케이션 관리와 개발자 지원 기능을 제공하는 오픈 소스 제품이다. 이 제품의 특징 중 하나는 애플리케이션이 생성한 예외를 추적하고 요약하여 진행 중인 애플리케이션 문제를 쉽게 식별하고 우선순위를 결정할 수 있게 하는 것이다. 나는 Admin4J 프로젝트 커미터이다.

이 기능의 상세한 설명은 Admin4J 프로젝트 웹 사이트에 다음과 같이 기술되어 있다. Admin4J는 모든 로깅된 예외를 추적하여 "유사한" 예외를 결합하고 요약한다. 현재 Log4J와 JDK Loggin으로 로깅된 예외도 추적된다. 사용자 요구에 따라 추가적인 로거가 추가될 예정이다.

- 디스플레이 기능
  - 빈도 순으로 예외를 정렬한다.
  - 예외는 저장되며 컨테이너 라이프사이클에 존속된다.
  - 관리자는 오래되거나 더 이상 발생하지 않은 예외를 삭제할 수 있다.
- 예외 통계 기간(기본: 30일)은 구성 가능하다.

이들 명확한 요구사항과 함께 몇 가지 주목해야 할 암시적 요구사항이 있다. 이 기능은 쉽게 설치하는데 필요하다. 설치 과정이 이해하기 어렵거나 여러 단계로 이루어진다면 잘 사용되지 않을 것이다. 대부분 개발자는 아주 바쁜 사람들이다. 두 번째로 이 기능의 성능 영향이 최소화되어야 할 필요가 있다. 이상적이라면 애플리케이션은 예외를 잘 던지지 않지만, 항상 그런 것은 아니다. 이 기능이 최종 사용자에게 체감적으로 성능에 영향을 미친다면 설치를 해제하게 될 것이다.

이 기능 집합이 유스케이스로 작성된 것은 아니지만, 유스케이스에 있는 것과 같이 많은 정보를 함축하고 있으며 유사한 방식으로 사용될 수 있다. 이전 장에서 살펴본 바와 같이 소프트웨어 레이어 분할 프레임워크 컨텍스트 안에서 이 기능을 검토할 때 이들 기능을 적절한 소프트웨어 레이어와 연관시킬 수 있다.

나는 종종 애플리케이션의 데이터 액세스, 업무 로직, 프레젠테이션 레이어에 전달되는 엔터티 클래스를 식별하는 것으로 시작한다. 엔터티 클래스는 저장되며 일반적으로 명사형을 갖기 때문에 이 기능 집합 안에서 가장 식별하기 쉬운 엔터티는 Exception이다. "Exception"이라는 엔터티 이름은 이미 JDK에서 사용하고 있으며, 저장되어야 할 필요가 있는 정보는 해당 예외와 관련된 실제 정보와 통계이기 때문에 ExceptionInfo라고 이름을 붙였다. 그림 6.6의 화면을 살펴보면 예외에는 다음과 정보가 포함된다.

- 클래스 이름
- 최근 발생시킨 메시지
- 추적된 총 예외 개수
- 처음과 마지막에 발생한 날짜
- 관련 스택 추적

다음 장에서 설명하겠지만, 이 시점에서 데이터 모델링 작업을 수행하는 것이 적절하다. 데이터 모델은 엔터티 클래스를 아주 쉽게 식별할 수 있도록 하기 때문이다.

예외와 관련된 스택 추적은 기초 애트리뷰트가 아니라는 점에서 좀 더 생각할 필요가 있다. 스택 추적은 실제로는 실행 위치의 컬렉션으로, 클래스와 메서드 이름, 행 번호가 결합된 것으로 표현된다. 컬렉션 안에서 실행 위치의 순서는 호출 계층도를 나타낸다. JDK는 이미 이들 실행 위치를 `java.lang.StackTraceElement`라는 클래스로 표현한다.

엔터티 레이어 부분의 객체 모델은 그림 6.6에서 볼 수 있다. 접근자와 변경자가 있다고 가정하고 직접 모델링하지 않았다는 점에 유의한다. 또한, JDK에 있는 클래스와 이들 사이의 관계를 직접 모델링하지 않았다. 그러나 이 특수한 관계는 개발자가 설계를 이해하는데 있어 중요하며 필요하다. 게다가 `StackTraceElement`는 실제로는 값 객체이며, `java.lang` 패키지 안에 있는 대부분의 다른 클래스와는 다르다.

[그림 6.6] Admin4J 예외 기능 엔터티 레이어 다이어그램

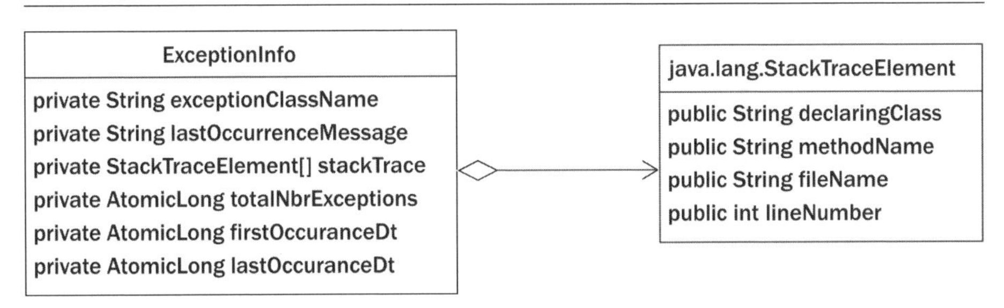

엔터티 클래스를 식별했다면 데이터 액세스 레이어의 모델링을 시작할 수 있다. 지속성에 대한 기능 요구사항은 저장소 메커니즘을 명시하지 않는다. 사실상 단 하나의 요구사항은 제품이 컨테이너 라이프사이클 사이에 예외 통계를 기억해야 한다는 것이다. 앞으로 추가적인 보고서 기능을 제공하기를 원하지만, 디스플레이 요구사항은 예외 통계에 관한 유연한 검색 요구사항을 제시하지 않는다. 정말로 우리에게 필요한 것은 예외 통계를 대량 읽고 쓰는 것이다.

예외 통계 정보의 양에 따라서 빈도 기반의 묶임으로 읽기와 쓰기는 사용자에게 판단 기준이 되어 일기와 쓰기 행위를 예외를 로깅하는 행위로부터 분리할 것인지 결정할 수 있게 된다. 즉, 사용자 작업을 실행하는 스레드와 구별된 별도의 스레드에서 읽기 쓰기 행위를 수행할 것인지를 결정할 수 있게 된다. 나중에 분석에서 사용하게 될 예외 통계를 저장하는 것 때문에 사용자 행위를 느리게 하기를 원하지 않았다.

이와 함께 Admin4J가 사용하는 리소스를 최소화하기를 원했다. 모든 갱신 후에 예외 통계를 다시 저장하는 것은 통계 정보가 최신이라는 것을 확신하게 하지만, 여러 개의 예외가 던져지는 상황에서는 리소스 소비가 크게 마련이다. 절충안으로서 설정된 시간 간격으로 예외 통계를 저장하기로 하였다. 이것은 사용자가 리소스 소비와 현재 통계를 저장할 필요성 사이의 균형을 효율적으로 할 수 있게 할 것이다. 이러한 결정의 결과로서 데이터 액세스 레이어는 묶음으로 예외 통계를 읽고

쓰기만 하면 되었다. 단일 읽기 쓰기 오퍼레이션이 더는 필요 없게 되었다.

이와 같은 소프트웨어 패키지에는 항상 의존성 목록을 최소화하는 것을 고려해야 한다. 이것을 염두에 두고 우리는 첫 번째 릴리즈에서 저장소 메커니즘으로 XML을 사용하고 향후 다른 저장소 메커니즘에 대한 옵션을 열어두기로 결정했다. 이러한 선택으로 관계형 데이터베이스와 같은 유연성을 제공할 수는 없겠지만, 서드파티 데이터베이스 소프트웨어에 대한 의존성을 줄일 수 있게 되었다. 또한, 설치에 필요한 작업도 감소시킬 수 있다. 만약 여러 저장소 메커니즘을 지원해야 한다고 결정한다면 완전한 데이터 액세스 객체 패턴이 적당할 것이다.

일반적으로 데이터 액세스 클래스는 엔터티 클래스의 팩토리이며, 따라서 엔터티 클래스와 데이터 액세스 객체 인터페이스 사이에는 1대1 대응 관계가 형성된다. 이 기능에 대한 데이터 액세스 레이어의 객체 모델은 그림 6.7에서 볼 수 있다.

이 시점에서 엔터티 클래스 모델로부터 예외 통계와 우리가 추적하는 특정한 통계 애트리뷰트 목록을 구성할 계획을 세운다. 데이터 액세스 레이어 모델로부터 애플리케이션의 이 부분에 대한 입출력이 어떻게 작동할 것인지를 이해한다. 우리는 실제로 로그된 예외를 검사하고, 어떤 예외가 이전에 로그되었던 것과 동일한지 분석하여 적절한 통계를 갱신하는 Admin4J 부분을 모델링하지 않았다. 우리는 또한, 리소스 활용성을 낮게 유지하기 위해 설정 가능한 간격으로 예외 통계를 저장하기로 했다는 것을 앞에서 언급하였다. 이러한 행위는 업무 로직 레이어에서 발생한다. 이와 같은 제품은 업무 로직 레이어는 본질상 대부분 Java EE 애플리케이션에서보다 더 기술적이다. Admin4J 업무 로직 레이어의 클래스 다이어그램은 그림 6.8과 같다.

이제 업무 로직 레이어에 필요하게 될 클래스의 사전 목록을 식별하기로 하자. 생성된 예외를 분석하고 이전에 발생했던 예외인지 아닌지를 결정하고, 해당 예외와 관련된 통계를 갱신할 책임을 갖는 것이 필요하다. 더 좋은 용어를 찾을 수 없으므로 우리는 이 클래스를 `ExceptionTracker`라고 부르기로 한다.

[그림 6.7] Admin4J 예외 기능 데이터 액세스 레이어 클래스 다이어그램

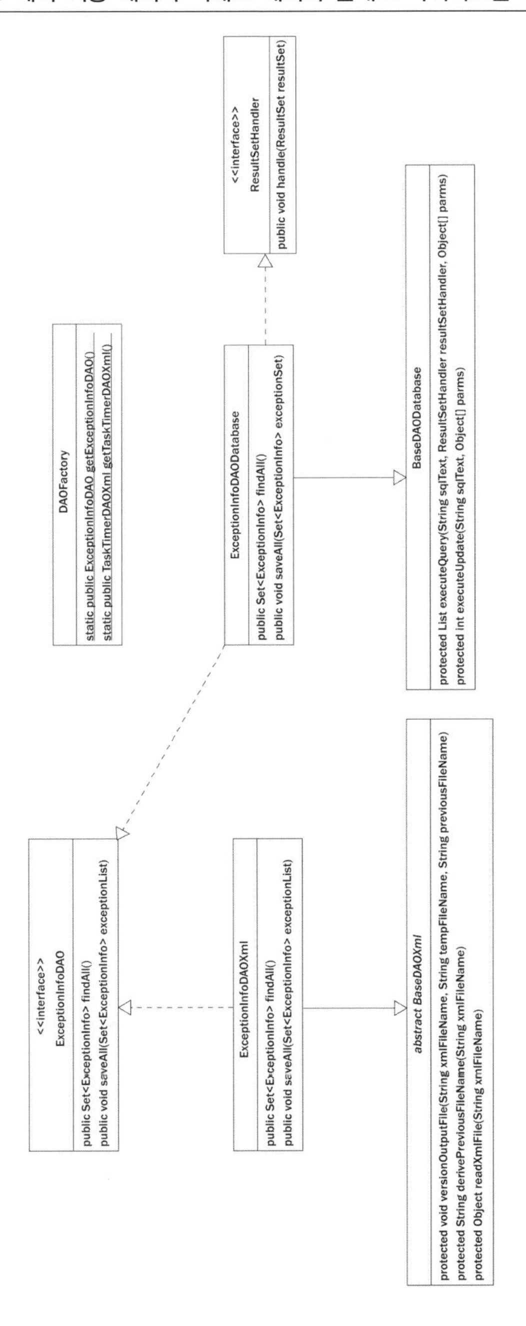

[그림 6.8] Admin4J 예외 기능 업무 로직 레이어 클래스 다이어그램

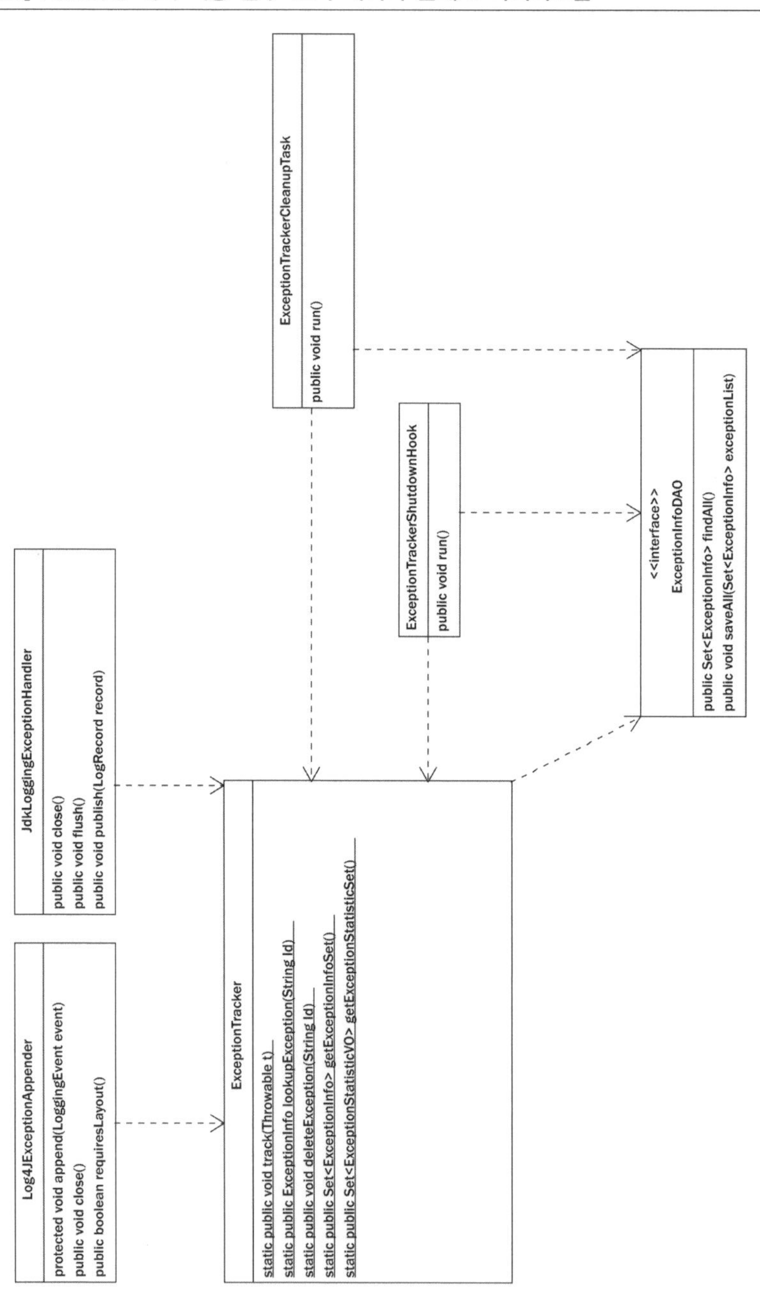

계획한 기능 집합에서 ExceptionTracker는 예외를 추적하고 예외 통계를 가져오는 작업을 시작하는 메서드가 필요하다. 게다가 "관리자는 오래되거나 더 이상 발생하지 않은 예외를 삭제할 수 있다."라는 기능을 지원하기 위해 기존 예외의 참조 정보를 삭제하는 메서드가 필요하다. 예외 통계가 저장될 때 ExceptionTracker는 데이터 액세스 레이어에 의존한다는 규칙을 따른다.

이 단계에서 로그된 예외를 관찰하기 위한 계획을 세울 필요가 있다. 이것을 수행하는 방법은 다른 어떤 것보다도 로깅 제품에 달려 있다. Log4J라면 로그된 예외를 찾는 가장 손쉬운 방법은 Jlog4J Appender를 구현하는 것이다. 이것은 AppenderSkeleton이라는 Log4J 클래스를 확장함으로써 해낼 수 있다. 그림 6.8의 Log4JExceptionAppender 클래스가 이것을 수행하는 클래스다. 이 클래스는 예외를 분석하고 예외 통계를 갱신하는데 ExceptionTracker에 의존하게 될 것이다.

JDK에 포함된 로깅 프레임워크에 관련해서 예외는 Handler 클래스(java.util.logging)를 확장함으로써 예외가 발견될 수 있다. 그림 6.8의 JdkLoggingExceptionHandler 클래스는 이것을 수행한다. 이 클래스는 ExceptionTracker에 요청하여 예외를 분석하고 예외 통계를 갱신한다.

또한, 별도의 스레드에서 발생하는 작업(예: 설정 가능한 간격으로 예외 통계 주기적 저장과 오래된 예외 통계 삭제)을 지원하려는 계획을 가지고 있다. 이 작업을 위해 데몬 스레드daemon thread가 필요하다. 클래스 다이어그램에서 이 클래스의 이름은 ExceptionTrackerCleanupTask로, Admin4J의 다른 부분에서 사용되는 제너릭 데몬 클래스를 활용한다. 해당 정보는 우리가 여기에서 모델링하는 범위를 벗어나기 때문에 포함시키지 않았다. 중요한 것은 이 작업을 수행하는 클래스를 식별했다는 것이며, 데몬 스레드에서 동작한다는 사실이다.

설정 가능한 시간 간격으로 통계를 저장한다고 결정했기 때문에 이전에 통계가 저장된 시간과 JVM의 종료(예: 유지·보수 또는 소프트웨어 업데이트로 애플리케이션이 종료된다.) 사이에 발생한 예외 추적을 잃어버릴 가능성이 있다. 이러한 정보 손실을 최소화하기 위해 종료 후크shutdown hook를 구현함으로써 종료 시에 자동으로 실행되게 하여 통계 정보를 저장하고 매끄럽게 종료할 수 있게 한다. 그럼에도 JVM 프로세스가 강제 종료되거나 다른 종류의 매끄럽지 못한 종료로 인하여 정보를 잃어버릴 가능성은 있다.

이 시점에서 모델링 관점에서 남아 있는 것은 프레젠테이션 레이어다. Admin4J가 범용성을 갖는 도구이기 때문에 Struts, Java Server Faces, Wicket 등 어떤 프레젠테이션 프레임워크와도 함께 사용할 수 있어야 한다. 또한, 사용자에게 과도한 설정 작업을 부과하지도 말아야 한다. 동시에 서블릿 코드 안에서 사용자 디스플레이 로직을 작성하고 유지하는 것은 지루하고 시간이 많이 소요된다.

의존성과 설정을 최소화하고 기본적인 프레젠테이션 기능을 제공하기 위해 Freemarker(http://freemarker.sourceforge.net/)를 디스플레이 메커니즘으로 채택하였다. 그리고 Admin4J jar에 있는 템플릿을 사용할 수 있도록 설정하였으며, 사용자가 템플릿이나 개별적인 JSP를 애플리케이션 웹 루트에 복사하지 않아도 되게 하였다.

이 프레젠테이션 방법은 사용자가 애플리케이션 web.xml 파일에 서블릿을 등록해야만 한다. 모든 Admin4J 디스플레이 페이지는 유사한 아키텍처를 따르기 때문에 서블릿 등록 요구가 사용자를 번거롭게 하지 않을까 우려하였다. 이 문제를 해결하기 위해 우리가 이 예제에서 논의하고 있는 예외 통계 디스플레이 페이지를 포함한 모든 Admin4J 페이지에 대한 링크를 포함하는 홈페이지 서블릿을 만들었다. 따라서 사용자가 홈페이지 서블릿을 한 번만 등록하면 모든 다른 페이지가 자동으로 처리된다. 물론 모든 Admin4J 기능을 설치하고 싶지 않다면 페이지를 별도로 설치할 수 있지만, 이것은 사용자가 결정할 사항이다.

`ExceptionDisplayServlet`은 예외 통계 디스플레이 페이지를 처리한다. `ExceptionDisplayServlet`은 Freemarker 템플릿으로부터 출력을 생성하고 생

성된 내용을 사용자 브라우저에 표시하는 기본적인 코드를 제공하는 AdminDisplay Servlet을 확장한다. 이들 두 서블릿은 Admin4JServlet 클래스에 포함된 기능에 의존하여 모든 Admin4J 기능에 대한 기본적인 설정 작업을 처리한다.

Admin4J의 프레젠테이션 레이어의 클래스 다이어그램은 그림 6.9에서 볼 수 있다.

아마도 여러분은 이 예제를 검토한 후에 다음과 같은 질문을 하게 될 것이다.

모든 애플리케이션 부분을 이 정도로 상세하게 모델링해야 할 필요가 있는가? 십중팔구 이와 같은 모델은 시간이 지나면서 변경되지 않는가? 결과적으로 모델링은 초기 개발 노력에 가장 많은 가치를 제공해야 한다. 그러므로 수행되는 모델링의 양은 초기 개발 노력을 충분히 지원할 수 있어야 한다.

또한, "모델링"과 모델링 툴 또는 그래픽 디자인 패키지를 사용하여 모델을 문서화하는 행위를 구분해야 한다. 많은 모델링 경험으로 보면 후자가 전자보다 더 많은 시간이 소요된다. 나는 대부분 프로젝트에서 모델을 구축한다. 그 모델을 다른 팀 멤버와의 커뮤니케이션 수단으로서 작성하든 안 하든 상관없다. 모델은 더 깨끗한 코드를 작성할 수 있게 하며, 좀 더 유지·보수가 가능한 애플리케이션을 만들 수 있도록 한다. 게다가 조직적인 방식으로 작업할 수 있도록 해준다.

모델 문서화의 양과 품질은 프로젝트의 복잡성과 크기 그리고 이전 프로젝트에서 함께 작업한 경험을 가진 개발자가 얼마나 되는가에 따라 달라진다. 한두 명으로 구성된 프로젝트라면 20명이 팀으로 구성된 프로젝트보다 문서를 적게 만들어도 될 것이다. 사실 단 한 명의 개발자 프로젝트라면 형식적으로 잘 문서화된 객체 모델은 필요하지 않다.

또한, 여러분의 방법에 익숙하지 않은 개발자와 작업한다면 이전에 함께 작업했던 사람들보다 더 많은 가이드가 필요할 것이다. 여러 프로젝트를 함께 작업했던 팀이라면 엔터티 객체 레이어와 업무 로직 레이어 중에서 가장 복잡한 부분은 모델링하지만 다른 부분은 형식적으로 문서화하지 않는다.

[그림 6.9] Admin4J 예외 기능 프레젠테이션 레이어 클래스 다이어그램

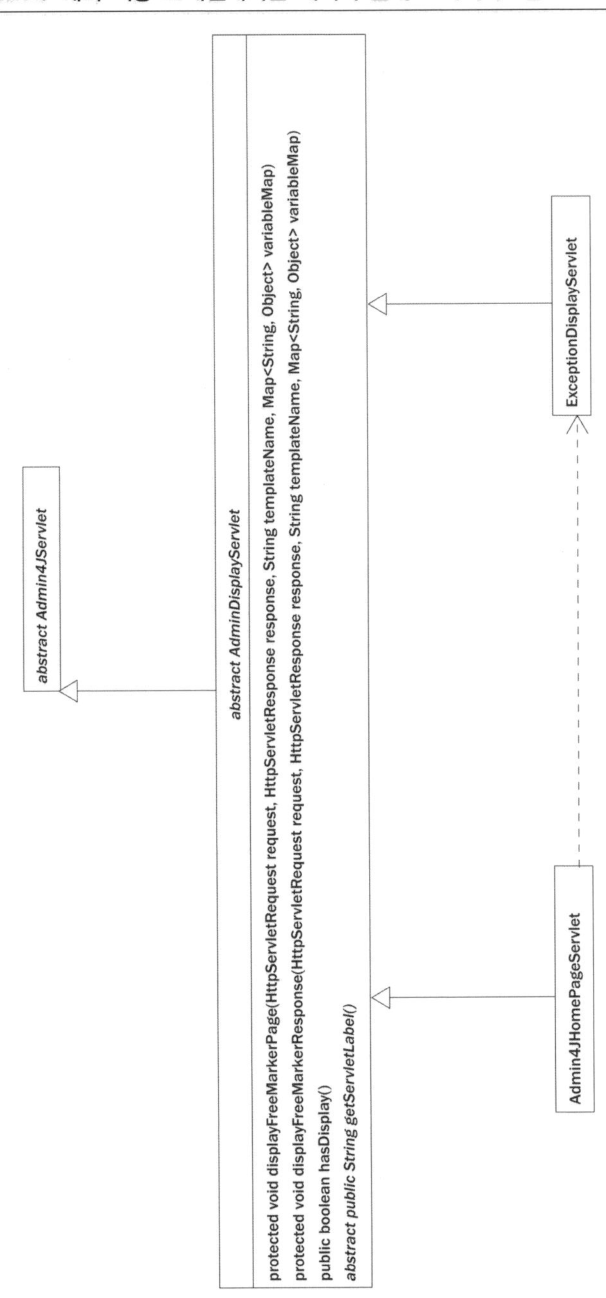

엔터티 객체 레이어는 대개 데이터 액세스 객체 레이어의 구조에 영향을 준다. 결과적으로 엔터티 객체 레이어 모델 문서가 만들어지면 데이터 액세스 객체 레이어를 완벽하게 문서화할 필요가 없게 된다. 사용하게 될 데이터 액세스 패턴이 결정되면 어떤 엔터티 객체에도 적용할 수 있다. 예를 들어 Admin4J의 성능 통계를 저장하는 데이터 액세스 객체 레이어는 예외 통계에 관련된 사항을 표현하는 것과 개념상으로는 비슷하다.

개발 프로젝트의 어떤 부분이 모델링하기 어렵다면 그것은 그 부분이 개발팀과 함께 논의하고 문서화해야 할 부분이라는 것을 말해준다. 여러분에게 어렵다면 다른 사람에게도 어려운 것이고, 따라서 프로젝트의 모든 개발자가 같이 구현해야 할 설계 사항을 이해해야만 한다. 게다가 다른 사람의 관점과 의견이 문제를 더 명확하게 이해할 수 있도록 할 것이다.

어떤 모델링 도구를 사용해야 하나? 나는 고객이 사용하는 것을 사용한다. 모델링 도구가 없다면 ArgoUML (http://argouml.tigris.org/)을 추천한다. 아주 활동적인 오픈 소스 프로젝트로 사용하기 쉽다. 사실 Admin4J 객체 모델은 ArgoUML을 사용하여 작성되었다.

객체 모델이 정확하다는 것을 어떻게 확인할 수 있는가? 좋은 질문이다. 객체 모델을 확인할 수 있는 컴파일러나 다른 도구는 없다. 한 가지 방법은 개발자가 검토하도록 하는 것이다. 요구사항을 잘 알고 있는 다른 사람과 검토 회의를 하여 모델을 설명하고 검토하도록 한다. 종종 바둑에서 훈수를 두는 사람이 더 잘 볼 수 있는 것처럼 다른 사람이 통찰력을 가지고 구현하기 전의 문제점을 잘 짚어낼 수 있다. 또한, 모델의 문세는 구현 단계 동안에 분명하게 드러난다.

모델과 실제로 개발된 코드를 비교한다. 항상 설계에 미묘한 조정(예: 애트리뷰트 추가, 메서드 추가)이 있게 마련이다. 코드를 작성할 때의 기본적인 클래스와 소프트웨어 클래스 사이의 관계가 모델과 실제적으로 다르다면 그것은 모델에 문제가 있다는 것을 나타내는 것일 수도 있다. 이런 이유로 해서 나는 구현 단계에 참여해서 내가 실수한 것이 있는지를 살펴본다.

추천 도서

- Gamma, Erich, Richard Helm, Ralph Johnson, and John Vlissides. 1995. *Design Patterns*. Reading, MA: Addison-Wesley.

데이터 모델 생성

Java EE에 관한 대부분 책에서는 데이터 모델링과 관계형 데이터베이스 설계 단계를 다루지 않는다. 그러나 이 두 단계는 Java EE 애플리케이션의 성공에 아주 중요하다. 개발팀의 일원으로서 애플리케이션 아키텍트는 데이터 모델링의 기본적인 지식을 갖추어야 한다. 게다가 어떤 기업에서는 아키텍트는 애플리케이션 데이터베이스를 설계할 책임도 있다. 객체 모델링 작업이 좋은 코드를 생성할 수 있도록 도와주는 것처럼, 데이터 모델링 작업은 좋은 데이터베이스 설계를 만들 수 있도록 한다(그러나 데이터베이스 설계자와 관리자로 지냈던 많은 해 동안에 데이터 모델링의 중요성에 대한 나의 관점에 편견이 있었던 것을 인정해야만 한다).

여러분의 조직이 관계형 데이터베이스 설계와 데이터 모델링 작업을 별도의 팀에 맡긴다고 하더라도, 애플리케이션 아키텍트는 데이터 모델링 개념을 이해해야만 한다. 데이터 모델링 팀을 별도로 꾸리는 조직에서도 애플리케이션 아키텍트는 데이터베이스를 설계하고 구현하는 팀과 요구사항을 커뮤니케이션하고 조율해야 한다. 데이터 모델링 개념을 이해하는 것은 아키텍트가 이 과정을 능률적으로 수행할 수 있게 한다.

또한, 엔터티 객체 레이어를 모델링할 때 이 개념에 의존한다. 대부분 객체 매핑 기술이 엔터티 클래스와 데이터베이스 테이블 사이의 1대1 대응 관계에 의존하기 때문이다. 예를 들어 은행 애플리케이션에서 ACCOUNT라고 하는 데이터베이스 테이블은 `AccountEntity`라고 하는 엔터티 객체 레이어의 Java 클래스에 매핑된다. 사실상 애플리케이션의 데이터베이스 모델이 생성되어 있으면 애플리케이션의 엔터티 객체 레이어 모델링이 쉽다. 데이터 모델링과 객체 모델링 행위를 동시에 수행하는 것은 드문 일이 아니다.

데이터 모델(그리고 그 결과인 데이터베이스 설계)이 애플리케이션의 엔터티 객체 레이어의 설계에 커다란 영향을 미치기 때문에 잘못 데이터베이스를 설계하면 구현에도 문제와 어려움이 미치게 된다. 나는 잘못된 데이터베이스 설계가 애플리케이션 코드의 양과 복잡성을 가중시키는 것을 보았다. 그로 말미암아 버그 보고서의 빈도가 증가하고 그 버그를 진단하고 수정하는데 많은 리소스가 투입되어야 한다. 개발자들이 높은 품질의 데이터 모델(그리고 그 결과인 데이터베이스 설계)로 작업하도록 하는 것이 애플리케이션 아키텍트가 해야 할 가장 우선순위가 높은 일이다.

이와 함께 데이터 모델링 개념이 DTD와 스키마와 같은 XML 문서 형식을 설계할 때도 아주 유용하다. XML 문서 설계에 데이터 모델링 개념을 적용하면 어느 정도 관습에 얽매이지 않게 된다. 데이터 항목이 요소인지 애트리뷰트인지를 결정할 때의 생각하는 과정이 데이터 모델링에서 엔터티와 애트리뷰트 사이에서 결정할 때와 아주 유사하다. 이와 함께 데이터 모델링에서 1대다 관계는 XML 문서의 자식 요소 개념으로 직접 변환된다. 이번 절에서 어느 정도 세부적인 사항과 예제를 사용하여 XML 문서 형식으로 데이터 모델을 구현하는 방법을 보여줄 것이다.

최근 몇 년 동안 NoSQL 데이터베이스의 인기가 높아지고 있지만, 언젠가 곧 관계형 데이터베이스 기술을 대체할 것으로 생각하지는 않는다. NoSQL 데이터베이스는 아주 큰 데이터 저장소를 대상으로 하며, 관계형 데이터베이스와 같이 트랜잭션을 보장하지 않는다. 다른 말로 NoSQL 데이터베이스는 유사한 결과가 수용될 수 있는 경우에 사용된다. 게다가 NoSQL 제품은 아주 다양하며 장단점이 전혀 달라서 NoSQL 데이터베이스를 설계하는 방법은 해당 제품에 고유할 수밖에 없다. NoSQL 데이터베이스에 대한 일반적인 데이터 모델링 기법을 문서화하는 가장 좋은 아티클은 https://highlyscalable.wordpress.com/2012/03/01/nosql-data-modeling-techniques/이다. 현재로서는 관계형 데이터베이스가 대부분의 Java EE 애플리케이션에 사용되기 때문에 대부분 애플리케이션 아키텍트는 적어도 관계형 데이터 모델링 개념에 대한 기본적인 이해가 있어야 한다. 이 장의 나머지 부분은 관계형 데이터베이스에 집중할 것이다.

만약 여러분이 객체 모델링보다는 데이터 모델링이 더 편하다면 객체 모델링을 하기 전에 데이터 모델링을 수행하는 것이 더 나을 것이다. 데이터 모델의 모든 엔터티(다음 절에서 설명함.)는 엔터티 객체 레이어의 잠재적인 클래스 식별 대상이 된다. 두 모델링 원칙이 서로 다른 용어를 사용하지만, 개념적으로는 아주 유사하다.

주요 용어와 개념

엔터티entity는 보존하고 싶은 정보로서, 매체에 저장되어 지속성을 갖는 정보를 말한다. 대개 엔터티는 명사형이다. 대부분의 엔터티가 데이터베이스 테이블table로 구현되지만, 엔터티와 테이블은 동일한 용어가 아니다. 엔터티는 순수하게 개념적인 구조로서 객체 모델링에서 가장 가까운 개념은 클래스다. 엔터티의 좋은 예로는 CUSTOMER, ACCOUNT, USER, CUSTOMER_ORDER, PRODUCT 등이 있다.

관계형 데이터베이스에서 엔터티는 테이블로 구현된다. XML DTD나 스키마로 데이터 모델을 구현할 때 각 엔터티는 요소element가 된다.

엔터티 어커런스entity occurrence(줄여서 어커런스라고 함.)는 엔터티의 인스턴스instance이다. 객체 모델링에 익숙하다면 엔터티 어커런스가 클래스의 인스턴스를 생성하는 것과 유사하다고 생각할 수 있다. 또한, 엔터티 어커런스를 테이블의 로우라고 생각해도 된다. XML 사용자에게 엔터티 어커런스는 XML 문서에서 개별 요소와 같다.

애트리뷰트attribute는 엔터티의 특징이다. 애트리뷰트가 대개 명사이지만 해당 엔터티를 벗어나서는 이해할 수 없는 것이다. 예를 들어 CUSTOMER 엔터티의 애트리뷰트는 CUSTOMER_ID와 FIRST_NAME, LAST_NAME, STREET_ADDRESS, CITY, STATE, ZIP_CODE일 수 있다. 애트리뷰트는 원자적atomic이어야 한다. 즉, 독립적self-contained이어서 다른 애트리뷰트의 값으로부터 도출되지 않아야 한다.

기본 키primary key는 엔터티 어커런스를 유일하게 식별할 수 있게 하는 하나의 애트리뷰트 또는 애트리뷰트의 결합이다. 예를 들어 CUSTOMER_ID는 CUSTOMER 엔터티의 기본 키며, ACCOUNT_NUMBER와 ORDER_NUMBER 애트리뷰트를 결합하여 CUSTOMER_ORDER 엔터티의 기본 키로 사용할 수 있다.

모든 엔터티는 기본 키를 가져야 한다. 어떠한 애트리뷰트 결합으로도 엔터티 어커런스를 유일하게 식별할 수 없다면 키로서 사용할 애트리뷰트를 만들어야 한다. 예를 들어 대부분 공장에서는 제품에 유일한 식별자(UPC 코드)를 부여한다. 그러나 그렇지 않을 때는 기본 키로 사용할 제품 식별자를 만들어야 한다.

관계relationship는 두 엔터티 사이의 연관성association이다. 여러 관계가 있지만 그중에서 1대다, 다대다, 슈퍼 타입/서브 타입 등 3가지 관계가 일반적으로 많이 사용된다. 1대다one-to-many 관계에서 엔터티의 하나의 어커런스는 다른 엔터티의 여러 어커런스와 연관성을 가진다. 예를 들어 하나의 고객은 여러 계좌를 갖거나 여러 개의 주문을 할 수 있다. 종종 하나의 어커런스를 갖는 엔터티를 부모parent라고 하고, 여러 어커런스를 갖는 엔터티를 자식child이라고 부른다. 그림 7.1은 1대다 관계를 보여준다.

[그림 7.1] 1대다 관계 ER 다이어그램

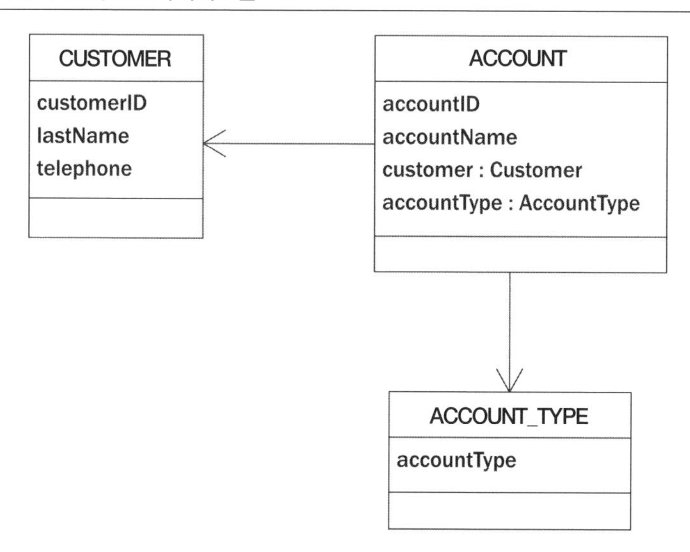

ACCOUNT 엔터티는 ACCOUNT_TYPE과 CUSTOMER 엔터티의 기본 키primary key 컬럼을 포함한다. ACCOUNT 엔터티의 이들 추가적인 컬럼은 외래 키(FKforeign key)이다. 외래 키는 엔터티가 참조할 목적으로 사용하는 관련된 엔터티의 기본 키다. 외래 키가 포함되어 있다는 것은 암시적으로 1대다 관계를 생성한다는 것을 의미한다. 예를 들어 어떤 ACCOUNT 엔터티 어커런스에 대하여 관련된 CUSTOMER와 ACCOUNT_TYPE 정보를 쉽게 결정할 수 있게 된다.

어떤 데이터 모델링 도구는 엔터티 사이의 다대다many-to-many 관계를 제공한다. 다대다 관계에서 각 엔터티는 서로 1대다 관계를 가진다. 예를 들어 고객 주문은 많은 제품을 포함할 수 있고, 각 제품을 여러 고객이 주문할 수 있다. 다대다 관계는 교차 참조cross-reference로 정의되는 새로운 엔터티를 갖는 두 개로 분리된 1대다 관계로 해소되는 것이 일반적이다. 그림 7.2는 다대다 관계의 예를 보여준다.

[그림 7.2] 다대다 관계

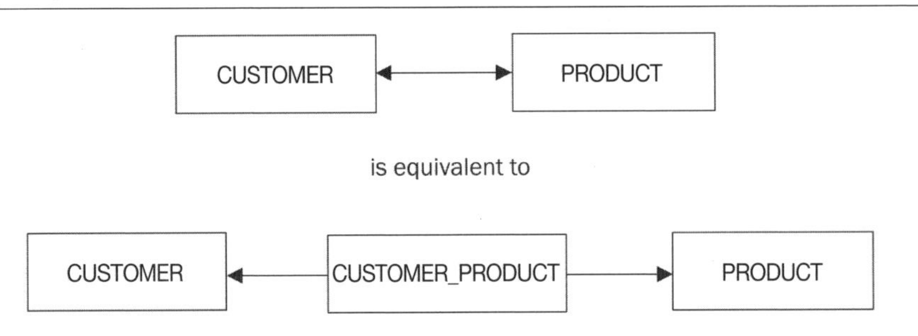

슈퍼 타입/서브 타입super-tpe/sub-type 관계에서 엔터티는 Java의 상속성과 동일한 방식으로 다른 엔터티를 재정의한다. 예를 들어 은행에서 CUSTOMER 엔터티는 신뢰 고객, 개인 은행 고객, 기업 고객, 중개 고객을 갖는 은행에서는 너무 일반적이다. Java에서 이것은 상속성inheritance 관계로 모델링되어, 그림7.3a와 같이 은행 고객은 Customer 클래스에서 확장되는 클래스BankingCustomer로 표현된다.

데이터 모델링 용어를 사용하면 CUSTOMER 엔터티는 슈퍼 타입으로 식별되고, BANKING_CUSTOMER, MORTGAGE_CUSTOMER, BROKERAGE__CUSTOMER 엔터티는 서브 타입으로 식별된다. CUSTOMER 엔터티는 이들 모든 서브 타입에 공통적인 모든 애트리뷰트를 포함한다. CUSTOMER 엔터티의 각 어커런스는 대응되는 단 하나의 서브 타입 엔터티의 어커런스를 가진다. 용어는 다르지만 개념은 Java의 상속성 관계와 아주 유사하다.

슈퍼 타입/서브 타입 관계는 물리적으로 두 가지 방식으로 구현될 수 있다. 분리된 엔터티로 표현되거나 또는 하나의 엔터티로 표현된다. 그림 7.3b는 이들 유형의 관계를 보여준다. 이 예에서 관계는 모두 1대1이고 모두 선택적이다. 공통적인 애트리뷰트는 CUSTOMER 엔터티에 두고, 서브 타입 엔터티는 해당 타입에 고유한 애트리뷰트를 포함한다.

[그림 7.3a] 상속성 관계

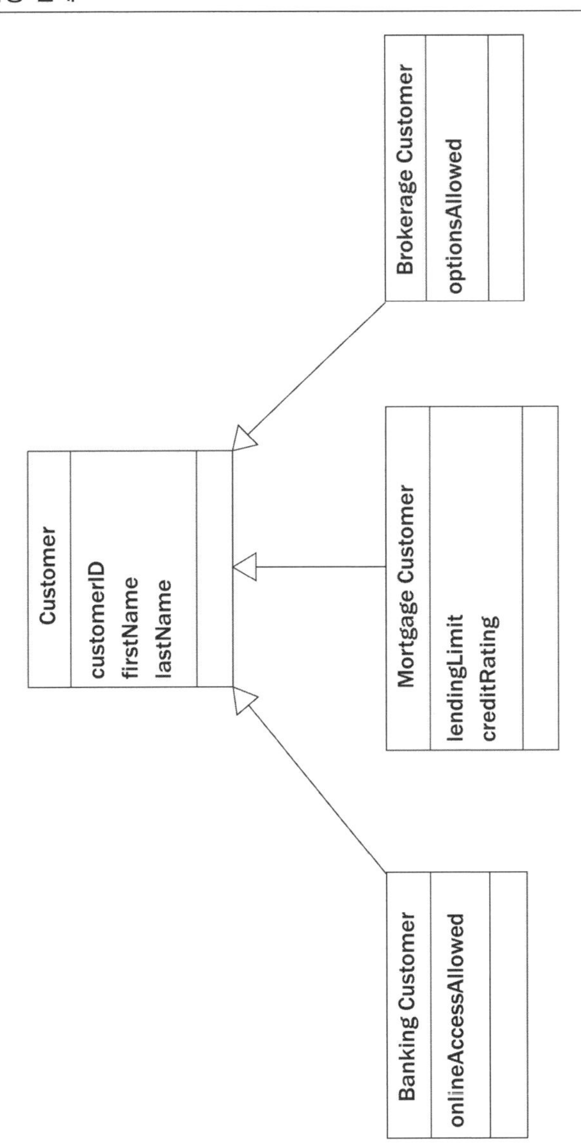
Brokerage Customer
optionsAllowed
Customer
customerID
firstName
lastName
Mortgage Customer
lendingLimit
creditRating
Banking Customer
onlineAccessAllowed

[그림 7.3b] 분리된 엔터티로 표현된 상속성

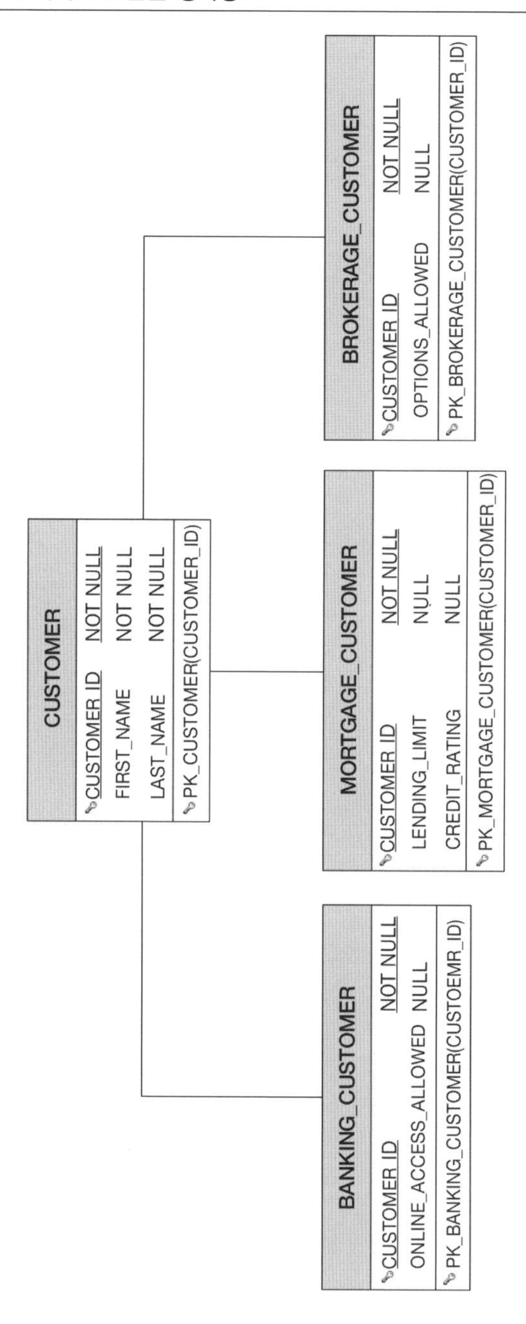

슈퍼 타입/서브 타입 관계를 구현하는 두 번째 방법은 모든 엔터티를 하나로 결합하는 것이다. 이 방법을 사용하면 CUSTOMER 엔터티는 모든 4개 엔터티의 모든 애트리뷰트를 포함하게 된다. 여기에 "유형" 필드(예: CUSTOMER_TYPE)가 추가되는데 이 필드는 어떤 유형의 엔터티가 어떤 특정한 로우를 표현하는지를 나타낸다. 예를 들어 고객 유형이 Banking이라면 해당 어커런스는 은행 고객이며 은행 고객에 속한 애트리뷰트(ONLINE_ACCESS_ALLOWED, CUSTOMER_ID, FIRST_NAME, LAST_NAME)만 값을 가진다.

[그림 7.3c] 운영 데이터 저장소 전략

CUSTOMER	
CUSTOMER_TYPE	NOT NULL
FIRST_NAME	NOT NULL
LAST_NAME	NULL
ONLINE_ACCESS_ALLOWED	NULL
LENDING_LIMIT	NULL
CREDIT_RATING	NULL
OPTIONS_ALLOWED	NULL

많은 개발자가 이런 식으로 슈퍼 타입과 서브 타입을 결합하는 것을 더 선호한다. 엔터티와 관계의 수를 줄일 수 있기 때문이다. 그러나 이 패턴을 사용하면 어떤 애트리뷰트가 어떤 서브 타입에 적용되는지 모델 자체로는 문서화가 되지 않아서 구현 시에 혼란을 일으킬 수 있다.

자신과 관련된 엔터티를 가질 수도 있다. 이것을 재귀적recursive 관계라고 한다. 예를 들어 EMPLOYEE_ID를 기본 키로 갖는 EMPLOYEE 엔터티를 살펴보자. 각 사원의 관리자를 표현하는데 재귀적 1대다 관계를 사용할 수 있다. 이 관계의 결과로 가령 MANAGER_ID라는 외래 키가 사원과 그 사원의 관리자를 상호 참조하는데 사용될 수 있다.

설계 작업과 정규형

정규형normal form은 엔터티와 관계를 식별하는 가이드를 제공하는 규칙이다. 사실상 많은 다른 단계의 정규형이 있다. 그러나 실제로는 제3정규형third normal form이 가장 자주 사용된다. 이런 이유로 해서 여기에서는 제3정규형까지로 논의를 제한하기로 한다. 다른 정규형에 관심이 있다면 Date(2003)을 추천한다.

제3정규형을 보장하기 위해서는 엔터티는 다음과 같은 3가지 조건을 만족시켜야 한다.

- 모든 반복되는 애트리뷰트 그룹은 제거하고 별개의 엔터티에 할당한다.
- 키가 아닌 모든 애트리뷰트는 기본 키에만 의존성을 가져야 한다.
- 키가 아닌 모든 애트리뷰트는 기본 키에 있는 모든 애트리뷰트에 의존성을 가져야 한다.

예를 들어 CUSTOMER 엔터티가 ADDRESS_LINE_1, ADDRESS_LINE_2, ADDRESS_LINE_3, ADDRESS_LINE_4 애트리뷰트를 가진다고 하자. 기술적으로 이와 같은 엔터티는 제3정규형이 아니다. 반복되는 그룹이 있어서 첫 번째 조건을 위반하기 때문이다. 그림 7.4a는 잘못된 예를 보여주며, 그림 7.4b는 문제가 해소된 결과를 보여준다.

[그림 7.4a] 제3정규형의 첫 번째 조건 위반

CUSTOMER	
CUSTOMER_ID	NULL
CUSTOMER_NAME	NULL
ADDRESS_LINE_1	NULL
ADDRESS_LINE_2	NOT NULL
ADDRESS_LINE_3	NOT NULL
ADDRESS_LINE_4	NOT NULL

[그림 7.4b] 해소된 결과

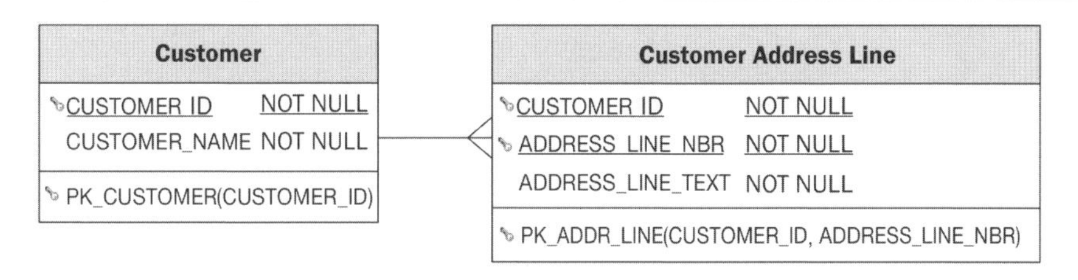

가령 ACCOUNT 엔터티가 ACCOUNT_BALANCE 애트리뷰트를 포함하고 있다고 하자. 이것은 두 번째 조건을 위반하기 때문에 제3정규형이 아니다. ACCOUNT_BALANCE는 미결제된 주문과 주문 항목 그리고 지불 등 다른 엔터티의 항목에 완전히 의존한다. ACCOUNT_BALANCE가 갖는 다른 문제는 원자적이 아니다. ACCOUNT_BALANCE는 이전 주문과 고객 지불을 기반으로 계산된다. ACCOUNT_BALANCE는 전적으로 파생적이기 때문에 물리적으로 저장되지 말아야 하며, 따라서 데이터 모델에 있지 말아야 한다.

CUSTOMER_ORDER 엔터티(ACCOUNT_NUMBER와 ORDER_NUMBER가 결합된 기본 키를 가짐.)가 ACCOUNT_NAME과 ADDRESS_INFORMATION 애트리뷰트를 가진다고 하자. 이것은 기술적으로 제3정규형이 아니다. 이들 애트리뷰트가 ACCOUNT와 관련되어 있으며, 특정한 주문과 관련되지 않았기 때문에 3번째 조건을 위반한 것이 된다. 그림 7.5a는 제3정규형을 위반한 주문 예를 보여주며, 그림 7.5b는 문제가 해소된 결과를 보여준다.

[그림 7.5a] 제3정규형의 첫 번째 조건 위반

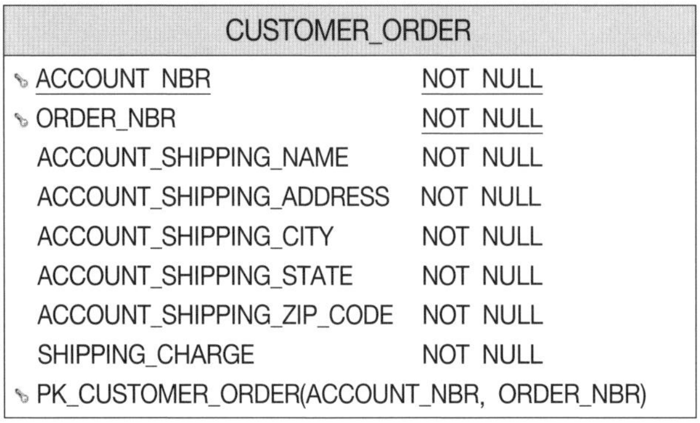

CUSTOMER_ORDER	
ACCOUNT_NBR	NOT NULL
ORDER_NBR	NOT NULL
ACCOUNT_SHIPPING_NAME	NOT NULL
ACCOUNT_SHIPPING_ADDRESS	NOT NULL
ACCOUNT_SHIPPING_CITY	NOT NULL
ACCOUNT_SHIPPING_STATE	NOT NULL
ACCOUNT_SHIPPING_ZIP_CODE	NOT NULL
SHIPPING_CHARGE	NOT NULL
PK_CUSTOMER_ORDER(ACCOUNT_NBR, ORDER_NBR)	

[그림 7.5b] 해소된 결과

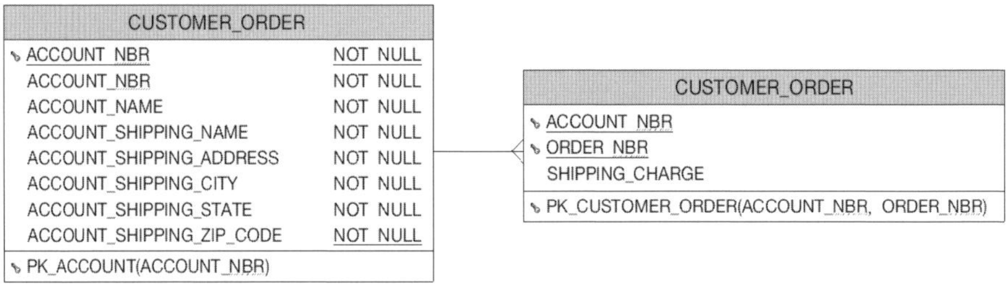

CUSTOMER_ORDER	
ACCOUNT_NBR	NOT NULL
ACCOUNT_NBR	NOT NULL
ACCOUNT_NAME	NOT NULL
ACCOUNT_SHIPPING_NAME	NOT NULL
ACCOUNT_SHIPPING_ADDRESS	NOT NULL
ACCOUNT_SHIPPING_CITY	NOT NULL
ACCOUNT_SHIPPING_STATE	NOT NULL
ACCOUNT_SHIPPING_ZIP_CODE	NOT NULL
PK_ACCOUNT(ACCOUNT_NBR)	

CUSTOMER_ORDER
ACCOUNT_NBR
ORDER_NBR
SHIPPING_CHARGE
PK_CUSTOMER_ORDER(ACCOUNT_NBR, ORDER_NBR)

관계형 데이터베이스 초기에 제3정규형은 비효율적이라고 간주되었다. 그래서 성능이라는 것을 구실로 "비정규화denormalization"가 보편적으로 이루어졌다. 그러나 십여 년 동안 기술적으로 발전되어 왔음에도 아직도 이러한 생각이 있는 개발자의 비율이 놀랄 만큼 높다. 그 이유는 정규화된 데이터베이스에서 자주 발생하는 조인이 비효율적이라는 것이다.

비정규화의 주요 부작용은 갱신할 때 모든 복사 및 파생 데이터를 동기화하기 위해 추가적인 코드와 처리가 필요하다는 것이다. 위의 예에서 CUSTOMER_ORDER에 ACCOUNT를 포함시켜 "비정규화"한다면 이들 두 테이블 사이의 조인하는 질의를 제거할 수는 있지만, CUSTOMER_ORDER 어커런스당 하나의 ACCOUNT 정보를 효율적으로 복사해야 한다. 그리고 해당 ACCOUNT 정보가 변경된다면 그와 함께 관련된 모든 CUSTOMER_ORDER 어커런스도 변경해야만 한다.

요즘에는 조인이 효율적이기 때문에 비정규화는 아주 제한적으로 사용되어야 한다. 개발자가 애드혹ad hoc 질의를 손쉽게 작성하게 하고 싶다면 뷰view를 생성하는 것이 더 낫다.

데이터베이스 스키마 정의 생성

일반적으로 데이터베이스 관리자는 데이터 모델을 사용하여 팀의 다른 사람들이 사용할 관계형 데이터베이스 스키마를 생성한다. 그리고 대부분의 데이터베이스 관리자는 모델링 도구를 사용하여 작업을 수행한다. 불행하게도 스키마를 생성할 수 있는 오픈 소스 도구는 별로 없다. 이 과정이 이번 절에서 예로 든 것보다는 좀 더 복잡하지만, 능력을 갖춘 데이터베이스 관리자의 도움을 받아 다음과 같은 알고리즘을 사용하여 스키마를 생성할 수 있다.

1 각 엔터티를 직접 테이블에 대응시킨다. 엔터티의 모든 애트리뷰트는 테이블의 컬럼이 된다. 각 테이블의 기본 키를 명확하게 정의한다.

2 각 1대다 관계를 갖는 자식 엔터티 안에 외래 키를 할당한다. 외래 키는 다른 엔터티의 기본 키로서 하나의 엔터티와 다른 엔터티 안에 있는 데이터를 일치시킬 수 있도록 한다. 예를 들어 CUSTOMER_ID가 ACCOUNT 테이블의 외래 키라면 SQL 조인을 사용하여 계정을 특정한 고객과 연결시킬 수 있게 된다. 질의 조인을 원활하게 하기 위해 모든 외래 키는 인덱스를 생성하는 것이 좋다.

3 각 다대다 관계는 연관 테이블association table을 추가하고 두 개의 1대다 관계를 갖도록 다시 작성한다. 연관 테이블은 두 개의 외래 키로 구성된 기본 키를 가지고 있다. 예를 들어 그림 7.2의 CUSTOMER와 PRODUCT 사이의 다대다

관계를 다시 살펴보자. 이 관계는 고객과 제품을 연관시키는 새로운 테이블 (예: CUSTOMER_LINE_ITEM)을 생성하여 구현하게 될 것이다.

일반적인 데이터베이스 설계 실수

습관적으로 데이터베이스를 비정규화한다. 데이터베이스를 비정규화하는 것은 정보를 복제해서 조회를 피하고 성능을 향상시키기 위해서다. 결과적으로 비정규화는 복사본이 동기화되지 않으면 유지·보수 문제를 일으킬 수 있다.

관계형 데이터베이스 초기에 성능을 위한 비정규화는 반드시 해야 하는 일이었다. 그러나 기술이 발전함에 따라 비정규화를 강화하는 것은 아주 드문 일이 되었다. 요즘에는 성능을 이유로 비정규화를 하는 것이 아니라 (나쁜) 습관적으로 하는 경우가 더 많다.

프로그래밍의 편의성을 위해 데이터베이스 무결성 제약(integrity constraint)을 생략한다. 어떤 개발자는 테이블 사이의 외래 키 관계를 차단하기를 좋아한다. 초기에는 데이터베이스 무결성 제약을 사용하지 않는 것이 프로그래밍 시간을 줄여준다. 잘못된 추가, 갱신, 삭제를 허용하기 때문이다. 그러나 그것이 시간을 절약시켜주기보다는 더 많은 시간을 뺏게 된다. 잘못된 추가, 갱신, 삭제가 만들어놓은 버그와 싸우는 시간이 더 길어지기 때문이다. 버그를 더 빨리 잡기 위해서는 더 쉽게 고칠 수 있게 해야 한다.

NoSQL 데이터베이스를 설계할 때 관계형 데이터 모델링 개념을 사용한다. 이번 장에서 설명한 데이터 모델링 개념은 관계형 데이터베이스에만 적용된다. 대부분의 NoSQL 데이터베이스 제품은 관계형 데이터베이스에서 사용할 수 있는 다양한 질의와 관계를 지원하도록 설계되지 않았다.

데이터 모델링 능력을 향상시키는 법

멘토를 구하라. 데이터 모델링 능력이 있는 사람을 선택해서 현재 여러분이 작업하고 있는 모델을 검토해달라고 요청한다. 프로젝트 외부에 있는 사람은 더 객관적인 관점을 가지고 있게 마련이다. 만약 여러분의 관리자가 요청하지 않는다고 하더라도 개인적으로 이것을 해야 한다.

여러분이 지원하는 애플리케이션의 데이터베이스를 감사한다. 여러분은 잘못된 것을 찾을 수 있는가? 제3정규형의 위반 사항이 있는가? 비정규화나 데이터 중복이 있는가? 모델링한 것과 다른 것이 있는가? 이러한 것들을 기록한다. 여러분이 발견한 실수를 수정할 기회가 없을지는 모르지만, 다음에는 같은 실수를 피할 수 있게 해준다.

XML 문서 형식 생성

데이터 모델링 기법은 데이터베이스를 설계할 때 사용하는 것뿐만 아니라 XML 문서를 설계할 때도 쉽게 적용할 수 있다. 데이터베이스 관리자가 물리적인 데이터베이스 설계를 생성하는데 사용하는 데이터 모델을 DTD나 스키마와 같은 XML 문서 형식으로 바꿀 수 있다. XML은 종종 애플리케이션 사이에 커뮤니케이션하는 수단으로 사용된다.

XML 문서를 생성하는 첫 번째 단계는 문서 루트document root를 식별하는 것이다. XML 문서는 데이터 모델에서 식별된 것들의 목록을 포함한다. 예를 들어 `<customer-update>` 문서는 변경될 정보를 포함하는 고객 관련 요소의 목록을 포함할 것이다. `<purchase-order>` 문서는 하나 이상의 주문 내용을 기술하는 주문 관련 요소의 목록을 포함할 것이다.

데이터 모델의 엔터티를 XML 문서의 요소로 전환한다. 여러분이 생성하는 문서에 필요한 요소만 구현한다. 모든 엔터티의 요소를 전환할 필요는 없다. 작은 검색 값 도메인을 표현하는 엔터티(예: CUSTOMER_TYPE, ACCOUNT_TYPE 등)는 대개 XML 문서에 요소보다는 애트리뷰트로 구현한다.

엔터티 애트리뷰트는 대응되는 요소의 애트리뷰트가 된다. 예를 들어 그림 7.1의 <customer> 요소는 customer-id와 last-name, first-name, telephone 애트리뷰트를 가질 것이다.

1대다 관계는 XML 문서에서 한 요소가 다른 요소의 자식 요소라는 것을 의미한다. 관계형 데이터베이스와는 달리 부모 요소의 외래 키는 필요하지 않다. 세그먼트 계보segment ancestry로 표현할 수 있기 때문이다. 계보는 XML 구문으로 자연스럽게 표현될 수 있다. 예를 들어 그림 7.1에서 〈customer〉 요소는 선택적인 〈account〉 요소를 가질 수 있다.

좀 더 완전한 예를 위해 코드 7.1은 그림 7.1의 데이터 모델에 대한 예제 XML 문서다.

[코드 7.1] XML 문서 예

```
<?xml version="1.0" encoding="UTF-8"?>
<customer-update>
  <customer customer-id="C123"
    first-name="Derek"
    last-name="Ashmore"
    telephone="999-990-9999">
    <account account-id="A1"
      account-name="Personal Checking"
      account-type="checking" />
  </customer>
</customer-update>
```

요즘에는 스키마로 XML 형식을 기술한다. 코드 7.2는 우리가 지금까지 논의한 문서에 대한 XML 스키마를 포함한다.

[코드 7.2] XML 스키마 예

```
<?xml version="1.0" encoding="UTF-8"?>
<schema xmlns="http://www.w3.org/2001/XMLSchema"
    xmlns:tns="http://www.example.org/foo/"
    targetNamespace="http://www.example.org/foo/">

    <complexType name="CustomerType">
      <sequence>
        <element name="account" type="tns:AccountType"></element>
      </sequence>
      <attribute name="customer-id" type="string"></attribute>
      <attribute name="first-name" type="string"></attribute>
      <attribute name="last-name" type="string"></attribute>
      <attribute name="telephone" type="string"></attribute>
    </complexType>
      <complexType name="AccountType">
      <attribute name="account-id" type="string"></attribute>
      <attribute name="account-name" type="string"></attribute>
      <attribute name="account-type" type="string"></attribute>
    </complexType>
      <complexType name="CustomerListType">
        <sequence>
          <element name="customer" type="tns:CustomerType"></element>
        </sequence>
      </complexType>

      <element name="customer-update"
            type="tns:CustomerListType"></element>
</schema>
```

모든 다대다 관계를 엔터 중 하나를 자식 요소가 되도록 다시 작성한다. 예를 들어 고객 주문과 제품 사이의 다대다 관계를 생각해보자. 이 관계는 ORDER_LINE_ITEM을 교차 참조로 사용하여 두 개의 1대다 관계로 다시 작성할 수 있다. <order-line-item> 요소는 <order>나 <product> 요소 또는 둘 다의 자식이 될 수 있다. 둘 다 구현될 필요가 없으면 해당 <order-line-item> 요소는 <order> 요소의 자식 요소로 고려할 수 있다.

일반적인 XML 설계 실수

애트리뷰트를 요소로 선언하기. 가장 일반적인 XML 설계 실수 중 하나는 애트리뷰트이어야 하는 것을 요소로 만드는 것이다. 예를 들어 코드 7.1에서 "account-name"을 <account>의 애트리뷰트로 하는 대신에 별도의 요소로 선언하는 것이다. 이러한 방식으로 요소를 잘못 사용하는 것은 파싱 성능을 떨어뜨리고 XSLT 변환을 느리게 하는 원인이 된다.

추천 도서

- Date, C. J. 2003. *An Introduction to Database Systems*, 8th ed. Boston: Pearson/Addison-Wesley.
- Fleming, Candace C., and Barbara von Halle. 1989. *Handbook of Relational Database Design*. Reading, MA: Addison-Wesley.

구축 계획

아마도 여러분은 이번 장의 제목을 읽고 이렇게 생각하고 있을 것이다. "애플리케이션 아키텍트 핸드북에 프로젝트 계획 수립을 왜 설명하지?"하지만 기억하기 바란다. 애플리케이션 아키텍트의 역할 중에는 구축 작업에 관한 정보와 작업 순서, 의존성에 대한 정보를 프로젝트 관리자에게 제공하는 것도 포함되어 있다. 요즘에는 애플리케이션 아키텍트에게 프로젝트 관리자를 지원하도록 요청하거나 프로젝트 관리자 역할을 맡기고 있다.

이번 장에서는 프로젝트 계획이 좀 더 적절한 애자일이 아닌 방법론을 사용하는 조직에 필요한 사항을 설명한다. 대부분의 애자일 방법론은 팀이 스스로 관리하도록 하고 있으며, 따라서 이번 장에서 설명하는 수준의 프로젝트 계획은 수행되지 않는다.

이번 장에서는 3장에서 설명한 상위 수준의 요구사항을 개발하고 세부사항을 추가한다. 유스케이스 분석과 객체 및 데이터 모델링을 완료한 후에는 좀 더 상세한 계획을 수립할 수 있는 충분한 정보를 확보하고 있어야 한다. 프로젝트 계획은 일반적으로 다음과 같은 활동을 포함한다.

- 업무 요구사항 수집
- 기술 설계
- 데이터베이스 설계
- 환경 설정
- 프로젝트 설정
- 데이터 마이그레이션/변환 활동
- 구현 및 단위 테스트
- 시스템 테스트
- 성능/부하 테스트
- 사용자 인수 테스트
- 배포 활동

이들 활동 카테고리는 더 세분화된 작업으로 분할될 수 있다. 예를 들어 "업무 요구사항 수집"을 프로토타이핑과 유스케이스 작업으로 분할할 수 있다. 일반적으로 나는 "구현 및 단위 테스트" 활동을 개별 개발자에게 할당할 수 있는 더 작은 작업으로 분할한다.

이들 카테고리 중에서 어떤 것은 새로운 애플리케이션을 개발할 때만 적용할 수 있는 것이 있으며, 또 반대로 기존 애플리케이션의 기능 향상에만 적용할 수 있는 것이 있다. 예를 들어 새로운 애플리케이션은 "환경 설정"과 "프로젝트 설정"같은 활동이 필요하다. 반면에 대부분의 기존 애플리케이션에는 이미 이런 것을 가지고 있기 때문에, 기존 애플리케이션의 기능 향상 프로젝트에는 필요가 없다.

그림 8.1은 Java EE 웹 애플리케이션에서 사용하는 프로젝트 계획 템플릿을 보여준다. 작업은 완료 순서대로 나열되어 있다. 나는 오픈 소스 제품인 OpenProj(http://sourceforge.net/projects/openproj/)을 사용한다.

[그림 8.1] Java EE 웹 애플리케이션 프로젝트 계획 템플릿

작업명	작업시간
Java EE 애플리케이션 개발	
업무 요구사항	
프로토타입	
프로토타입1	8시간
프로토타입2	8시간
프로토타입3	8시간
프로토타입 프레젠테이션 1	8시간
프로토타입 프레젠테이션 2	8시간
유스케이스	
유스케이스 1	8시간
유스케이스 2	8시간
기술 설계	
데이터베이스 설계/데이터 모델링	16시간
서드파티 제품 조사	16시간
객체 모델링	16시간
프로세스 플로우	16시간
환경 설정	
프로젝트 설정	
소스 제어 레파지토리 설정	4시간
개발 빌드 스크립트	4시간
연속성 통합 설정	4시간
배포 설정	
개발 데이터베이스	8시간
시스템 테스트	8시간
사용자 인수 테스트	8시간
제품화	8시간
구현 및 단위 테스트	
엔터티 클래스	8시간
데이터 액세스 객체 클래스	
DAO 1	16시간

DAO 2	16시간
업무 로직 레이어 클래스	
로직 1	16시간
로직 2	16시간
프레젠테이션 GUI	
섹션 1	16시간
섹션 2	16시간
배치 작업 및 웹 서비스	
작업 1	8시간
작업 2	8시간
시스템 테스트	8시간
사용자 인수 테스트 지원	8시간

위의 템플릿에 제시된 작업 중에서 프로젝트에 적용되지 않는 것도 있을 수 있다. 예를 들어 프로젝트가 기존의 애플리케이션 기능을 향상시키는 것이라면 프로젝트와 환경 설정 작업은 기존에 있기 때문에 필요 없다.

작업 순서와 의존성

프로젝트 관리자가 나의 계획에 대한 가장 공통적인 질문은 어떻게 효율적으로 구현과 단위 테스트 작업 순서를 가져가는가 하는 것이다. 이 경우에 다음과 같은 순서를 제시한다.

- DAO(테스트 클래스 포함) 및 엔터티 클래스
- 업무 객체(테스트 클래스 포함)
- 프레젠테이션 레이어
- 배치 작업, 웹 서비스 및 애플리케이션 인터페이스

프로젝트의 아키텍처 컴포넌트는 필요하기 전에 구현되어야 할 필요가 있다. 이들은 프로젝트의 모든 레이어에서 사용되기 때문에 아키텍처 컴포넌트에 대해 상세하게 설명할 방법이 없다.

대부분의 업무 객체는 DAO와 엔터티에 강하게 의존적이다. 따라서 이들 클래스에 대한 작업을 완료할 때까지는 업무 객체를 완료할 수 없다. 프로젝트 관리 소프트웨어를 사용한다면 이들 의존성을 계획에 적절하게 반영해야 한다.

프레젠테이션 레이어 액션과 JSP는 논리적으로 배포 레이어의 구현이 완료된 후에 완료될 수 있다. 프레젠테이션 레이어 구현과 구축은 정치적인 이유로 먼저 시작해야만 한다. 그다음에 업무 로직 클래스의 스텁stub 코드를 작성한다. 이들 "스텁"은 사용 후 버려지는 작업이다.

프로젝트에서 이 시점에서의 작업은 대부분 개발자가 수월하게 작업 예상치를 제공할 수 있도록 충분한 입자성을 가져야 한다. 결과적으로 프로젝트 계획은 3장에서 설명한 사전 단계에서부터 지금이 훨씬 더 정확할 수 있다.

프로젝트 관리 도구를 사용한다면 계산된 작업 스케줄은 큰 의미가 없다. 왜냐하면 대부분의 의존성이 부정확하거나 누락되어 있기 때문이다. 따라서 대부분은 관리 도구를 우회하여 수작업으로 모든 작업의 시작 일자와 종료 일자를 계산한다. 나는 비현실적인 계획을 만드는 것보다는 의존성을 수정하는 것을 더 선호한다.

또 다른 고려사항은 프로젝트 리스크project risk이다. 더 많은 리스크가 있는 프로젝트 부분이 있다면 해당 작업은 가능한 한 빨리 끝내야 한다. 예를 들어서 익숙하지 않은 기술을 사용한다면 예상하지 못한 어려움을 만날 수 있다. 이들 작업을 앞단에서 끝내는 것이 문제가 발생할 때 대응할 시간을 더 많이 가질 수 있어 전체 프로젝트에 적은 영향을 미칠 수 있기 때문이다.

크리티컬 패스(critical path)

크리티컬 패스ciritical path란 프로젝트를 제시간 안에 끝낼 수 있기 위해서 제시간에 완료해야 하는 의존적인 작업의 집합이다. 사실상 크리티컬 패스는 프로젝트의 시간을 결정한다. 크리티컬 패스에 있는 작업이 하루 지연되면 프로젝트도 하루가 지연된다. 반대로 크리티컬 패스에서 절약된 하루는 프로젝트를 하루빨리 끝낼 수 있도록 한다. 모든 사람과 관련된 예를 들어보자. 나는 이 책을 쓰면서 한편으로는 세탁을 하고 있다. 세탁은 소프트웨어 관련된 일은 아니지만 모든 개념은 똑같다. 세탁에 걸리는 시간은 90분이다. 빨래하는데 30분, 건조시키는 데 50분, 빨래를 개는 데 10분이 걸린다. 만약 내가 세탁만 한다면 이들 3가지 작업은 크리티컬 패스 안에 있는 거다. 세탁기에서 건조기로 빨래를 옮기는 데 지체한 시간은 전체 프로젝트에 추가된 시간이다.

때로는 프로젝트에 있는 모든 작업이 크리티컬 패스에 있지 않은 경우도 있다. 크리티컬 패스가 아닌 작업은 대개 지체되거나 스케줄을 조정해도 프로젝트 완료 시간에 영향을 미치지 않는다. 내가 세탁 작업을 2번해야 한다고 하자. (그리고 나는 세탁기와 건조기가 하나씩밖에 없다.) 그리고 120분 안에 프로젝트를 완료하고 싶다고 하자. 첫 번째 세탁이 크리티컬 패스에 있고, 두 번째 세탁은 아직 아니다. 첫 번째 세탁 더미를 세탁기로부터 건조기로 옮긴 후에 즉시 두 번째 세탁을 시작할 수 있다. 그러나 나는 그렇게 하지 않았다. 프로젝트 종료 시각에 영향을 주지 않고서도 20분을 기다린 다음에 두 번째 세탁을 시작할 수 있다. 건조 작업이 세탁 작업보다 20분 더 걸리기 때문이다. 이 예에서 첫 번째 세탁, 두 번의 건조, 두 번째 빨래 개기가 크리티컬 패스에 있는 거다.

여러분이 애플리케이션 아키텍트이면서 프로젝트 관리자라면 다른 것보다도 크리티컬 패스에 좀 더 유의해야 한다. 대부분의 프로젝트 관리 소프트웨어 패키지는 여러분이 모든 리소스 할당과 의존성 입력을 완료하면 크리티컬 패스를 강조한다.

당연하지만 크리티컬 패스가 아닌 작업의 시간을 절약한다고 해서 프로젝트가 더 일찍 끝나지는 않는다. 그 이유는 이들 작업이 현재 프로젝트 타임라인을 결정하지 않기 때문이다. 그러나 크리티컬 패스 작업은 프로젝트 타임라인을 결정한다. 게다가 크리티컬 패스를 옮길 수 있다. 프로젝트 계획이 변경되면 크리티컬 패스 작업이 변경될 수 있다. 크리티컬 패스 작업에서 충분히 시간을 절약할 수 있다면 그 작업은 더는 크리티컬 패스에 있지 않다. 크리티컬 패스에 있지는 않지만, 여전히 필수적인 작업에서 지체가 오래 발생한다면 그 작업은 크리티컬 패스의 일부분일 수도 있다.

예를 들어 내가 함께 작업한 재정 분석 소프트웨어는 사용자가 입력한 기업의 재정 정보와 재정 모델을 사용하여 재정 분석을 생성하는 컴포넌트를 포함한다. 처음에 이 컴포넌트는 크리티컬 패스의 일부가 아니었다. 그러나 프로젝트가 진행됨에 따라 크리티컬 패스는 이 컴포넌트를 포함하는 것으로 변경되었다. 그 컴포넌트 구현을 주도하는 개발자가 해당 작업에 대한 충분한 지식과 경험이 있기 때문이었다.

크리티컬 패스(그리고 전반적인 계획)의 중요성을 설명한 최고의 책은 Goldratt (1992, 1997)이다. 두 책이 모두 공장 조립 라인을 예로 들었지만, 그 개념은 Java EE 프로젝트에 그대로 적용할 수 있다(소설 형식이어서 읽기 쉽다).

일반적인 실수

곧장 코드를 작성한다. 많은 개발자가 설계를 기다리지 못한다. 이들은 객체 모델링과 데이터 모델링 행위를 구현보다 따분한 작업으로 생각한다. 나는 많은 프로젝트가 충분히 모델링 작업을 하지 않고 구현을 진행하는 경우를 보았다. 이들 대부분 프로젝트가 결국, 끝나기는 했지만 필요한 것보다 더 많은 리소스를 사용하였다. 때로는 목표가 없는 노력은 요구되는 리소스의 2배에서 4배를 사용할 수 있다.

좋은 예가 주택 건설이다. 계약자가 집을 지을 때 비용이 많이 드는 실수와 재작업을 피하기 위해 먼저 청사진을 만든다. 객체 모델과 데이터 모델은 Java EE 애플리케이션에서 청사진에 해당한다.

움직이는 목표를 허용한다. 일단 프로젝트의 범위가 결정(예: 어떤 유스케이스를 구현할 것인지 결정되었고, 이들 유스케이스가 설계할 정도로 충분히 상세히 기술되었다.)되었다면 범위가 증가하는 것을 막아야 한다. 이것을 말하기는 더 쉽지만 하기가 어렵다. McConnell (1998)에서는 일단 프로젝트가 진행되어 분석과 상위 수준의 설계가 완료되었다면 모든 변경 요청을 검토하고 인가하는 변경 통제 보드를 설치할 것을 제안한다. 변경 통제 보드로 엄격하게 통제함으로써 범위가 증가하는 것을 효율적으로 막을 수 있다.

프로젝트 후반부에 어떤 것이 추가되는 것을 막을 수 없다면 추가적인 활동과 시간, 비용을 프로젝트 계획에 추가하도록 한다. 또한, 새로운 기능에 대한 분석과 설계에 소요되는 시간이 원래 계획된 시간을 갉아먹어서 원래 계획된 작업도 늦어지게 한다는 사실을 개정된 프로젝트 계획에 확실하게 반영해야 한다. 만약 새로운 기능이 이미 완료된 작업을 다시 하게 한다면 이 비용을 모두가 볼 수 있도록 문서화해야 한다.

주택 건설의 예를 다시 생각해보자. 집주인이 변경을 요구하면 재작업을 해야 하고 완료 시간에 영향을 준다.

개인 할당 실수를 수정하지 않는다. 물론 먼저 실수하지 않는 것이 최선이다. 그러나 실수가 일어나면 가장 좋은 방법은 그것을 무시하는 대신에 인정하고 고치는 것이다. 대규모 프로젝트에서 최악의 실수는 개인 작업 할당 부분에서 발생한다. 이런 유형의 실수는 대부분 관리자가 실수를 고치도록 독려할 수 없어서 계속하도록 허용하기 때문에 손실이 크다.

전통적으로 프로젝트는 관리자가 개인 할당을 처리하지만, 적어도(좀 더 기술적인 지식을 가진) 아키텍트가 조언자 역할을 해야 한다. DeMarco and Lister (1999)에서는 재미있는 조사 결과를 보여준다.

- 최고 능력을 가진 사람은 최저 능력을 가진 사람보다 10대1 정도로 성과를 낸다.

- 최고 능력을 가진 사람은 중간 능력을 가진 사람보다 2.6배 더 성과를 낸다.

이와 함께 일반적으로 어떤 작업에서는 아주 좋지만 다른 작업에서는 형편없는 경우가 있다. 좋은 프로젝트 관리자는 차이점을 인식하고 적절하게 개인 할당을 조정해야 한다. 예를 들어 어떤 사람은 프레젠테이션 티어를 구현할 때는 펄펄 날지만, 아키텍처 컴포넌트를 구현할 때는 죽을 쑬 수 있다. 어떤 사람은 쉽게 테스트를 하지만 구현 작업을 잘하지 못한다.

프로젝트 마지막까지 통합 테스트 활동을 하지 않는다. 분석과 설계에서의 문제점은 종종 구현이 시작될 때까지 잘 보이지 않는다. 애플리케이션을 통합 테스트할 때 애플리케이션이 부분적으로 동작하는 경우라도 분석과 설계의 문제점이 드러난다. 이들 문제점을 프로젝트 초기에 찾아내면 프로젝트 타임라인에 덜 영향을 미치면서 에러를 수정할 수 있는 기회를 얻게 된다.

프로젝트 계획과 산정을 향상시키는 법

시간을 추적한다. 주어진 작업과 시간을 쉽게 매핑시킬 수 있도록 시간을 추적하는 것이 중요하다. 여러분이 다른 개발자들을 주도한다면 그들의 시간도 추적한다. 또한, 작업을 완료하고 소요된 시간을 측정하기 전에 하는데 작업시간을 산정하는 것이 중요하다. 산정한 시간은 소요된 시간과 거의 같지 않을 것이다. 이러한 과정을 거쳐 산정치가 실제와 얼마나 근접하는가를 이해하기 시작할 수 있을 것이다. 시간이 지나면서 산정치와 소요치 사이의 차이가 점점 더 작아지는 것을 알게 될 것이다.

과거 프로젝트로부터 얻은 산정치와 시간 기록을 폐기하지 않는다. 향후 프로젝트에 대한 산정이 필요할 때 여러분이 수행했던 프로젝트와 비교하는 것이 도움이 된다. 이것은 부동산 중개업자가 부동산의 가격이 너무 높은지 또는 낮은지를 결정하는 방법과 유사하다. 그들은 최근에 매매된 부동산과 유사한 것이 있는지를 찾고 매매 가격을 체크한다.

산정치를 동료에게 리뷰시킨다. 프로젝트와 관련되지 않은 사람들이 여러분이 놓친 것을 좀 더 쉽게 볼 수 있다.

추천 도서

- DeMarco, Tom, and Timothy Lister. 1999. *Peopleware: Productive Projects and Teams*, 2nd ed. New York: Dorset House.
- Goldratt, Eliyahu. 1992. *The Goal: A Process of Ongoing Improvement. Great* Barrington, MA: North river Press.
- Goldratt, Eliyahu. 1997. Critical Chain. Great Barrington, MA: North river Press.
- McConnell, Steve. 1998. *Software Project Survival Guide*. redmond, WA: Microsoft Press.

SECTION III

Java EE 애플리케이션 구현

일단 설계가 완료되면 애플리케이션 아키텍트는 애플리케이션 구현을 가이드해줄 것을 종종 요청받는다. 구현 단계에서 애플리케이션 아키텍트가 직접적인 책임을 지는 활동에는 코드 작성 표준 수립, 어려운 작업에 대한 중급 개발자 멘토링과 로깅, 예외 처리, 애플리케이션 설정 관련 관례 수립 등이 포함된다. 이와 함께 아키텍트(또는 고급 개발자)는 애플리케이션에 필요한 커스텀 아키텍처 컴포넌트를 구현할 책임을 진다. 이들 컴포넌트는 작업에 포함시키는 데 어려움이 있기 때문이다.

여기에서는 애플리케이션 구현 프로세스에 대해 여러분을 가이드해줄 것이다. 여기서 다음과 같은 방법을 배우게 된다.

- 모든 소프트웨어 레이어에 대한 코드 작성 표준 수립
- 데이터베이스 지속성 방법(예: JDBC, JPA 등) 선택
- 아키텍처 컴포넌트를 개발자가 사용하기 쉽게 만드는 방법에 대한 이해
- 로깅, 예외 처리, 스레딩 및 설정 관리에 대한 가이드라인

이 책의 첫 번째 판에서는 CementJ (http://sourceforge.net/projects/ cementj/)라는 오픈 소스 프로젝트 제품을 사용하였다. CementJ는 이 책에서 제시된 레이어링 개념을 구현하는 편리한 방법을 제공한다. 또한, 공통적인 구현 작업을 아주 쉽게 하는 수많은 정적 유틸리티를 제공한다. 그러나 이제 CementJ를 사용할 수 없게 되었다.

그 사이에 수많은 오픈 소스 프로젝트가 성숙되어서 좀 더 강력한 방식으로 CemetJ의 기능을 제공하고 있다. 결과적으로 CementJ는 Apache Commons (http://commons.apache.org/)의 여러 공통 오픈 소스 프로젝트로 대체되었다. Apache Commons에는 다음과 같은 프로젝트가 포함된다.

- Apache Commons Lang (http://commons.apache.org/lang/)
- Apache Commons Collections (http://commons.apache.org/collections/)
- Apache Commons BeanUtils (http://commons.apache.org/beanutils/)
- Apache Commons DbUtils (http://commons.apache.org/dbutils/)
- Apache Commons IO (http://commons.apache.org/io)
- Google Guava Core Libraries (https://code.google.com/p/guava-libraries/)

값 객체와 엔티티 구현

값 객체(VO value object)와 엔티티는 데이터 항목의 논리적인 그룹을 하나의 논리적인 구조물로 결합한다는 점에서 유사하다. 따라서 이들에 대한 코드 작성 표준과 가이드도 많은 점에서 유사하다. 이들 사이의 가장 큰 차이점은 엔티티 클래스가 데이터베이스 테이블에 매핑되고 저장되는 반면에, VO 클래스는 본질상 임시적이라는 것이다. Java EE 초기 시절에 값 객체는 엔터프라이즈 빈과 원격 호출자 사이의 네트워크 전송을 최소화하기 위해 사용되었다. 엔터프라이즈 빈의 사용이 줄었지만 -(많은 애플리케이션에서 불필요하고 복잡해서)- 값 객체의 이러한 목적은 줄어들지 않았다.

얼핏 보기에는 값 객체와 엔티티 클래스에 대한 나의 광범위한 정의가 데이터와 업무 로직을 결합한다고 하는 객체지향 설계의 원칙을 위반하고 있는 것처럼 보인다. 객체지향 원칙이 "사원"을 데이터(예: 이름, 주소 등)와 업무 로직을 나타내는 `add()`, `terminate()`, `oppress()` 등의 메서드를 포함하는 객체로 생각하게 할 수 있다. 그러나 복잡성 감소와 같은 많은 실제적인 사항을 고려해보면 업무 로직 컨텍스트 외부에 있는 데이터를 참조하기 위한 옵션이 필요하다.

제11장에서는 업무 로직 레이어에 있는 객체를 객체지향 설계 원칙을 준수하여

이들 객체의 데이터 부분을 값 객체로 참조하도록 구현하는 방법을 보여줄 것이다. 예를 들어 `Employee` 클래스는 업무 로직 없이 사원에 대한 데이터를 제공하는 `getEmployeeVO()` 접근자를 쉽게 제공할 수 있다.

[그림 9.1] 레이어 아키텍처에서 값 객체와 엔터티 사용

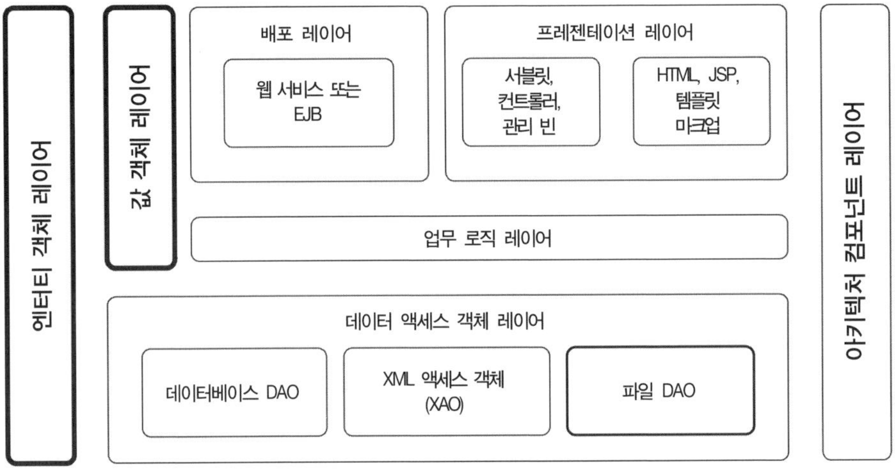

애플리케이션 아키텍트는 코드 작성 표준과 가이드라인을 수립하고, 개발자들을 멘토링할 책임이 있기 때문에 이번 장에서는 여러 가지 값 객체와 엔터티 구현 팁과 기법을 제공한다. 이와 함께 이 장에서는 값 객체와 엔터티를 효율적으로 구현하는데 필요한 여러 가지 개념을 설명한다. 그리고 좀 더 쉽고 빨리 구현할 수 있도록 기본적인 값 객체 클래스를 제시할 것이다.

구현 팁과 기법

항상 `java.io.Serializable`을 구현한다. 값 객체 또는 엔터티가 엔터프라이즈 빈이나 RMI 서비스와 같은 분산 객체에 인수로 사용할 수 있으려면 `Serializable`을

구현해야 한다. Serializable이 요구하는 메서드는 없으므로 구현은 아주 쉽다. 직렬화하지 않는 값 객체에 데이터베이스 연결과 같은 어떤 것도 넣지 않는 것이 좋다. 그러나 값 객체에 비직렬화 객체를 넣어야 한다면 일시적으로 선언하여 직렬화 시에 넘어가도록 한다. 코드 9.1은 값 객체 코드의 예를 보여준다.

[코드 9.1] 값 객체 코드 예

```
public class SalesSummaryVO implements Serializable,
        Comparable<SalesSummaryVO> {

    private static final long serialVersionUID =
        -4099990023592442788L;

    private String  salesRegion;
    private Integer salesYear;
    private Double  salesQuarter1;
    private Double  salesQuarter2;
    private Double  salesQuarter3;
    private Double  salesQuarter4;

    // 생략…
}
```

소스: /src/j2ee/architect/handbook/chap09/sample1/SalesSummaryVO.java

항상 값 객체와 엔터티의 모든 필드를 데이터로 채운다. 편리함 때문에 값 객체나 엔터티의 필드 중에서 단지 일부만 필요하다면 모든 필드를 데이터로 채우지 않는 경우가 있다. 이런 일은 엔터티에서는 비교적 덜 일어난다. 보통 JPA 구현체가 데이터로 채워주기 때문이다. 내 경험으로는 이런 일은 구현 시에 시간을 절약해주긴 하지만 데이터로 채워지지 않는 필드를 사용하려고 할 때 NullPointer Exception 예외로 나타나는 버그의 원인이 된다. 게다가 값 객체 또는 엔터티를 부분적으로 데이터로 채우는 것은 일관성이 없어서 개발자를 혼란스럽게 한다.

나는 값 객체의 모든 필드에 데이터를 채우거나 새로운 필드 집합으로 새로운 값 객체를 생성할 것을 추천한다.

항상 필드의 타입을 정확하게 부여한다. 값 객체나 엔터티를 초기에 구현할 때 시간을 절약하기 위해 날짜와 숫자를 문자열로 구현하는 개발자들을 종종 본다. 이것을 하는 동기는 특정한 프로세스에서 디스플레이나 구현을 편하게 하기 위해서다. 그러나 애플리케이션이 커질수록 이것은 혼란의 원인이 되며 추가적인 변환 코드가 필요하게 되는 결과를 가져오기 마련이다. 또한, 누군가 문자열을 부적절한 형식으로 사용할 때 유지·보수 시에 혼란을 가져오고 버그 원인이 된다.

값 객체에서 서드파티 클래스에 대한 의존성을 체크한다. 값 객체는 엔터프라이즈 빈이나 RMI 서비스와 같은 분산 객체에 인수로 사용된다. 값 객체를 서드파티 클래스에 의존한다면 호출 측에도 해당 클래스의 경로를 포함해야만 한다. 이것은 호출 측을 불편하게 만들며 분산 객체를 사용하기 어렵게 한다.

항상 toString() 메서드를 재정의한다. toString() 메서드를 재정의하지 않는다면 결과 텍스트가 의미가 없게 된다. toString()의 디폴트 구현은 com.myapp.Test@3189c3과 같은 결과를 보여준다.

JDK에는 Object 인수를 받는 많은 클래스가 있으며 이들은 toString() 메서드를 실행하기 때문에 여러분은 반드시 구현을 제공해야 한다. Ojbect에서 상속된 toString() 구현은 유용하지 않다.

equals()와 hashCode() 메서드의 재정의를 고려한다. 값 객체가 HashMap, HashTable 또는 HashSet에서 키로 사용된다면 키를 식별하기 위해 equals()와 hashCode()가 사용된다. Object로부터 상속된 이들 메서드 정의는 두 값 객체가 동일한지를 나타내며, 따라서 문자 그대로 같은 클래스 인스턴스이어야 한다. 예를 들어 firstName과 lastName 필드를 갖는 CustomerVO를 생각해보자. "John Doe"

의 두 인스턴스가 Object에서 상속된 equals()를 사용하면 동일하지 않은 것으로 된다. 여러분은 값 객체를 어떤 타입이나 HashMap, HashTable 또는 TreeMap과 같은 Map 구현체에서 사용할 수 있게 하려면 equals()와 hashCode()를 둘 다 구현해야만 할 것이다.

equals()의 의미 있는 구현과 Object로부터 상속된 구현 사이의 행위적인 차이점에 대해 많은 개발자가 혼란스러워한다. 코드 9.2a의 예제는 이러한 혼란을 줄일 수 있도록 해준다.

[코드 9.2a] Object.equals() 구현 예

```
public void showObjectEqualImplementation()
{
  ObjectWithoutEqualsImpl fiveAsObject =
      new ObjectWithoutEqualsImpl("5");
  ObjectWithoutEqualsImpl anotherFiveAsObject =
      new ObjectWithoutEqualsImpl("5");
  ObjectWithoutEqualsImpl sevenAsObject =
      new ObjectWithoutEqualsImpl("7");

  System.out.println("Object equals() demo:");
  System.out.println(
   "\tfiveAsObject.equals(anotherFiveAsObject): "+
  fiveAsObject.equals(anotherFiveAsObject));
  System.out.println(
    "\tfiveAsObject.equals(sevenAsObject): " +
   fiveAsObject.equals(sevenAsObject));
}
```

소스: /src/j2ee/architect/handbook/chap09/sample1/EqualsDemonstration.java

코드 9.2a는 equals() 메서드를 재정의하지 않고 Object에서 상속된 구현을 사용하는 단순한 클래스를 사용한다. 3번째 행에서 5 값으로 초기화된 객체는 5번째 행에서 생성된 객체와 동일해야 한다. 그러나 실제로 이 예제를 실행하면 동일하지 않은 것으로 나온다. 이 예제의 결과는 코드 9.2b와 같다.

[코드 9.2b] 실행 결과

```
Object equals() demo:
   fiveAsObject.equals(anotherFiveAsObject): false
   fiveAsObject.equals(sevenAsObject): false
```

만약 ObjectWithoutEqualsImpl 대신에 String 클래스를 사용하는 다른 예제를 실행한다면 String 클래스가 equals() 메서드를 재정의하기 때문에 여러분이 기대하는 결과를 얻을 수 있을 것이다.

hashCode() 메서드는 동일한 두 Object 인스턴스에 대하여 동일하다는 것을 보장하는 정수를 반환한다. 이것을 구현하는 알고리즘은 복잡하다. 다행히 hasCode() 로직의 좋은 구현 예가 Apache Commons Lang 제품(http://commons.apache.org/lang/)의 HashCodeBuilder 클래스 안에 구현되어 있다. 코드 9.3은 hashCode()의 효과적인 구현 예를 보여준다.

[코드 9.3] hashCode() 구현 예

```
@Override
public int hashCode() {
return new HashCodeBuilder(17, 37).
    append(this.salesRegion).
    append(this.salesYear).
    append(this.salesQuarter1).
    append(this.salesQuarter2).
    append(this.salesQuarter3).
    append(this.salesQuarter4).
    toHashCode();
}
```

소스: /src/j2ee/architect/handbook/chap09/sample1/SalesSummaryVO.java equals()를 구현하는 것은 Apache Commons Lang 제품을 활용한다는 점에서 비슷하다. 이것은 코드 9.4에서 보여준다.

[코드 9.4] equals() 구현 예

```
@Override
public boolean equals(Object obj) {
if (obj == null) { return false; }
if (obj == this) { return true; }
if (obj.getClass() != getClass()) {
 return false;
}
SalesSummaryVO rhs = (SalesSummaryVO) obj;
return new EqualsBuilder()
     .append(this.salesRegion, rhs.salesRegion)
     .append(this.salesYear, rhs.salesYear)
     .append(this.salesQuarter1, rhs.salesQuarter1)
     .append(this.salesQuarter2, rhs.salesQuarter2)
     .append(this.salesQuarter3, rhs.salesQuarter3)
     .append(this.salesQuarter4, rhs.salesQuarter4)
     .isEquals();
}
```

소스: /src/j2ee/architect/handbook/chap09/sample1/SalesSummaryVO.java

java.lang.Comparable 구현을 고려한다. 만약 정렬된 컬렉션(예: TreeSet 또는 TreeMap) 안에 값 객체를 사용할 생각이라면 알맞은 정렬 결과를 얻기 위해서는 Comparable을 구현해야만 한다. Comparable을 구현하는 것은 compareTo() 메서드의 구현이 필요하다. compareTo() 메서드는 두 객체가 동일하면 0을 리턴하고, 인수로 전달된 객체보다 작으면 음수, 인수로 전달된 객체보다 크면 양수를 반환한다. 다행히 Apache Commons Lang은 이때 활용할 수 있는 CompareToBuilder 클래스를 제공한다. 코드 9.5는 이것에 관한 예를 보여준다.

[코드 9.5] **compareTo() 메서드 구현 예**

```
public int compareTo(SalesSummaryVO o) {
    return new CompareToBuilder()
    .append(this.salesYear, o.salesYear)
    .append(this.salesRegion, o.salesRegion)
    .append(this.salesQuarter1, o.salesQuarter1)
    .append(this.salesQuarter2, o.salesQuarter2)
    .append(this.salesQuarter3, o.salesQuarter3)
    .append(this.salesQuarter4, o.salesQuarter4)
    .toComparison();
}
```

소스: /src/j2ee/architect/handbook/chap09/sample1/SalesSummaryVO.java

값 객체 쉽게 구현하기

이렇게 값 객체를 구현하는 것은 아주 따분하고 지루하고 시간이 오래 걸린다. 애플리케이션 아키텍트로서 여러분은 이러한 기법을 따르라고 개발자들을 가이드하고 일관성 있게 이를 구현하기 바랄 것이다. 또 다른 선택은 아키텍처 유틸리티를 제공하여 값 객체를 좀 더 쉽고 빠르게 코드를 작성하게 하고 값 객체의 행위에 일관성을 가져오도록 할 수 있다.

이런 목적은 제공된 예제 코드의 `BaseVO` 클래스를 사용해서 달성할 수 있다. 이 클래스는 값 객체에 대한 아키텍처 지원을 제공하기 위해 내가 생성한 도구다. 값 객체 클래스가 `BaseVO`를 확장하면 의미 있는 `equals()`와 `hashcode()`, `toString()` 메서드 구현을 포함하게 되며, 자동으로 `clone()` 메서드를 구현하게 된다.

`BaseVO`가 이런 일을 하게 하려고 리플랙션reflection을 사용했다. 그래서 커스텀 코드보다는 조금 느리다. 표 9.1은 `SalesSummaryVO`의 성능 비교 값을 보여준다.

[표 9.1] 100,000 연산당 BaseVO 성능 비교(JDK 1.7)

버전		100,000연산당	밀리 초	
	clone()	toString()	hashCode()	equals()
VO 확장	2214 ms	3511 ms	829 ms	940 ms
커스텀	27 ms	774 ms	52 ms	9 ms

표에서 볼 수 있는 것과 같이 나는 분명하게 시간 차이를 보여주기 위해 임의로 100,000번 반복하였다. 대부분 애플리케이션은 트랜잭션당 이들 메서드를 훨씬 더 적게 실행하게 될 것이다.

BaseVO를 사용함으로써 개발 및 유지·보수 시간을 절약하기 위해 성능을 희생하게 된다. 애플리케이션의 대부분 값 객체는 BaseVO의 성능이 문제가 될 정도로 충분히 이들 오퍼레이션을 사용한다. 나는 여러분에게 성능 튜닝 결과를 기반으로 적은 수의 값 객체에만 커스텀 코드를 사용할 것을 권한다.

이와 함께 BaseVO를 확장한 값 객체는 적은 양의 로직만 포함하기 때문에 테스트 케이스는 필요 없다. 여러분 자신의 equals(), hashCode(), toString() 구현 코드를 사용하기로 하였다면 이들 메서드에 대하여 테스트 케이스를 구축할 필요가 있다.

경고: 엔터티를 BaseVO에서 확장하는 것은 위험하다. 여러 가지 이유가 있다. 엔터티는 보통 다른 엔터티와 관련된다. 이를 참조할 때 관련된 엔터티 인스턴스를 찾기 위해 막후에서 질의가 실행된다. 예를 들어 고객은 많은 계정을 가질 수 있다. BaseVO가 리플랙션을 사용하여 toString() 값을 규격화할 때 모든 계정에 접근하여 그 정보를 찾기 위해 질의를 시작할 것이다. 따라서 여러분은 BaseVO를 엔터티에 사용하지 말아야 한다.

일반적인 실수

일관성 없게 VO를 데이터로 채운다. 값 객체의 필드를 사용되는 컨텍스트에 따라 서로 다른 값으로 채우는 경우를 볼 수 있다. 예를 들어 name과 address, contact 등의 필드를 갖는 CustomerVO를 생각해보자. 어떤 코드 부분에서는 name과 address만 데이터로 채우고, 다른 부분에서 해당 부분에 필요한 모든 필드를 데이터로 채운다고 하자. 이것은 개발자에게 혼란과 버그를 가져다준다. 다른 필드도 존재하지만, 이 코드 부분에서는 데이터를 가지고 있다고 기대할 수 없기 때문이다. 이러한 혼란을 제거하려면 해당 부분에서 사용되는 필드만 포함하는 별도의 값 객체를 생성하는 것이 더 낫다. 대개 이러한 경우에 붉은색 플래그를 달아서 설계가 객체 지향적 접근 방법 대신에 프로세스 지향적 접근 방법을 사용하고 있다는 것을 표시한다.

NullPointerException을 피하려고 빈 문자열을 사용한다. 다음과 같이 모든 필드에 빈 문자열 또는 "null"을 의미하는 것으로 초기화하지만, 실제로는 그렇지 않은 경우를 볼 수 있다.

```
private String _customername = "";
```

이러한 방식으로 선언하는 것은 NullPointerException 예외를 피할 수 있지만, 근본적인 것에서 파생된 다른 예외 타입을 막을 수는 없다. 이것은 마치 쓸데없는 일을 할 때 사용하는 "겨 주고 겨 바꾼다!"라는 속담과 같다. 피하는 게 상책이다. 게다가 만약 보호 또는 공개 메서드의 인수를 검증하는 방식을 채택한다면 이런 일은 쓸데없는 일이 된다.

엔터티 또는 VO 안에 형식화 전제를 포함시킨다. 예를 들어 날짜나 숫자를 표현하는 문자열을 반환하여 프레젠테이션 레이어에서 그것을 표시하도록 하는 경우가 있다. 불행히도 이런 것은 엔터티나 VO의 재사용성을 제한하는 일이 된다. 따라서 다른 애플리케이션에서 원하는 표시 형식이 다르거나 또는 같은 애플리케이션의 다른 부분에서 원하는 표시 형식이 다른 경우에 사용할 수 없게 된다. 이것은 진짜로 관심의 분리 원칙을 위반하는 일이 된다. 엔터티나 VO가 데이터에 대한 책임뿐만 아니라 디스플레이의 책임도 지게 되기 때문이다.

날짜와 시간을 `java.util.Date`가 아닌 다른 것으로 표현하는 것도 형식화 전제를 포함하는 예가 된다. 예를 들어 VO나 엔터티 안에 `java.sql.Date` 또는 `java.sql.Timetamp`를 사용하는 경우를 들 수 있다. 이들 클래스는 JDBC와 데이터베이스 저장소에 밀접하게 묶이도록 `java.util.Date`를 래핑하고 있다. 이러한 형식화는 데이터 액세스 레이어에서 하도록 한다. 데이터 액세스 레이어는 본질상 저장소 문제에 관심을 두어야 하기 때문이다.

VO 또는 엔터티의 부모-자식 관계를 양방향으로 유지한다. 예를 들어서 `CustomerEntity`는 자식으로 `AccountEntity` 컬렉션을 포함하고, 각 `AccountEntity` 인스턴스도 역으로 부모에 대한 참조를 포함할 수 있다. 이것은 관계형 데이터베이스에서 데이터를 복제할 때와 같은 문제를 일으킨다. 데이터가 변경되면 두 배로 힘이 든다. 게다가 에러를 발생시키기 쉽고 메모리 누수를 포함하는 버그의 근본적인 원인이 된다.

예제: ADMIN4J

Admin4J (www.admin4j.net)는 기본적인 Java EE 애플리케이션 관리와 개발자 지원 기능을 제공하는 오픈 소스 제품이다. Admin4J는 사용자 정보를 표시할 수 있도록 하는 여러 값 객체를 포함하고 있다.

이 장에서 설명한 것처럼 모든 값 객체는 `BaseVO`를 확장하여 의미 있는 `toString()`, `equals()`, `hashCode()`, `clone()` 구현을 가진다. `BaseVO`를 확장한 값 객체의 예는 코드 9.5에서 볼 수 있다.

[코드 9.6] Admin4J의 **PerformanceSummaryVO** 값 객체

```
public class PerformanceSummaryVO extends BaseVO {

    private static final long serialVersionUID =
         1280316263958819876L;
    private String label;
    private DataMeasurementSummaryVO summaryMeasurement;
    private DataMeasurementSummaryVO rollingTimeMeasurement;
    private DataMeasurementSummaryVO
        rollingNbrObservationsMeasurement;

    public String getLabel() {
        return label;
    }

    public void setLabel(String label) {
        this.label = label;
    }

    public DataMeasurementSummaryVO getSummaryMeasurement() {
        return summaryMeasurement;
    }

    public  void  setSummaryMeasurement(DataMeasurementSummaryVO
         summaryMeasurement) {
        this.summaryMeasurement = summaryMeasurement;
    }

    public DataMeasurementSummaryVO getRollingTimeMeasurement()
         {
         return rollingTimeMeasurement;
    }

    public void setRollingTimeMeasurement(
```

```
            DataMeasurementSummaryVO rollingTimeMeasurement) {
        this.rollingTimeMeasurement = rollingTimeMeasurement;
    }

    public DataMeasurementSummaryVO
          getRollingNbrObservationsMeasurement() {
         return rollingNbrObservationsMeasurement;
    }

    public void setRollingNbrObservationsMeasurement(
            DataMeasurementSummaryVO
          rollingNbrObservationsMeasurement) {
        this.rollingNbrObservationsMeasurement =
         rollingNbrObservationsMeasurement;
    }
}
```

소스: Admin4J 소스 코드 배포 (www.admin4j.net)

앞에서 논의한 바와 같이 이 값 객체는 의미 있는 toString(), equals(), hashCode(), clone() 구현을 제공하는 기초 값 객체에 의존한다. BaseVO 클래스의 소스 코드는 코드 9.6에서 볼 수 있다.

코드 9.7 Admin4J의 BaseVO 값 객체

```
public abstract class BaseVO implements Serializable, Cloneable
      {
    private static final long serialVersionUID =
          2618192279106780874L;

    /* (non-Javadoc)
     * @see java.lang.Object#hashCode()
     */
    @Override
    public int hashCode() {
```

```
        return HashCodeBuilder.reflectionHashCode(17, 37, this);
    }

    /* (non-Javadoc)
     * @see java.lang.Object#equals(java.lang.Object)
     */
    @Override
    public boolean equals(Object obj) {
        return EqualsBuilder.reflectionEquals(this, obj);
    }

    /* (non-Javadoc)
     * @see java.lang.Object#clone()
     */
    @Override
    public Object clone() throws CloneNotSupportedException {
        try {
            return BeanUtils.cloneBean(this);
        } catch (Exception e) {
          throw new ContextedRuntimeException("Error cloning
        value object", e)
                .addContextValue("class", this.getClass().
        getName());
        }
    }

    /* (non-Javadoc)
     * @see java.lang.Object#toString()
     */
    @Override
    public String toString() {
        return new ReflectionToStringBuilder(this).toString();
    }

}
```

소스: Admin4J 소스 코드 배포 (www.admin4j.net)

BaseVO 클래스가 Apache Commons Lang의 다양한 빌더builder 클래스를 활용하고 있는 것에 주목하기 바란다.

Admin4J 값 객체의 일부는 성능 때문에 equals()와 hashCode()를 재정의하고 있다. 예를 들어 FileWrapperVO 값 객체 클래스는 quals()와 hashCode()를 둘 다 재정의하고 있다. 코드 9.8은 재정의된 소스 코드를 보여준다.

코드 9.8 equals()와 hashCode()를 재정의한 FileWrapperVO 값 객체

```
/* (non-Javadoc)
 * @see java.lang.Object#equals(java.lang.Object)
 */
@Override
public boolean equals(Object obj) {
    if (obj == null) {
        return false;
    }
    FileWrapperVO rhs = null;
    if (obj instanceof FileWrapperVO) {
        rhs = (FileWrapperVO)obj;
        return this.file.equals(rhs.file);
    }
    return false;
}

/* (non-Javadoc)
 * @see java.lang.Object#hashCode()
 */
@Override
public int hashCode() {
    return this.file.hashCode();
}
```

소스: Admin4J 소스 코드 배포 (www.admin4j.net)

데이터 액세스 객체 구현

데이터 액세스 객체(DAO Data Access Object)는 데이터를 읽고 저장하며, 애플리케이션의 다른 레이어에서 사용할 수 있는 엔터티 형식으로 변환한다. 이 객체를 엔터티에 대한 "팩토리" 즉, "공장" 클래스라고 생각할 수 있다. 예를 들어 CustomerDAO는 구매 애플리케이션의 DAO로서 데이터베이스나 다른 형식의 데이터 저장소에서 고객 정보를 읽고, 그 정보를 엔터티(예: CustomerEntity)로 변환하여 애플리케이션의 나머지 부분에서 사용할 수 있게 한다. 또한, CustomerDAO는 CustomerEntity에 있는 정보를 사용하여 데이터베이스나 파일에 데이터를 갱신 또는 추가한다. 다음은 CustomerDAO에 포함되는 메서드의 예를 보여준다.

```
public CustomerEntity findById(Long customerId);
public void saveOrUpdate(CustomerEntity customer);
public void delete(Long customerId);
public List<CustomerEntity> findByPartialName(String name);
```

해당 데이터를 해석하고 처리하는 로직은 데이터 액세스 객체 레이어가 아니라 업무 로직 레이어에 있다. DAO는 단순히 입출력을 처리할 뿐이다. DAO에 있는 대부분 클래스가 관계형 데이터베이스를 대상으로 하지만, 어떤 유형의 지속성 저장소persistent storage라도 데이터 액세스 객체 레이어에서 관리될 수 있다. 바꿔 말하면 NoSQL 데이터베이스에 대한 액세스도 데이터 액세스 객체 레이어에 있어야 한다. 데이터 액세스를 분리하는 여러 가지 이유가 있다.

첫째로, 재사용성을 증진시킨다. 예를 들어 주문 정보를 읽고 처리하는 여러 개의 유스케이스가 있을 수 있다. 데이터 액세스를 분리함으로써 해당 DAO를 이들 모든 프로세스에서 사용하게 할 수 있다.

둘째로, 패키지를 별도로 분리함으로써 개발자가 변경하거나 기능을 향상시켜야 하는 데이터 액세스를 찾을 수 있다.

셋째로, 애플리케이션의 다른 부분에 영향을 미치지 않고도 저장소 방법을 변경시킬 수 있게 된다. 예를 들어 데이터베이스를 Sybase에서 Oracle로 마이그레이션한다고 하자. 데이터 액세스가 분리된 애플리케이션에서 마이그레이션은 비교적 쉬운 작업이다. 게다가 유지·보수 관점에서 보면 컬럼 추가와 같이 사소한 변경을 처리하기 위해 데이터 액세스 객체 레이어를 위치시키고, 수정하고 향상시키는 것이 쉽다.

[그림 10.1] 소프트웨어 레이어 계층도에서 DAO 역할의 예

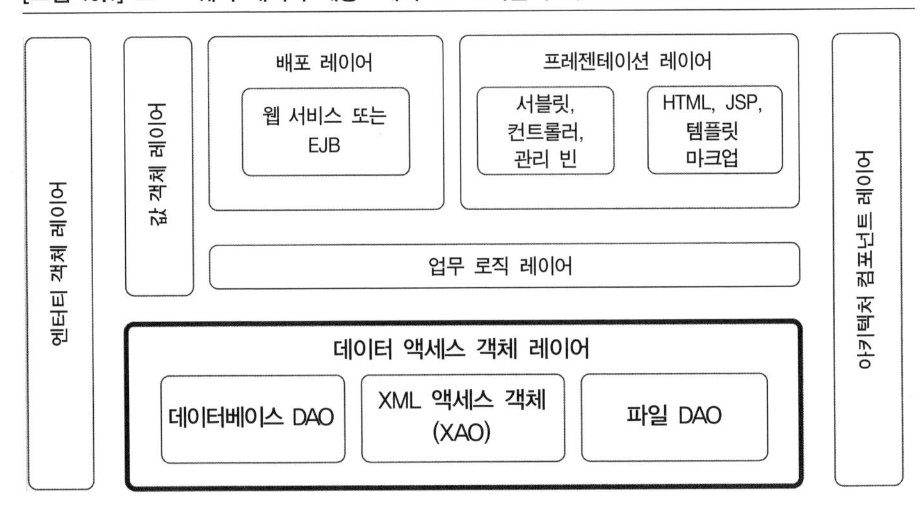

대부분 애플리케이션에서 대부분의 DAO 클래스는 관계형 데이터베이스 DAO이다. 즉, Oracle이나 Microsoft SQL Server와 같은 관계형 데이터베이스를 사용하여 데이터를 읽고 쓴다. 애플리케이션이 Hibernate와 같은 JPA 구현체를 사용한다면 Hibernate에 종속적인 코드는 DAO 클래스에서만 발견할 수 있다. 이상적으로 본다면 애플리케이션의 다른 레이어(예: 업무 로직 레이어)는 결코 Hibernate 클래스를 참조하지 않을 것이다. 애플리케이션이 JDBC를 사용한다면 DAO 클래스에만 JDBC 클래스를 참조하는 코드가 포함된다.

트랜잭션 관리 전략

모든 Java EE 애플리케이션은 트랜잭션 관리 전략 즉, 언제 커밋commit과 롤백rollback을 할 것인지를 결정하는 전략이 필요하다. 3가지 일반적인 전략이 있다. 서블릿 필터servlet filter 전략, AOPAspect-Oriented Programming 전략, 그리고 자동 커밋autocommit 전략이 그것이다.

서블릿 필터 전략은 서블릿 필터를 사용하여 모든 웹 트랜잭션에서 수행되어 성공적인 트랜잭션인 경우에 모두 커밋을 제출하고, 그렇지 않은 경우에는 모든 트랜잭션에는 모두 롤백을 제출한다. 코드 10.1에는 이 전략의 예를 보여준다. 이 예에서 `TransactionContext` 클래스는 현재 Hibernate 세션을 유지하고 있어서 데이터 액세스 레이어의 모든 클래스에서 사용할 수 있다는 점에 주목한다. JDBC 지속성 전략이 사용되어야 한다면 동일한 패턴을 쉽게 JDBC 연결에도 적용시킬 수 있다.

코드 10.1 트랜잭션 관리 필터 로직 예

```
public void doFilter(ServletRequest request,
    ServletResponse response,
        FilterChain chain) throws IOException, ServletException {
```

```
        Boolean transactionEstablished =
    transactionContextState.get();
        if (transactionEstablished != null) {
            chain.doFilter(request, response);
        }
        else {
            try {
                transactionContextState.set(Boolean.TRUE);
                new TransactionContext();

                chain.doFilter(request, response);
                TransactionContext.getCurrent().commit();
            }
            catch (Exception e) {
                TransactionContext.getCurrent().rollback();
            }
            finally {
                transactionContextState.remove();
                TransactionContext.getCurrent().close();
        }
    }
}
```

소스: /src/j2ee/architect/handbook/chap10/TransactionManagementfilter.java

AOP 전략은 AspectJ(http://www.eclipse.org/aspectj/)와 같은 관점 지향 aspect-oriented 기술을 사용하여 커밋과 롤백 로직을 갖는 데이터 액세스 클래스의 메서드를 둘러싼다. 종종 이 전략은 너무 입자성이 작아서 유용하지 않을 수 있다. 입자성 문제를 해결하고 어떤 클래스가 트랜잭션 관리의 대상이 되는가를 계획할 시간을 가질 수는 있지만, 이것은 개발자에게 혼란을 일으킬 수 있다. 어떤 클래스의 메서드가 트랜잭션 관리 로직을 포함하고 어떤 것이 아닌지가 분명하지 않기 때문이다. 이러한 혼란은 AOP 전략을 사용하여 절약된 개발 시간보다 더 많은 시간과 노력이 필요할 수 있다.

자동 커밋 전략은 초기 개발에 가장 편리하다. JDBC 드라이버 설정 수준에서 모든 연결에 "자동 커밋"을 디폴트로 설정하기만 하면 된다. 이 전략을 사용하면 JDBC 드라이버는 SQL 명령이 성공적으로 실행되는 경우에는 자동으로 "커밋"을 제출하고, 트랜잭션이 실패하면 "롤백"을 제출한다. 이 전략은 너무 입자성이 작아서 대부분의 Java EE 애플리케이션에서 유용하지 않을 수 있다는 점에서 AOP 전략과 같은 문제점을 가지고 있다.

여러분이 추측한 바와 같이 트랜잭션 관리에 서블릿 필터 전략을 사용하는 것이 좋다. 단순하며, 개발자가 트랜잭션 관리 문제에 관해서 관심을 가져야 할 필요가 별로 없다. 웹 트랜잭션이 여러 단위 작업을 필요로 한다면 이 전략은 필요한 곳에 그것을 허용한다. 여러 애플리케이션에서 재사용하기도 쉽다.

트랜잭션 상태는 실제로 TransactionContext 클래스 안에 유지된다. 그러나 필요하다면 다른 클래스가 트랜잭션 상태를 관리할 수 있게 한다. 예를 들어 배치 작업과 JMS 큐 모니터의 트랜잭션 관리는 서블릿 필터에서 해결할 수 없다.

서블릿 필터와 AOP 트랜잭션 전략은 Bitronix (http://docs.codehaus.org/display/BTM/Home)나 Atomikos (http://www.atomikos.com/) 또는 JOTM (jotm.objectweb.org)과 같은 다른 트랜잭션 관리 제품과 쉽게 결합하여 사용할 수 있다. 트랜잭션 관리 제품은 여러 데이터 소스를 사용하는 애플리케이션의 커밋과 롤백 전략을 쉽게 해준다. 몇몇 애플리케이션은 그러한 요구사항을 가지고 있다.

데이터 액세스 객체 구현 가이드라인

요즘에 데이터베이스 지속성에 대부분 Hibernate와 같은 JPA 구현체를 사용하기 때문에 코드 10.2와 같은 Hibernate 예제로 시작하자.

코드 10.2 Hiberante DAO 예제

```
public class CustomerHibernateDAO extends BaseHibernateDAO
        implements
       CustomerDAO {

   public CustomerEntity findById(Long customerId) {
       Validate.notNull(customerId,
    "Null customerId not allowed.");
       return (CustomerEntity)this.getSession()
               .get(CustomerEntity.class, customerId);
   }

   public void saveOrUpdate(CustomerEntity customer) {
       Validate.notNull(customer,
    "Null customer not allowed.");
       this.getSession().saveOrUpdate(customer);
   }

   public void delete(Long customerId) {
       Validate.notNull(customerId,
    "Null customerId not allowed.");
       CustomerEntity customer = this.findById(customerId);

       if (customer != null) {
           this.getSession().delete(customer);
       }
   }

   @SuppressWarnings("unchecked")
   public List<CustomerEntity> findByPartialName(String name) {
       Validate.notEmpty(name,
     "Null or blank name not allowed.");
       SQLQuery sql = this.getSession().createSQLQuery(
```

```
            "select * from Customer " +
            "where last_name like :name " +
        "or first_name like :name");
        sql.setParameter("name", "%" + name + "%");
        sql.addEntity(CustomerEntity.class);

        return sql.list();
    }

}
```
소스: /src/j2ee/architect/handbook/chap10/hibernate/CustomerHibernateDAO.java

이 DAO는 현재 Hiberante 세션을 노출하는 BaseHibernateDAO 클래스를 확장하고 있다. 이 클래스는 배포된 소스에 있다.

DAO 클래스는 커밋과 롤백 또는 세이브포인트savepoint를 제출하지 않는다. 일관성은 DAO 클래스를 여러 유스케이스에서 더 쉽게 재사용할 수 있게 한다. ID로 고객을 조회할 필요가 있는 여러 유스케이스가 있고, 더 큰 단위 작업 중간에 조회가 발생할 가능성이 있다고 하자. DAO가 커밋 또는 롤백을 제출하면 더 큰 단위 작업 안에 효과적으로 끼어들 수 있다. 게다가 어떤 DAO가 커밋 또는 롤백을 제출했는지 잘 문서화되지도 않는다. 이러한 비일관성으로 인해 특정한 트랜잭션이 시작하고 끝난 곳이 분명하지 않을 때 개발 시간이 더 소요된다.

DAO 클래스는 엔터티와 아키텍처 컴포넌트/유틸리티와 다른 DAO 클래스만 참조한다. DAO 클래스는 업무 로직 레이어와 프레젠테이션 레이어 또는 배포 레이어에 있는 클래스를 참조하지 않는다. 이것은 관심의 분리를 강화하며, 레이어 아키텍처를 유지할 수 있게 한다.

공개 및 보호 메서드의 인수를 검증한다. 대안은 메서드가 진단하고 수정하는데 더 많은 시간이 걸리는 NullPointerException과 같은 파생된 예외 타입을 산출하도록 하는 것이다. 게다가 검증은 빠르고 거의 성능에 영향을 미치지 않는다.

Apache Commons Lang 프로젝트의 `Validate` 유틸리티는 이러한 목적을 효과적으로 수행한다.

JDBC 예제

이전에는 모두 JDBC를 공부했다. 사실상 JDBC에 관한 지식은 일반적으로 DAO 클래스로부터 발생하는 에러를 개발자가 진단할 수 있도록 도와준다. 지금은 JDBC 코드를 거의 사용하지 않는다. 편의를 위해 Apache Commons `DBUtils` (http://commons.apache.org/dbutils/) 프로젝트에 있는 JDBC 헬퍼 유틸리티를 활용하는 것이 좀 더 일반적이다. 코드 10.3의 예는 `DBUtils`를 활용하는 JDBC 예제를 보여준다.

코드 10.3 JDBC DAO 예제

```
public class CustomerJDBCDAO extends BaseJDBCDAO implements
        CustomerDAO {

   public CustomerEntity findById(Long customerId) {
       Validate.notNull(customerId, "Null customerId not
        allowed.");
      List<CustomerEntity> list = this.query(
             "select * from Customer where Customer_Id = ?",
             new Object[]{customerId},
      new CustomerResultSetHandler());
      if (list.size() > 0) {
         return list.get(0);
      }
      return null;
   }

   public void saveOrUpdate(CustomerEntity customer) {
```

```
    Validate.notNull(customer,
  "Null customer not allowed.");
    CustomerEntity readEntity = this.findById(
  customer.getCustomerId());
    String sqlText;
    Object[] params;

   if (readEntity == null) { // Insert
      sqlText = "insert into Customer " +
            "(Customer_Id, Last_Name, First_Name, Middle_
   Initial ) " +
             "values (?,?,?,?)";

      params = new Object[]{customer.getCustomerId()
            , customer.getLastName()
            , customer.getFirstName()
            , customer.getMiddleInitial()};
   }
   else { // update
      sqlText = "update Customer " +
            "set Last_Name = ? " +
            ", First_Name = ? " +
            ", Middle_Initial = ? " +
            "where Customer_Id = ?";

      params = new Object[]{customer.getLastName()
            , customer.getFirstName()
            , customer.getMiddleInitial()
            , customer.getCustomerId()};
   }

   this.update(sqlText, params);

}

public void delete(Long customerId) {
```

```
        Validate.notNull(customerId,
      "Null customerId not allowed.");
        this.update(
      "delete from Customer where Customer_Id = ?",
                new Object[]{customerId});

    }

    public List<CustomerEntity> findByPartialName(String name) {
        Validate.notEmpty(name,
      "Null or blank name not allowed.");
        return this.query(
                "select * from Customer where last_name like ?
         or first_name like ?",
                new Object[]{name,name},
        new CustomerResultSetHandler());
    }

}
```

소스: /src/j2ee/architect/handbook/chap10/jdbc/CustomerJdbcDAO.java

이 DAO가 현재 JDBC 연결을 노출하는 BaseJDBCDAO 클래스를 확장하며, SQL 문을 실행하기 위해 DBUtils를 활용하고 있다는 점에 주목하기 바란다. 이와 함께 이 예에서는 SELECT 결과를 위한 ResultSetHandler 인터페이스를 구현하는 CustomerResultSetHandler 클래스에 의존한다.

메서드 안에서 생성된 JDBC 객체는 같은 메서드 안에서 닫아야 한다. 이런 유형의 객체에는 PreparedStatement, Statement, ResultSet, CallableStatement 객체가 포함된다. 많은 데이터베이스 플랫폼이 리소스 누수를 피하기 위해 ResultSet, PreparedStatement, CallableStatement, Statement 등의 객체 사용이 끝나면 닫아야 한다. JDBC 드라이버에 따라서 Connection이 닫힐 때 자동으로 이들 객체를 닫는 것도 있고 그렇지 않은 것도 있다. 이 레이어에서 생성한 모든 것을 닫는 관습을 채택하지 않으면 나중에 리소스 누수를 포함하는 버그를 만들어내기 쉽다. DBUtils 라이브러리가 이것을 위한 유틸리티를 제공한다.

SQL 문자열에 리터럴을 직접 하드 코딩하는 대신에 SQL 문에 호스트 변수를 사용한다. DBUtils는 이러한 관습을 채택하고 있다. 편의상 많은 개발자가 SQL 문 안에 리터럴을 포함시킨다. 코드 10.4는 이러한 나쁜 예를 보여준다. 이 예에서 고객 ID를 직접 SQL 문에 끼워 넣은 것에 유의한다. 또한, 이 예에서는 + 연산자를 사용하여 문자열 결합을 하고 있다. + 연산자를 사용하는 것이 편리하긴 하지만, StringBuffer와 StringBuffer.append() 메서드를 사용하여 문자열을 더 빨리 결합시킬 수 있다.

코드 10.4 잘못 작성된 UPDATE 문의 예

```
sqlText = "update Customer " +
        "set Last_Name = '" + customer.getLastName() +
        "', First_Name = '" + customer.getFirstName() +
        "', Middle_Initial = '" + customer.getMiddleInitital() +
        "' where Customer_Id = " + customer.getCustomerId();

this.update(sqlText);
```

위 코드의 문제는 Oracle, DB2/UDB 등 많은 데이터베이스에서 제공하는 데이터베이스 최적화를 피하고 있다는 것이다. 데이터베이스 소프트웨어 최적화의 이점을 얻기 위해서는 여러 번 실행되는 SQL에 대하여 Statement 객체 대신에 PreparedStatement 객체를 사용하여야 한다. 게다가 실행 시마다 변경되는 리터럴에 대하여 호스트 변수를 사용할 필요가 있다. 위의 코드에서 고객 ID가 1인 경우의 SQL 문("where Customer_Id = 1")과 고객 ID가 2인 경우의 SQL 문("where Customer_Id = 2")은 다르다. 코드 10.3의 코드가 훨씬 더 좋다.

코드 10.3이 리터럴 대신에 호스트 변수를 사용하고 있기 때문에 고객 ID가 무엇이든 상관없이 SQL 문은 동일하다. 게다가 `Statement` 대신에 `PreparedStatement`를 사용하고 있다.

`PreparedStatement`를 사용할 때 데이터베이스 최적화를 이해하기 위해서 Oracle이 SQL 문을 어떻게 처리하는지 살펴보자. SQL 문을 실행할 때 Oracle은 다음과 같은 단계를 거친다.

1. 이미 파싱되거나 해석된 SQL 문이 있는지를 알기 위해 공유 풀shared pool에서 SQL 문을 찾는다. 만약 있다면 4번째 단계로 직접 이동한다.
2. SQL 문을 파싱(또는 해석)한다.
3. 원하는 데이터를 가져올 수 있는지를 확인하고 공유 풀이라는 메모리 영역에 정보를 기록한다.
4. 데이터를 가져온다.

Oracle이 이미 실행된 SQL 문이 있는지를 알기 위해 SQL 문을 찾을 때(1단계), SQL 문을 문자 대 문자로 일치하는지를 검사한다. 일치하는 것이 있으면 공유 풀에 이미 있는 파싱 정보를 사용할 수 있으면 이미 작업이 수행되었기 때문에 2단계와 3단계를 할 필요가 없게 된다. SQL 문에 리터럴을 직접 끼워 넣은 경우 일치되는 것을 찾을 가능성은 아주 낮다. "`where Customer_Id = 1`"이 "`where Customer_Id = 2`"와 같지 않기 때문이다. 이것은 Oracle이 코드 10.4의 각 SQL 문을 호출 시마다 다시 파싱해야 한다는 것을 의미한다. 만약 코드 10.4에서 호스트 변수와 `PreparedStatement`를 사용하였다면 SQL 문은 "`where Customer_Id = :1`"과 같이 작성될 것이고, 이 SQL 문은 단 한 번만 파싱되어 공유 풀에 놓이게 될 것이고 이후에는 공유 풀에 있는 파싱된 SQL 문을 사용하게 될 것이다.

DB2/UDB는 다른 용어를 사용하지만, 동적 SQL 문에 대한 알고리즘은 유사하다. DB2/UDB에서도 `Statement` 대신에 `PreparedStatement`를 사용하는 것을 추천한다.

SQL 문 문자열의 형식을 통일한다. 이전에 데이터베이스 관리자로서 나는 다른 사람이 작성한 코드를 읽고 성능을 향상시킬 수 있는 방법을 찾는 것으로 대부분 시간을 보냈다. 여러분이 예상한 대로 나는 특별히 SQL 문에 관심이 많다. 특별히 여러 메서드에 흩어져 있는 문자열 조작으로 만들어진 SQL 문을 따라가는 것이 아주 힘들었다. SQL 문의 작성 방법을 통일시킨다면 가독성은 크게 향상될 것이다.

코드 10.5는 이러한 좋은 예를 보여준다. SQL 문을 구성하는 문자열 조작이 한 위치에 있다. 또한, SQL 문은 정적으로 정의되어 문자열 결합의 양을 줄이고 있다.

코드 10.5a 문자열 호스트 변수로 데이터 필드 사용

```
Select sum(sale_price)
   From purchase_order
   Where to_char(sale_dt,'YYYY-MM-DD') >= ?
```

컬럼 함수의 사용을 제한한다. select 문의 선택 목록에만 컬럼 함수를 사용하도록 제한한다. 또한, "`group by`" 구를 사용하는 select 문에 필요한 집합 함수(예: `count`, `sum`, `average` 등)만 사용하도록 한다. 이것을 권장하는 두 가지 이유는 성능과 호환성이다.

선택 목록에만 함수를 사용하도록 제한("where" 구에는 사용하지 않는다.)하는 것은 인덱스 사용을 막지 않고서 함수를 사용하기 위해서다. 코드 10.5a에서 `to_char` 함수가 데이터베이스가 인덱스를 사용하는 것을 막는 것처럼, "where"

구 안에 컬럼 함수를 사용하면 데이터베이스가 인덱스를 사용하지 못하도록 하게 할 것이다. 이것은 질의 성능 떨어뜨리는 결과를 가져오게 된다. 코드 10.5b에서 재작성된 SQL 문은 대부분 데이터베이스가 인덱스를 사용하도록 허용한다.

코드 10.5b 호스트 변수로 java.sql.Timestamp를 사용하는 질의

```
Select sum(sale_price)
    From purchase_order
    Where sale_dt >= ?
```

이와 함께 데이터베이스에서 SQL 컬럼 함수(데이터 타입 변환, 값 형식화 등)를 사용하는 것보다 Java에서 사용하는 것이 훨씬 더 빠르다. 나는 많은 애플리케이션에서 컬럼 함수의 사용을 피하고 그 대신에 Java에서 로직을 구현함으로써 5에서 20퍼센트 정도의 성능 향상을 경험하였다. 또 하나는 컬럼 함수를 튜닝할 수 없다는 것이다. 여러분이 소스 코드를 통제할 수 없기 때문이다. Java에 로직을 구현함으로써 필요하다면 튜닝할 수 있는 코드를 생성할 수 있게 된다.

게다가 ANSI 표준이 아닌 컬럼 함수는 호환성 문제를 일으킨다. 모든 데이터베이스 벤더가 같은 컬럼 함수를 구현하는 것은 아니다. 예를 들어 내가 자주 사용하는 Oracle 컬럼 함수 중에 decode는 하나의 값의 집합을 다른 것으로 변환할 수 있도록 하지만, 다른 데이터베이스 플랫폼에는 구현되어 있지 않은 경우가 많다. 일반적으로 decode와 같은 컬럼 함수는 잠재적으로 호환성 문제를 가지고 있다.

Insert 문에 컬럼 목록을 명시한다. 많은 개발자가 편의상 insert 문에 컬럼 목록을 생략하는 단축 구문을 사용한다. 디폴트로 컬럼 순서는 테이블에 물리적으로 정의된 순서와 같다. 코드 10.6a는 이러한 단축 구문의 예를 보여주며, 코드 10.6b는 명시적으로 컬럼 목록을 지정한 예를 보여준다.

코드 10.6a 컬럼 목록이 생략된 insert 문

```
Insert into customer
   Values ('Ashmore','Derek','3023 N.Clark','Chicago',
'IL', 555555)
```

코드 10.6b 컬럼 목록이 지정된 insert 문

```
Insert into customer
   (last_nm, first_nm, address, city, state, customer_nbr)
   Values (?,?,?,?,?,?)
```

코드 10.6b에서처럼 insert 문에 컬럼 목록을 지정하는 것은 select 문에 컬럼 목록을 지정하는 것과 같은 이유다. 누군가 테이블에서 컬럼 순서를 재배열하거나 새로운 컬럼을 추가한다면, 새로운 로우를 추가할 때 예외가 발생할 수 있으며 여러분은 insert 문을 수정해야만 한다. 예를 들어 데이터베이스 관리자가 컬럼의 순서를 바꾸어서 CUSTOMER_NBR을 첫 번째 컬럼으로 하고 COUNTRY라는 컬럼을 추가했다고 하자. 단축 구문을 사용하는 개발자는 코드를 변경해야 한다. 명시적으로 모든 컬럼의 목록을 지정한 개발자는 코드가 제대로 작동하기 때문에 변경을 염두에 두지 않아도 된다. 이와 함께 코드 10.6b에서는 호스트 변수를 사용하고 있어서 여러 개의 insert 문이 있다면 모든 insert 문에 같은 PreparedStatement가 사용될 수 있다.

select 문에서처럼 insert 문에 명시적으로 컬럼 목록을 지정하는 것이 유지·보수의 필요성을 없앨 수 있기 때문에 가장 바람직하다. 게다가 PreparedStatement를 재사용함으로써 특별히 다량의 로우를 추가하는 경우에 성능도 향상된다.

모든 DAO 메서드에 대한 테스트 케이스(test case) 코드를 작성하고 테스트 스위트(test suite)에 포함시킨다. 여러분은 어느 시점에 데이터 액세스 객체 레이어에 있는 모든 객체에 대하여 회귀 테스트regression test를 실행할 수 있어야 한다. 이것은 합리적인 테스트 프로세스를 자동화함으로써 제품의 품질을 향상시킨다.

DAO 테스트 케이스에 필요한 데이터를 관리하는 표준 메서드를 정의한다. DAO 테스트 케이스는 테스트를 개발하는데 사용되는 데이터에 의존적이다. 데이터가 변경되면 테스트는 실패할 수 있다. 그러나 코드에 문제가 있어서가 아니다. 테스트 데이터와 DAO 테스트 케이스는 동기적으로 유지되어야 할 필요가 있다. 이러한 문제의 관리를 지원하는 사용할 수 있는 도구 중 하나는 오픈 소스 제품인 DbUnit(www.dbunit.org)이다. 여러분은 다른 도구를 사용할 수 있다.

XML 액세스 객체 구현 가이드라인

데이터 액세스 객체는 지속적인 데이터를 읽고 쓰는 클래스다. XML 조작도 실제로는 데이터 액세스 연산이기 때문에 DAO 레이어의 일부가 된다. XML 액세스 객체(XAO XML Access Object)는 XML 형식의 데이터를 읽고 쓰며, XML 형식의 데이터를 애플리케이션의 다른 레이어에서 사용할 수 있는 값 객체로 변환한다. 코드 10.7에서는 Admin4J 제품의 XML 액세스 객체의 예를 보여준다.

코드 10.7 Admin4J의 XML 액세스 객체 인터페이스

```
public interface TaskTimerDAO {
   public Set<TaskTimer> findAll();
   public void saveAll(Set<TaskTimer> exceptionList);
}
```

업무 객체는 XAO를 사용하여 XML 데이터를 해석하고 생성한다. 일반적으로 XAO는 데이터를 처리하는데 관련된 업무 규칙을 구현하는데 아무런 작업을 하지 않아야 한다. XML 관련된 코드는 분리되어서 XML의 구조를 변경하더라도 애플리케이션에 영향을 미치지 않도록 제한하고 지역화시켜야 한다. 예를 들어 만약 이 로직이 업무 로직 레이어의 여러 곳에 흩어져있다면 발견하고 변경하기 훨씬 더 어려워지게 될 것이다.

애플리케이션 아키텍트로서 여러분의 코드 작성 표준과 가이드라인을 제공해야 할 책임이 있다. 이 장은 XAO를 구조화하기 위한 구현 가이드와 예제를 제공한다. 이와 함께 나는 여러분이 개발과 유지·보수 시간을 절약할 수 있도록 XAO가 쉽게 사용할 수 있는 코드를 생성하는 방법을 보여줄 것이다.

XML을 읽고 생성하는데 사용할 수 있는 여러 XML 제품이 있다. 그러나 이들은 일반적으로 DOM 기반, 리플랙션 기반 또는 코드 생성 기반 중 하나의 카테고리에 속한다. DOM 기반 기술은 이제는 JDK와 함께 제공되는 DOM^Document Object Model^ (`org.w3c.com` 패키지)에 직접적인 기반을 둔다. 네이티브 DOM 코드는 복잡하고 다루기가 어려우므로 DOM 파서를 직접 사용하는 것보다는 JDom (http://www.jdom.org/)과 같은 보충 기술을 사용하는 것이 좋다.

리플랙션^reflection^ 기반 XML 제품은 리플랙션을 사용하여 Java 객체로부터 XML 생성하고 XML을 Java로 변환한다. 리플랙션 기반의 XML 제품은 JDK에 포함된 `java.beans.XMLEncoder`와 `java.beans.XMLDecoder` 클래스다.

리플랙션 기반 XML 제품의 또 다른 예는 Castor XML(www.castor.org)다.

코드 생성 기반 XML 제품은 스키마 또는 DTD를 사용하여 XML 구조를 표현하는 Java 클래스를 생성한 다음, Java 클래스를 XML로 변환하거나 XML을 생성된 Java 클래스의 인스턴스로 변환한다. Apache XML Beans (http://xmlbeans. apache. org/) 제품이 이 유형의 기술의 좋은 예다.

DOM을 직접 사용하여 XML 데이터를 해석하지 않는다. DOM 파서를 직접 사용하는 것보다는 XML Beans 또는 JDOM과 같은 보충 기술을 사용하는 것이 애플리케이션을 더 빨리 개발할 수 있으며 유지·보수도 더 쉽게 할 수 있다.

나는 XML Beans을 선호한다. 읽고 해석할 수 있는 Java 소스 코드를 생성하며, 해당 스키마를 준수하도록 XML 문서를 직렬화해주기 때문이다. XML Beans의 이점은 XML 문서를 Java 클래스로 매핑시켜 개발자가 사용하기 쉽고 XML Beans의 학습 곡선도 아주 짧다는 것이다.

애플리케이션 전체에 일관적으로 XML 기술을 적용한다. 어떤 기술을 선택하든 일관성 있게 사용하는 것은 커다란 이점이 있다. 예를 들어 애플리케이션 개발자가 JDOM을 선호하고 그 선택이 편안하다면 XML Beans를 사용할 이유가 없다. 일관성은 애플리케이션 더 쉽게 유지·보수할 수 있게 한다. 유지·보수하는 개발자에게 필요한 기술이 줄어들기 때문이다. 또한, 일관성은 버그를 찾아내는 시간을 줄여준다. 유지·보수하는 개발자가 XAO가 어떤 구조를 갖는지에 대한 기본적인 이해를 하고 시작하기 때문이다.

XML 관련 코드를 별도의 클래스에 둔다. XML 관련 클래스를 업무 규칙을 구현한 클래스와 분리하는 하나의 이유는 XML 문서 구조의 변경으로부터 애플리케이션을 격리시키기 위해서다. 또 다른 이유는 XML 문서 해석과 업무 로직을 분리하는 것이 코드를 더 단순하게 하기 때문이다. 게다가 여러 애플리케이션이 같은 XML 문서 형식을 읽고 해석해야 한다면 XML 관련 코드를 분리하는 것이 애플리케이션 사이에 코드를 더 쉽게 공유할 수 있게 된다.

XAO 예제

Admin4J는 JDK가 제공하는 리플랙션 기반의 `XMLEncoder`와 `XMLDecoder`를 사용한다. 코드 10.7의 인터페이스 구현은 `TaskTimerDAOXml`이라는 클래스 안에 있는 코드다. 이 클래스는 너무 커서 전체를 여기에 제시하지 않았다. 소스는 Admin4J 다운로드에 포함되어 있으며, 여러분은 www.admin4j.net에서 다운로드할 수 있다.

코드 10.8은 `TaskTimerDAOXml`의 일부분으로 `XMLDecoder`를 사용하여 XML을 어떻게 읽고 Java 클래스로 변환하는지를 보여준다.

코드 10.8 XMLDecoder 예제

```
decoder = new XMLDecoder(
      new BufferedInputStream(
          new FileInputStream(xmlFileName)));
decoder.setExceptionListener(
    new DefaultExceptionListener(xmlFileName));
result = (Set<TaskTimer>)decoder.readObject();
```

코드 10.9 XMLEncoder 예제

```
encoder = new XMLEncoder(
     new BufferedOutputStream(
         new FileOutputStream(tempFileName)));
encoder.setExceptionListener(
   new DefaultExceptionListener(xmlFileName));
encoder.setPersistenceDelegate(BasicTaskTimer.class,
     new DefaultPersistenceDelegate(
         new String[]{"label","dataMeasures"}));
encoder.setPersistenceDelegate(SummaryDataMeasure.class,
     new DefaultPersistenceDelegate(
         new String[]{"firstObservationTime"}));

encoder.writeObject(exceptionList);
encoder.close();
```

추천 도서

- Alur, Deepak, John Crupi, and Dan Malks. 2001. *Core J2EE Patterns: Best Practices and Design Strategies*. New York: Prentice Hall.
- Horstmann, Cay S., and Gary Cornell. 2008. *Core Java 2, Volume II: Advanced Features*, 8th ed. Essex, UK: Pearson Higher Education.
- Johnson, rod. 2002. *Expert One-on-One: J2EE Design and Development*. Indianapolis, IN: Wrox Press.

업무 객체 구현

Java EE 애플리케이션의 업무 로직 레이어는 데이터와 애플리케이션 로직, 업무 규칙, 제약사항, 활동을 결합한다. 나는 보통 업무 객체를 별도로 패키징하여 재사용성의 가능성을 최대로 한다. 보통 업무 객체는 여러 데이터 액세스 객체의 활동을 사용하고 조율한다. 그림 11.1은 레이어 아키텍처에서 업무 객체의 역할을 보여준다.

[그림 11.1] 레이어 아키텍처에서 업무 객체 사용

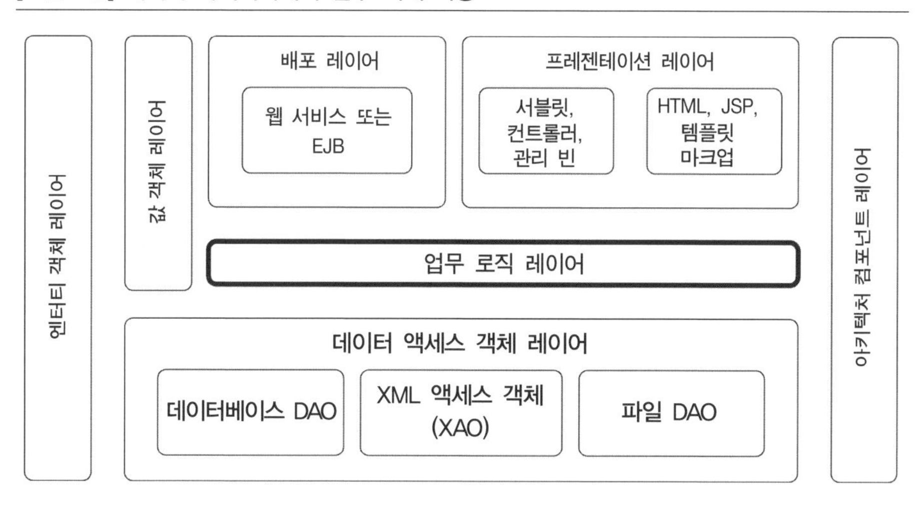

업무 객체는 다른 업무 객체나 프레젠테이션 및 엔터프라이즈 빈이나 웹 서비스와 같은 배포 레이어에서 사용된다. 그리고 일반적으로 이전의 두 개의 장에서 설명한 바와 같이 데이터 액세스 레이어에 있는 클래스의 인스턴스를 생성하고 사용한다.

업무 객체 구현 패턴

업무 로직 레이어에서 많이 사용되는 첫 번째 가장 단순한 구현 패턴은 [Fowler]가 설명한 트랜잭션 스크립트Transaction Script 패턴이다. 이 패턴은 애플리케이션 코드를 정해진 트랜잭션의 연속으로 구성한다. 예를 들어 여러분이 ATM기에서 하는 정상적인 은행 트랜잭션을 생각해보자. 패스코드passcode를 입력하면 내가 입력한 패스코드가 내가 가지고 있는 카드에 속하는지를 확인하는 트랜잭션 스크립트가 실행될 것이다. 내가 현금을 인출하면 내 계좌의 잔고를 확인하고, 인출 거래를 기록하고 ATM기에 현금을 지급하라고 하는 트랜잭션 스크립트가 실행될 것이다. 사실상 내가 ATM기에서 하는 모든 행위는 정해진 트랜잭션의 연속으로 구분될 수 있다. 이 은행 예에서처럼 모든 애플리케이션은 입력을 받고 미리 정의된 작업 행위의 집합을 수행하는 트랜잭션의 연속으로 구성된다.

트랜잭션 스크립트 패턴은 너무 단순해서 많은 사람이 싫어한다. 그러나 나는 단순성이 단점이 아니라 좋은 특성이라고 생각한다. 복잡한 코드(예: 스파게티 코드)를 본다면 더 동감하게 될 것이다. 복잡한 작업을 단순하게 하는데 트랜잭션 스크립트는 아주 적당하다. 모든 업무 애플리케이션은 크기에 상관없이 단순한 것과 복잡한 것으로 분류되는 특징을 가진다. 사실상 대부분 업무 애플리케이션의 특징이 이 분류에 속한다.

단순함 때문에 트랜잭션 스크립트 패턴은 초보 개발자에게도 가르치기 쉽다. 이 패턴을 따르는 코드는 보통 이해하기 쉽다.

그러나 트랜잭션 스크립트 패턴을 많은 사람이 싫어하는 이유는 진짜 객체지향적이 아니기 때문이다. 즉, 상태와 관련된 행위의 집합을 묶지 않는다. 트랜잭션 스크립트 코드는 상태(즉, 필드)를 갖지 않는다. 입력은 주로 엔터티나 값 객체 형식으로 받아들이며, DAO 레이어 클래스를 사용하여 필요한 읽기 또는 쓰기를 수행한다. 객체지향적인 코드는 애플리케이션 데이터와 그것에 대한 행위를 같은 클래스 또는 클래스의 집합 안에 결합한다. 이러한 면에서 트랜잭션 스크립트는 절차적 프로그래밍으로의 회귀로 볼 수 있다.

트랜잭션 패턴을 구현하는 클래스는 카테고리 분류의 역할을 한다. 예를 들어 트랜잭션을 관리하는 트랜잭션 스크립트 모음을 `AccountScripts` 또는 `AccountManager`라고 할 수 있다. 이들 클래스는 상태를 갖지 않는다. 사실상 이들 클래스의 대부분 메서드는 `static`으로 선언되어 있을 수 있다.

트랜잭션 스크립트 패턴을 사용한 코드를 재사용할 수 있다. 대규모 업무 애플리케이션에서 트랜잭션은 다른 트랜잭션을 포함하는 복합 트랜잭션composite transaction일 것이다. 즉, 기존의 다른 트랜잭션을 활용하는 것이다. ATM 예로 다시 돌아가서 "거래 기록" 스크립트는 "예금" 트랜잭션 스크립트와 "인출" 트랜잭션 스크립트를 활용할 것이다.

복잡한 작업이 커다란 복잡한 일련의 트랜잭션 스크립트로 작성될 수 있지만, 이들 스크립트는 깨지기 쉬우며 유지하기 어렵다. 따라서 여러분은 단위 테스트 지원으로 이것을 완화해야 한다. 그러나 트랜잭션 스크립트 패턴을 반대하는 사람들은 그것이 한계가 있다고 지적한다. 맞다. 대규모 업무 애플리케이션이 너무 복잡한 기능을 가지고 있어서 트랜잭션 스크립트 패턴을 적용하기 어려운 경우도 있다. 이 경우에는 객체지향적인 접근 방법이 필요하다. 레이어 아키텍처의 장점은 트랜잭션 스크립트 코드와 객체지향적인 코드가 공존할 수 있다는 것이다. 즉, 좀 더 고급 패턴은 그것이 필요한 기능에 적용하고, 좀 더 단순한 기능에는 트랜잭션 스크립트를 자유롭게 적용할 수 있다. 어떤 기능이 트랜잭션 스크립트를 적용하기 복잡하고 어떤 기능에 좀 더 고급 구현 패턴이 필요한지에 대한 절대적인 기준은 없다.

업무 객체 구현 가이드라인

업무 로직 레이어에 있는 객체에 배포에 관련된 어떤 것도 넣지 않는다. 업무 객체는 어떤 컨텍스트(예: 웹 트랜잭션, 웹 서비스, 또는 배치 작업)에서든 변경하지 않고 재사용할 수 있어야 한다. 이것은 어떤 것보다도 빠르게 변화하는 배포나 프레젠테이션 레이어의 변경과 개발로부터 업무 로직을 분리시킨다.

업무 객체를 독립적으로 유지하기 위해서는 업무 객체가 프레젠테이션 티어 클래스를 참조하거나 그들이 호출되는 컨텍스트에 대한 어떤 가정(트랜잭션 관리를 위한 저장)을 하게 해서는 안 된다. 보통 트랜잭션 관리가 배포 시점에 발생하기 때문에 그들이 트랜잭션 컨텍스트 안에서 실행된다고 가정할 수 있다.

많은 Java EE 책에서는 업무 로직을 엔터프라이즈 빈에 포함시킬 것을 권한다. 나는 이 관점에 동의하지 않는다. 배포 기술은 시간이 지나면서 빠른 속도로 변하기 때문이다. 둘째로 엔터프라이즈 빈의 사용은 과거 몇 년 동안 사라졌으며, 많은 경우에 있어서 불필요한 복잡성으로 인식되고 있다.

모든 공개 메서드는 인수를 명확하게 검증해야 한다. 그렇지 않으면 `NullPointerException`과 같은 파생 예외를 생성할 위험성이 아주 크며, 이것은 디버깅하거나 고치는데 시간이 오래 걸린다. 만약 `IllegalArgumentException` 예외를 발생시켜 명확한 메시지를 제공한다면 배포 레이어나 다른 업무 객체 안에서 프로그래밍 에러는 단위 테스트 동안에 쉽게 잡을 수 있게 될 것이다.

항상 업무 로직 레이어와 데이터 액세스 객체 레이어 클래스의 인스턴스를 생성하는데 일관성 있는 전략을 사용한다. 공통 전략은 제어의 역흐름(IoC Inversion of Control) 소프트웨어나 팩토리Factory 패턴을 사용하여 자동 와이어링되도록 하는 것이다. 팩토리 패턴은 그림 11.2와 같이 클래스의 인스턴스를 생성하는 팩토리 클래스를 포함한다.

[그림 11.2] 레이어 아키텍처 안에서 업무 객체 사용

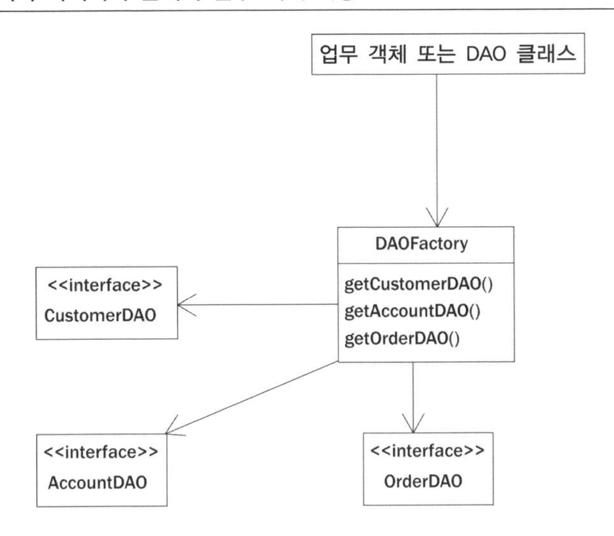

팩토리 패턴은 인스턴스 생성과 설정에 대한 책임을 통합하여 애플리케이션의 다른 부분이 이것에 대해 관심을 두지 않아도 되게 한다. 팩토리 패턴의 가장 단순한 경우는 new 연산자로 클래스의 인스턴스를 생성하는 것이다. 좀 더 복잡한 애플리케이션에서는 애플리케이션의 설정을 읽어서 어떤 구체적인 클래스의 인스턴스를 생성할 것인지를 결정할 필요가 있다.

Guice(http://code.google.com/p/google-guice/)나 Spring(http://www.springsource.org/)과 같은 IoC 소프트웨어 제품은 애플리케이션을 설정하여 특정한 애플리케이션 설치에 어떤 구체적인 클래스 구현이 사용되는지를 통제하는 방법을 제공한다. IoC 소프트웨어 제품은 애플리케이션 설정을 관리하는데 필요한 커스텀 코드의 양을 줄여준다. 또한, IoC 소프트웨어 제품은 단위 테스트 코드를 단순하게 하여 현재 테스트하지 않는 클래스를 쉽게 걸러 내준다. IoC 소프트웨어 제품과 팩토리 패턴을 결합해서 사용할 수 있다.

IoC 제품의 사용은 클래스 의존성을 분리하기 위해 인터페이스의 사용을 적극적으로 강화한다. 이것은 장단점이 있다. 의존성 분리는 클래스를 재사용할 수

있게 하지만, 개발 환경이 호출 계층 정보(즉, 구체 클래스의 메서드를 어떤 클래스가 호출하는지에 대한 정보)를 제공할 수 없게 한다. 이것은 개발자에게 아주 중요한 정보라서 조금도 희생되지 말아야 한다.

많은 사람이 IoC 소프트웨어 제품의 사용은 필수적이라고 간주하고 모든 프로젝트에 일관적으로 사용한다. 나는 이러한 견해에 동의하지 않는다. IoC 소프트웨어 제품은 대응되는 이점을 상쇄시킬 수 있는 복잡성이란 비용이 든다. 다른 구현 클래스를 사용할 것을 요구하는 설정 옵션이 있는 애플리케이션은 IoC 소프트웨어 제품을 사용할 때 이점을 가진다. 이것에 대한 예는 여러 데이터베이스 플랫폼을 지원하는 애플리케이션이 다른 DAO 구현 클래스가 필요한 경우다. 이와 유사하게 단위 테스트를 목적으로 데이터 액세스 객체 레이어나 업무 로직 레이어의 클래스를 걸러내야 하는 경우라면 IoC 소프트웨어 사용으로 이점을 얻을 수 있다. 고려해야 할 또 다른 사항은 IoC 설정에 버그가 있는 경우에 찾아서 고치기가 힘들다는 것이다. 어떤 전략을 사용하든 중요한 것은 애플리케이션 전반에 일관적으로 사용해야 한다는 것이다. 업무 로직 레이어 또는 데이터 액세스 객체 레이어에 대하여 여러 가지 방법을 사용한다면 개발자 사이에 혼란을 일으킬 것이고 불필요한 복잡성을 가져오게 된다.

업무 로직 레이어에는 상태 없는(stateless) 클래스를 도입하는 것이 추세다. 즉, 트랜잭션 스크립트 패턴을 사용하는 것이 추세라는 말이다. 웹 애플리케이션의 상태(즉, 현재 실행되고 있는 코드에 필요한 로컬 변수를 넘어 진행 중인 사용자의 작업에 대한 정보를 보유하는 것)는 엔터티나 값 객체 클래스 형식으로 세션에 보관하는 것이 적절하다. 업무 로직 레이어나 다른 레이어에 상태의 추가적인 복사본을 보관하는 것은 불필요한 복잡성을 일으킨다. 추가적인 복사본을 최신으로 유지하기 위해서는 별도의 코드가 필요하면 이것은 DRY 원칙을 위배하는 일이 되기 때문이다. 대신에 필요할 때 업무 로직 레이어에 정보를 전달하여 특정한 작업을 수행하는 것이 바람직하다.

업무 로직 레이어 클래스 예

코드 11.1은 업무 로직 레이어 클래스의 예제로부터 코드 일부분을 포함한다. 이 코드는 고객을 삭제하는 기능을 구현한다.

코드 11.1 업무 로직 레이어 클래스의 일부

```
public void delete(CustomerEntity customer)
       throws BusinessProcessingException {
   Validate.notNull(customer, “Null customer not allowed”);
   Validate.notNull(customer.getCustomerId(),
     “Null customer Id not allowed”);

   BusinessProcessingException busException =
     new BusinessProcessingException(
                  ″Customer cannot be deleted″);

   // Business level validation performed here.
   if (DAOFactory.getOrderDAO().findByCustomerId(
     customer.getCustomerId()).size() > 0) {
       busException.addContextValue(″deleteError″,
   “Customers with purchase orders can’t be deleted;″ +
        ″ they must be inactivated instead.″);
    }

    List<AccountEntity> accountList =
      DAOFactory.getAccountDAO().findByCustomerId(
        customer.getCustomerId());
    for (AccountEntity account: accountList) {
        if (account.isActive()) {
      busException.addContextValue(″deleteError″,
    “Customers with active accounts can’t be deleted;″ +
        ″ they must be inactivated instead.″);
      break;
       }
    }
```

```
    // throw Business Exception if any discovered.
    checkForBusinessException(busException);
    DAOFactory.getCustomerDAO().delete(
            customer.getCustomerId());

}
```

소스: src/j2ee/architect/handbook/chap11/Customer.java

이 예는 앞에서 설명한 모든 가이드라인을 따르고 있다. 실행 컨텍스트에 대해 어떠한 가정도 하지 않는다. 이 메서드는 상태가 없으며, 웹 트랜잭션과 웹 서비스, 배치 작업 등 어떤 컨텍스트로부터 실행될 수 있다.

이 메서드는 인수를 검증하여 만약 인수가 프로그램이 에러로 인하여 유효하지 않으면 체크되지 않는 예외unchecked exception를 던진다. 다음에는 이 고객이 업무 관점에서 실제로 삭제될 수 있는 것인지 검증한다. 이 예에서 업무 처리 예외는 호출자가 반드시 처리해야만 하는 체크 예외checked exception이다. 이 수준에서는 실행 컨텍스트에 상관없이 필요한 검증만 포함시킨다. 이것이 웹 트랜잭션에서 사용된다면 애플리케이션은 사용자에게 에러를 표시하여 해결할 수 있도록 한다. 만약 웹 서비스에서 사용된다면 이 에러는 호출 측에 응답으로 전달될 것이다.

이 클래스는 모든 데이터 액세스 클래스의 인스턴스 생성을 팩토리 클래스DAOFactory에 위임한다. 이 팩토리 클래스는 Ioc 기술을 사용하거나 다른 방법으로 요청된 데이터 액세스 클래스의 인스턴스를 생성할 수 있다. 데이터 액세스 객체 레이어를 구성하는데 사용되는 것은 이 업무 로직 레이어 메서드에 영향을 미치지 않으며 어떤 방식으로든 작동하는 방법에 영향을 주지 않는다.

Admin4J 업무 로직 레이어 예제

이전 장에서 Admin4J의 예외 요약 기능에 대한 클래스 다이어그램을 제시하였다. 그림 11.3에 그 다이어그램을 다시 제시한다. ExceptionTracker 클래스는 이들 기능을 제공하는 중심적인 업무 로직 레이어 클래스다. 업무 로직 레이어 코드의 또 다른 예로서 이 클래스를 살펴보자.

[그림 11.3] 레이어 아키텍처에서 업무 객체 사용

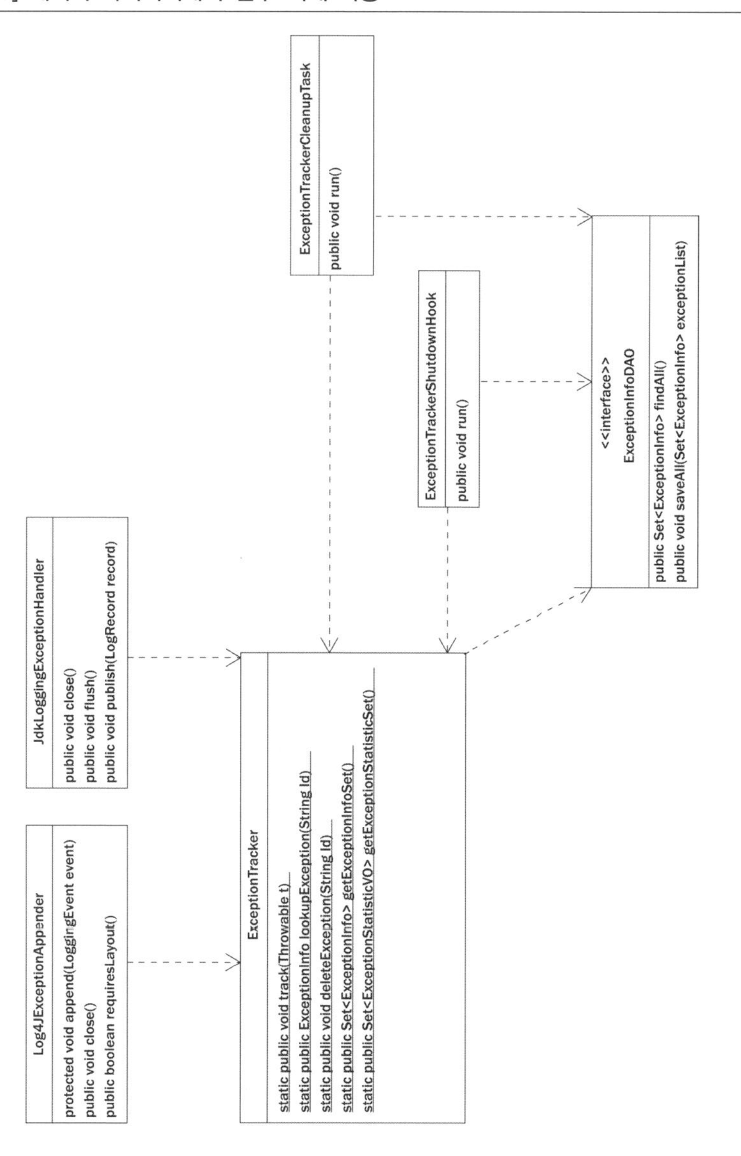

Admin4J에서의 첫 번째 예는 애플리케이션이 생성한 예외를 추적하는 업무 로직 레이어 메서드다. 이 메서드는 코드 11.2에서 볼 수 있다.

코드 11.2 Admin4J에서의 업무 로직 레이어 클래스 코드 일부분

```
public static void track(Throwable t) {
   Validate.notNull(t,
     "Null exception not allowed.");

   Throwable rootCause =
     ExceptionUtils.getRootCause(t);
   if (rootCause == null) {
       rootCause = t;
   }

   if (exemptedExceptionClassNames.containsKey(
     rootCause.getClass().getName()))
   {
       logger.debug(
     "Exception bypassed: {} - {}",
     rootCause.getClass().getName(),
     rootCause.getMessage());
       return;
   }

   ExceptionInfo eInfo =
     findExceptionInfo(rootCause);
   eInfo.setLastOccurrenceMessage(
     rootCause.getMessage());
   eInfo.postOccurance(
     System.identityHashCode(rootCause));

   logger.debug("Exception tracked: {} - {}",
     rootCause.getClass().getName(),
     rootCause.getMessage());
}
```

이 예제 코드는 이번 장에서 설명한 모든 가이드라인을 다루고 있다. 이 메서드는 인수를 검증한다. 이 메서드와 사실상 전체 클래스가 상태를 유지하지 않는다. 게다가 이 클래스에는 배포 특정한 사항은 없다.

이 메서드는 `Log4JExceptionAppender`와 `JdkLoggingExceptionHandler` 등 두 클래스에서 사용된다. 이들 클래스는 Log4J와 JDK 로깅으로부터 각각 로깅된 예외를 잡는다. 코드 11.3a는 Log4JExceptionAppender 클래스에서 사용 예를 보여준다. 이 예제는 우연히 루트 예외를 로깅하는 것을 피하기 위해 예외를 던지지 않도록 아주 주의한다. 이 경우에는 정상적이지만, 업무 로직 클래스를 사용하는 대부분의 프레젠테이션 레이어에 있어서는 정상이 아니다. 코드 11.3b는 JDK 로깅 예외 핸들러에 대한 유사한 예를 보여준다.

코드 11.3a Admin4J Log4J Appender로부터 업무 로직 레이어 클래스 사용 예

```
@Override
protected void append(LoggingEvent event) {
    /*
     * It's important that this logger not even throw a
     * RuntimeException. Throwing any exception will mask
     * the underlying error and do users a great
     * disservice by masking the root issue.
     * D. Ashmore -- Aug, 2010.
     */
    try {
        if (event != null
          && event.getThrowableInformation() != null
          && event.getThrowableInformation()
        .getThrowable() != null)
          {
        ExceptionTracker.track(
        event.getThrowableInformation()
         .getThrowable());
```

```
            }
    }
    catch (Throwable t) {
        if (logger != null) {
      logger.error(
        "Error tracking logged exception", t);
        }
        else t.printStackTrace();
    }
}
```

코드 11.3b Admin4J JDK 로깅 예외 핸들러로부터 업무 로직 레이어 클래스 사용 예

```
@Override
public void publish(LogRecord record) {
    /*
     * It's important that this logger not
     * even throw a RuntimeException. Throwing
     * any exception will mask the underlying
     * error and do users a great disservice
     * by masking the root issue.
     * D. Ashmore -- Aug, 2010.
     * /
    try {
        if (record != null
          && record.getThrown() != null) {
      ExceptionTracker.track(record.getThrown());
        }
    }
    catch (Throwable t) {
        logger.error("Error tracking logged exception"
        , t);
    }
}
```

추천 도서

- Alur, Deepak, John Crupi, and Dan Malks. 2003. *Core J2EE Patterns: Best Practices and Design Strategies*, 2nd ed. New York: Prentice Hall.
- Fowler, Martin. 2002. *Patterns of Enterprise Application Architecture*. read-ing, MA: Addison-Wesley.
- Gamma, Erich, richard Helm, ralph Johnson, and John Vlissides. 1995. *Design Patterns. Reading*, MA: Addison-Wesley.

배포 및 프레젠테이션 레이어 구현

Java EE 애플리케이션의 배포와 프레젠테이션 레이어는 사용자가 직접 사용한다.

프레젠테이션 레이어의 객체는 사용자가 물리적으로 보고 사용하는 페이지나 화면을 생성한다. 프레젠테이션에는 정적 콘텐츠, 동적 콘텐츠, 화면 이동 등 여러 가지가 있다. Java EE 애플리케이션에서 HTML은 정적인 콘텐츠를 제공하며, JSP와 서블릿이 결합되어 동적인 콘텐츠를 제공한다. 특별한 효과(예: 마우스가 올라감.)가 필요한 애플리케이션은 JavaScript가 정적 또는 동적으로 생성된 HTML과 함께 결합되어 사용될 수 있다. 사용자는 페이지에 있는 컨트롤(예: 단추)을 사용하여 페이지를 이동한다.

배포 레이어에 있는 객체(배포 래퍼)는 업무 로직 레이어를 다른 애플리케이션에 "출판"한다. 배포 레이어 구조물의 예로는 웹 서비스와 엔터프라이즈 빈이 포함된다. 나는 이 레이어를 "서비스" 레이어라고 부르고 싶지만, 이 레이어에 엔터프라이즈 빈이 포함되기 때문에 그렇게 부르는 것은 혼란을 가져다줄 수 있다. 배포 레이어는 다른 애플리케이션이 원격으로 호출할 수 있는 기능을 제공한다.

예를 들어 모바일 애플리케이션을 지원하기 위해 RESTful 웹 서비스를 출판하는 것이 보통이다. 이들 서비스는 배포 레이어의 일부가 되어야 한다.

웹 서비스와 엔터프라이즈 빈과 같은 배포 래퍼deployment wrapper는 의도적으로 간단하고 가볍게 유지해야 한다. 일반적인 Java 클래스보다는 개발하고 유지하기 어렵고 시간이 많이 들기 때문이다. 간단하고 가벼운 배포 래퍼는 버그가 없을 가능성이 많다.

그림 12.1은 프레젠테이션과 배포 레이어의 역할을 보여준다.

[그림 12.1] Java EE 애플리케이션의 프레젠테이션과 배포 레이어

엔터티 객체 레이어
값 객체 레이어
배포 레이어
웹 서비스 또는 EJB
프레젠테이션 레이어
서블릿, 컨트롤러, 관리 빈
HTML, JSP, 템플릿 마크업
업무 로직 레이어
데이터 액세스 객체 레이어
데이터베이스 DAO
XML 액세스 객체 (XAO)
파일 DAO
아키텍처 컴포넌트 레이어

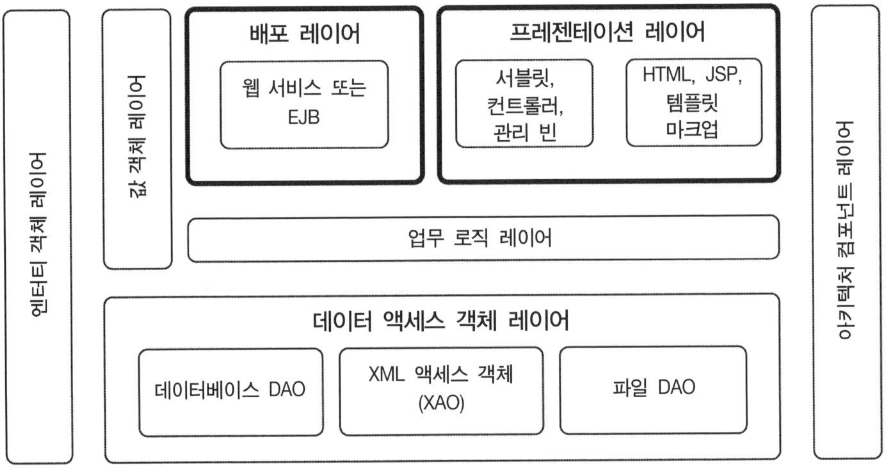

웹 애플리케이션 프레임워크 고려사항

대부분의 아키텍트는 웹 서비스와 사용자 인터페이스 개발을 지원하기 위하여 서드파티 프레임워크를 활용한다. 이들 프레임워크 없이는 이들 레이어 안에 있는 코드의 양과 복잡성이 아주 커지게 된다. 결과적으로 애플리케이션 아키텍트가 이들 소프트웨어 레이어에 관련되어 해야 할 가장 큰 역할은 어떤 프레임워크를 사용할 것인가를 결정하는 것이다.

어떤 조직에서는 이들 레이어를 위한 프레임워크를 기업 수준에서 선택한다. 이렇게 하면 좋은 이유가 있다. 대부분 프레임워크는 상당한 학습 곡선을 가진다. 같은 프레임워크를 조직 사이에 함께 활용하는 것은 이들 프레임워크를 배우는데 소용되는 시간을 최적화할 수 있다. 또한, 애플리케이션 사이의 개발자를 손쉽고 값싸게 이동시킬 수 있다. 게다가 사용하는 프레임워크를 통합함으로써 애플리케이션 사이에 공통 코드를 공유할 수 있으며 재사용성을 높일 수 있다.

어떤 조직에서는 개별적인 애플리케이션 팀이 선택할 수 있도록 한다. 이런 유형의 조직에서 애플리케이션 아키텍트는 어떤 프레임워크를 사용할 것인지 결정하게 한다. 많이 사용되는 프레젠테이션 프레임워크의 예로는 Spring MVC, Apache Struts(또는 Struts 2), Java Server faces, Google Web Toolkit, Freemarker, Apache Velocity 등이 포함된다. 많이 사용되는 웹 서비스 프레임워크에는 Apache Axis (2), Apache CXf, Glassfish Metro 등이 포함된다.

일단 사용할 프레임워크를 결정했다면 아키텍트는 사용 가이드를 제공한다. 이 가이드는 에러 처리, 트랜잭션 로깅, 설정, 빌드/배포 방법론과 같은 횡단 관심사를 해결해야 한다. 게다가 나는 일반적으로 작동하는 예제를 제공한다.

배포 및 프레젠테이션 레이어에 공통으로 고려해야 하는 여러 가지 사항이 있다. 가장 중요한 것 하나가 효율적으로 프레젠테이션 코드를 재사용하는 것이다. 모든 웹 사이트는 사이트 전체에 일관적으로 재사용할 수 있는 그래픽이 있다. 시각적인 “컴포넌트”를 재사용할 수 있으면 개발 시간은 크게 줄어든다. 웹 프레임워크를 선택한다는 것은 대체로 프레젠테이션 레이어에서 시각적인 컴포넌트를 생성하고 코드를 효율적으로 재사용하기 위한 전략을 마련했다는 의미가 된다. 웹 프레임워크를 선택하는 것은 13장 기술 제품 선택에서 예로 사용한 기술 제품을 선택하는 과정과 거의 같다. Spring MVC, Java Server Faces, Struts와 같은 특정 웹 프레임워크를 사용하는 코드를 작성하는 방법에 대한 것은 이 책의 범위를 넘는다.

보안 고려사항

또 다른 중요한 고려사항은 보안이다. 대부분 조직은 사용자를 정의하고 특정한 웹 애플리케이션에 대한 사용자 권한을 정의하고, 그들에게 보안 역할과 보안 그룹을 할당하는 과정과 함께 기업의 보안 아키텍처를 제공한다. 대부분 개발자는 사용자가 이미 인증되었으며, 호출되는 애플리케이션을 사용할 수 있는 권한을 가졌다고 가정할 수 있다. 개발자들은 Java EE 컨테이너가 자신에게 인증된 사용자의 신원과 그들에게 할당된 보안 역할을 제공할 것이라고 가정할 수 있다.

Java EE 컨테이너는 애플리케이션의 web.xml 설정 파일 안에 정의된 보안 제약사항을 강화할 것이다. 보안 제약사항은 보호되는 URL을 지정하고, 그들에게 접근이 허용된 역할을 지정한다. 예를 들어 애플리케이션의 모든 URL이 관리자 역할에 할당되어야 할 필요가 있다면 여러분은 애플리케이션의 web.xml 파일에 다음과 같이 보안 제약사항을 추가할 것이다.

```
<security-constraint>
  <display-name>Restrict to those with Manager authority.</
        display-name>
  <web-resource-collection>
   <web-resource-name>Protected Area</web-resource-name>
   <url-pattern>*.jsp</url-pattern>
   <url-pattern>*.html</url-pattern>
  </web-resource-collection>
  <auth-constraint>
   <role-name>Manager</role-name>
  </auth-constraint>
</security-constraint>
```

애플리케이션이 공개적으로 사용할 수 있는 URL을 가지고 있다면 보호되어야 하는 모든 URL은 공통적인 패턴을 갖도록 하여 보안 제약사항(예: /secure/*)에 지정될 수 있도록 하는 것이 일반적이다. 그러나 많은 애플리케이션은 단지 특정한 URL 패턴으로 보호하는 것 외에도 다른 추가적인 보안 요구사항을 가진다.

Java EE 컨테이너가 HttpServletRequest에서 로그인된 사용자의 신원이나 사용자 ID를 제공하겠지만, 애플리케이션에서는 사용자의 추가적인 정보(예: 이름, 전자우편 주소 등)를 필요로 하는 경우가 많다. 예를 들어 로그인된 사용자의 이름을 표시할 수 있으며, 사용자에게 전자우편을 보낼 수도 있다. 이와 함께 프레젠테이션 레이어가 아닌 다른 레이어에서도 이 정보가 필요할 수도 있다. 예를 들어 사용자의 행위에 감사 단서audit trail를 유지할 필요가 있는 업무 로직은 로그인된 사용자의 사용자 ID가 필요할 것이다.

현재 로그인된 사용자에 대한 정보는 대부분 애플리케이션에서 필요하기 때문에 나는 보통 애플리케이션 아키텍처 안에 UserContext를 포함시키고 서블릿 필터를 사용하여 그것을 꺼내온다. 이것은 10장에서 `TransactionContext`를 유지하기 위해 트랜잭션 관리 필터를 도입한 것과 유사하다. 로그인된 사용자에 대한 정보가 필요한 프레젠테이션 레이어에 있는 클래스는 다음과 같이 UserContext를 사용할 수 있다.

```
String userId = UserContext.getCurrent().getUser().getUserId();
```

코드 12.1에는 애플리케이션의 UserContext를 관리하는 필터의 예를 보여준다. 필요한 사용자 정보는 이 목적으로 생성된 값 객체 안에 포함되어 있다.

코드 12.1 UserContext 관리 필터 로직의 예

```
public void doFilter(ServletRequest request, ServletResponse
          response,
        FilterChain filterChain) throws IOException,
         ServletException {
    HttpServletRequest httpRequest = (HttpServletRequest)
        request;
    UserContext.UserVO currentUser =
(UserContext.UserVO)httpRequest.getSession().getAttribute(USER_
        VO_LABEL);
```

```
    if (currentUser != null) {
      new UserContext(currentUser);
    }
    else if (httpRequest.getUserPrincipal() != null
&& httpRequest.getUserPrincipal().getName() != null) {
      currentUser = new UserContext.UserVO();
      // TODO Put logic in to lookup user information,
       populate currentUser

      new UserContext(currentUser);
      httpRequest.getSession().setAttribute(USER_VO_LABEL,
       currentUser);
        }
    else {UserContext.clear();}

    try {filterChain.doFilter(request, response);}
    finally {UserContext.clear();}

}
```

소스: /src/j2ee/architect/handbook/chap12/UserContextManagementfilter.java

애플리케이션이 다른 보안 역할을 갖는 사용자에게 다른 선택사항을 제시하는 로직을 가진다면 테스트하기 위해 다른 사용자를 에뮬레이션할 수 있어야 한다. 하나의 예로 직원은 사용할 수 없는 관리자에게는 추가적인 메뉴 옵션을 표시한다고 하자. 우리는 UserContext를 다른 사용자를 에뮬레이션하는 것을 처리할 수 있도록 확장할 수 있다. 테스트를 목적으로 하는 경우에는 에뮬레이션 사용자 값 객체를 테스트하고자 하는 값에 설정하기만 하면 된다.

코드 12.2 사용자 에뮬레이션 로직 예

```
public class UserContext {
public UserVO getUser() {
     if (this.emulatedUser != null) {
```

```
            return this.emulatedUser;
        }
        return this.currentUser;
    }
    public void setEmulatedUser(UserVO emulatedUser) {
        this.emulatedUser = emulatedUser;
    }
}
```

소스: /src/j2ee/architect/handbook/common/user/UserContext.java

에러 처리 고려사항

프레젠테이션 레이어 구현에 항상 등장하는 하나의 주제는 사용자가 수정할 수 있는 예외에 대한 에러 처리다. 예를 들어 많은 사이트는 여러분을 사용자로 등록할 수 있도록 한다. 이들 대부분 사이트는 사용자 이름을 선택하는데 요구사항이 있다. 예를 들어 많은 사이트가 8자 이상의 문자를 요구한다. 사용자가 너무 짧은 사용자 이름을 입력하면 사용자는 입력 사항을 수정하고 등록을 다시 제출한다. 우리는 이와 같이 수정할 수 있는 에러에 런타임 예외를 던지지 않는다. 그 대신에 사용자에게 어떤 필드가 틀렸는지, 그리고 정확한 입력 요구사항을 알려주는 메시지를 표시한다.

대부분의 웹 애플리케이션은 수정할 수 있는 에러와 사용자 메시지를 처리하는 전략을 제공한다. 그러나 사용자 메시지에 대한 일반적인 전략은 보기에 썩 좋지 않은 경우가 많다. 게다가 업무 로직 레이어가 수정할 수 있는 에러를 알아야 하는 경우도 있다. 사용되는 특정한 웹 프레임워크를 업무 로직 레이어가 알게 하여 프레임워크 전략이 사용될 수 있도록 하는 것은 바람직하지 않다. 관심의 분리 원칙을 위배하기 때문이다. 업무 로직 레이어는 실행 컨텍스트를 알지 말아야 한다. 하나의 전략은 에러와 적절한 메시지에 관점 정보를 포함하는 커스텀 체크 예외(예: CorrectionRequiredException)를 생성하고, 프레젠테이션 레이어는 예외를 잡아서 적절하게 사용자에게 메시지를 표시할 수 있도록 하는 것이다. 이 전략은 조금 더 작업하게 되지만, 수정할 수 있는 에러를 처리하는데 유연성을 제공한다.

모바일 기기 지원

요즘에 모바일 기기 지원이 Java EE 애플리케이션의 가장 많은 요구사항이기 때문에 집중할 만한 가치가 있다. 모바일 기기는 크게 두 가지 방식으로 지원된다. 모바일 브라우저를 통해서 더 작은 화면에 표시하도록 특별히 디자인된 웹 사이트로서 지원할 수 있으며, 모바일 기기 애플리케이션을 지원하는 서비스의 집합으로서 지원할 수 있다. 더 작은 화면을 지원하는 Java EE 사이트를 제공하기는 아주 쉽다. 그냥 프레젠테이션 레이어에만 영향을 미치기 때문이다. 간단한 사이트라면 디스플레이 타입에 따라 다른 CSS 스타일 시트를 사용함으로써 같은 마크업으로 큰 화면과 작은 화면을 동시에 지원할 수 있다. 이것은 media 애트리뷰트를 사용하여 수행할 수 있다. 간단한 예는 다음과 같다.

```
<link rel="stylesheet" type="text/css" href="stylesheet.css"
         media="screen" />
<link  rel="stylesheet"  type="text/css"  href="stylesheet-small.
css" media="handheld" />
```

또한, media 애트리뷰트는 screen과 handheld가 아닌 디스플레이어의 가로와 세로 크기 및 좀 더 다양한 특징에 따라서 스타일 시트를 할당하는 애트리뷰트를 지원한다.

실제로는 이 기법은 단순한 사이트에서만 사용할 수 있다. 여러 컨트롤이 포함된 복잡한 사이트라면 더 적은 디바이스를 위해 사이트를 가볍게 가져가는 경우(더 적은 콘텐츠와 특징을 제공함.)가 많다. 이들 사이트에서는 2개 이상의 마크업이 있을 수 있다. 그리고 기기가 갖는 화면 크기에 맞도록 디스플레이하는 마크업으로 이동된다. 이것을 수행하기 위한 여러 가지 방법이 있다. 가장 단순한 방법은 JavaScript를 사용하는 것이다.

```
<script type="text/javascript">
 <!--
  if (screen.width <= 700) {
  window.location = "http://mobile.mysite.com"
  }
 //-->
</script>
```

또 다른 선택은 모바일 기기 애플리케이션이 데이터를 조회하고 트랜잭션을 포스팅할 수 있도록 웹 서비스를 제공하는 것이다. 이 방법은 좀 더 강력한 최종 사용자 경험을 제공하고자 할 때 사용될 수 있다. 그러나 더 많은 작업이 필요하면 돈이 많이 든다. 모바일 애플리케이션을 지원하는 Java EE 사이트를 제공하는 것은 배포 레이어에 영향을 미친다. 대부분 모바일 개발자는 RESTful 웹 서비스를 사용한다. SOAP보다는 사용하기 쉽기 때문이다. 게다가 대부분 모바일 개발자는 XML보다 더 사용하기 쉬운 JSON 형식의 데이터를 사용한다.

JSON 데이터를 읽고 형식화하는 것을 지원하는 여러 가지 제품이 있다. 이 제품 선택은 다른 제품 선택과 마찬가지로 취급되어야 한다. 나는 다음 장에서 기술 제품을 선택하는 가이드를 제공할 것이다. 이 영역에서 2개의 유명한 오픈 소스 제품은 Jackson (http://jackson.codehaus.org/)과 GSON (https://code.google.com/p/google-gson/)이다. 마찬가지로 RESTful 웹 서비스를 지원하는 여러 가지 제품이 있다. 가장 유명한 2개의 오픈 소스 제품은 Apache CXf (http://cxf.apache.org/)와 restlet (http://restlet.org/)이다.

모바일 애플리케이션이 사용자 인증을 요구하는 것은 흔한 일이다. 모바일 애플리케이션이 인증을 관리하는 방법은 보안 제품 선택에 달려 있다. 모바일 애플리케이션이 보안 토큰을 쿠키에 유지하여 서버가 신원 정보를 가져오거나 제공할 수 있게 하는 것이 일반적이다. 이것과는 상관없이 모바일 기기와의 모든 커뮤니케이션은 적어도 암호화https해야 한다.

구현 가이드라인

모든 웹 서비스, EJB 또는 프레젠테이션 레이어 클래스를 가볍게(thin) 유지한다. 이들 클래스를 테스트하기 위해서는 컨테이너가 필요하다. 이들 클래스를 테스트할 환경이 일반적으로 가능하고 이들 클래스에 대한 단위 테스트도 작성할 수 있지만, 이들 클래스의 배포를 변경하는 것은 보통 좀 더 시간이 많이 소요된다. 개발 시간을 최적화하기 원한다면 이 수준에서 수행되는 작업을 지역적으로 디버깅할 수 있고 컨테이너 서비스가 필요하지 않은 클래스를 위임하는 것이 바람직하다.

HTML 마크업(예: JSP 페이지) 포함 로직을 가볍게(thin) 유지한다. 태그 라이브러리, EL 표현식, 등 다른 기능이 HTML 마크업 안에 복잡한 로직을 포함시킬 수 있게 하지만, 이들 페이지를 테스트하는 단위 테스트를 작성하는 것은 어렵고 시간이 많이 걸린다. 단위 테스트 수가 증가된 마크업은 클래스보다도 유지·보수 비용을 증가시킨다. 물론 이것을 많은 애플리케이션에서 피할 수 있는 것은 아니다. 복잡한 로직을 좀 더 쉽게 테스트할 수 있는 클래스로 위임시킬 수 있다면 그렇게 하는 것이 훨씬 바람직하다.

일반적인 실수

프레젠테이션 레이어 또는 배포 레이어 클래스에 업무 로직을 포함시킨다. 업무 로직은 JSP와 서블릿을 유지·보수하기 더 복잡하고 어렵게 한다. 게다가 이 로직은 다른 컨텍스트에서는 쉽게 재사용될 수 없다. 결과적으로 이 레이어에 포함된 업무 로직은 복사될 가능성이 더 많으며, DRYDon't Repeat Yourself 원칙을 위반하는 일이 된다.

템플릿 기술을 활용하지 않는다. 대부분의 프레젠테이션 제품은 템플릿 기능을 제공하고 있어서 HTML 마크업을 쉽게 재사용할 수 있게 하며 DRY 원칙을 위배하지 않게 한다. 이것은 프레젠테이션을 장황하지 않게 하며 더 쉽게 유지·보수할 수 있도록 한다. 예를 들어 JSF 애플리케이션을 구현할 때 Facelet의 템플릿 기능(JSF 2.0 명세에 포함됨)을 사용하지 않을 수 없다. 또 다른 유명한 프레젠테이션 제품인 Struts도 템플릿 기능을 제공한다. 템플릿 기술을 활용하지 않으면 HTML 마크업 부분을 반복적으로 작성할 수밖에 없다.

기술 제품 선택

보통 아키텍트가 기술 제품을 선택하는 과정을 가이드하게 된다. 때로 선택된 제품은 최종 사용자가 직접 사용하는 것이기도 하며, 개발 시간과 리소스를 지원하기 위해 애플리케이션에 포함되는 라이브러리일 수도 있다. 그러나 대부분 많은 조직에서 기술을 선택하는데 있어서 구조적 또는 조직적인 접근 방법을 사용하지 않는다. 이번 장에서는 기술 제품을 선택하는데 사용할 수 있는 전략을 제시할 것이다. 많은 웹 프레임워크 중에 어느 것을 선택할 것인가 하는 것이 중요하므로 이것을 예로 사용하기로 하겠다.

웹 프레임워크의 선택은 Java EE 애플리케이션에서 가장 중요한 제품 선택 사항 중 하나다. 프레임워크 선택은 쉽게 결정할 수 있는 사항이 아니며, 선택에 따라 개발과 유지·보수비용에 많은 영향을 미친다. 일반적으로 이들 결정과 제품 선택이 중요하기 때문에 결정하는 방법에 대한 전략을 상세히 설명하는데 시간을 할애하기로 한다.

제품 선택 기준

웹 서비스나 웹 프레젠테이션 프레임워크와 관련되어 선택할 수 있는 많은 제품이 있다. 우리는 이들 제품을 평가하는 방법이 필요하며, 필요한 시점에 그들을 평가하여 선택할 수 있어야 한다. 이들 프레임워크를 평가하는 필수적인 "특성"은 결정 기준이 된다.

공통 결정 기준은 다음과 같다.

- 목적 적합성
- 사용 용이성
- 시장 점유율
- 전환 비용
- 예상 비용 절감(커스텀 솔루션 대비)
- 커뮤니티 활동 수준
- 성능
- 의존성 요구사항
- 라이센스

이들 모든 기준의 가중치가 동일하지는 않다. 어떤 것은 다른 것보다 더 중요할 수 있다. 나는 이들 각각의 기준을 상, 중, 하로 가중치를 부여한다. 또한, 각 제품 선택은 기준에 따라 1에서부터 최고 점수인 10까지 점수를 부여한다.

목적 적합성. 제품이 여러분이 의도한 목적에 사용되도록 설계된 것인가? 유사한 목적으로 다른 사람이 사용하고 있는가? 이 기준은 "시대의 흐름을 따르라!" 라는 원칙을 지원한다. 제품이 설계된 대로 사용함으로써 애플리케이션이 미래 제품 향상으로부터 이점을 얻을 가능성이 높아진다. 예를 들어 관계형 데이터베이스 제품은 제3정규화에 최적화되어 있다. 관계형 데이터베이스 초기에는 조인의 성능이 자주 문제가 되었다. 그러나 시간이 지나가면서 관계형 데이터베이스 이론이 정규화된 설계를 권장하기 때문에 데이터베이스 제품은 이들 성능 문제를 해결하였다. 정규화된 설계를 사용하는 사용자는 이들 기능 향상으로 대부분 혜택을 보았다.

이 기준은 특정한 기능 목록으로 표현되는 경우가 많다. 예를 들어 CMSContent Management System를 선택할 때 "목적 적합성" 기준에는 맞춤법 검사, 감사/변경 이력, WYSIWIG 편집 기능 등이 포함된다. 이러한 기능 목록은 제품을 사용하는 목적과 일치하는지를 결정하는데 도움이 된다.

웹 프레젠테이션 프레임워크를 사용하는 예로, 업무 목적이 프레젠테이션 설계는 HTML을 잘 아는 전문가(일반적으로 비용이 적게 들며 지원자가 많음.)에게 맡기는 것이라고 하자. 이 목적이라면 HTML 기술을 활용하는 어떤 프레젠테이션 제품이라도 이점을 제공할 수 있다. 따라서 Java 구현 기술에 많이 의존해야 하는 Apache의 Wicket(http://wicket.apache.org/)을 선택하는 것은 업무 목적에 적합하지 않다.

또한, 여러분은 다른 사람의 경험을 자산화할 좋은 기회를 갖기도 한다. 종종 문제 – 그리고 해결 방안 – 들이 인터넷상의 블로그에 보고된다. 제품의 설계 목적에 맞도록 사용한 경우라면 여러분이 부딪힌 문제가 이전에 보고되었고 해결된 경우일 가능성이 커진다.

사용 용이성. 사용하기 쉬운 제품을 선택하는 것은 교육 비용을 효과적으로 하며, 개발과 유지·보수 시간을 줄여준다. 그리고 잠재적으로 문제가 보고되고 수정하는데 걸리는 시간을 줄일 수 있다. 또한, 사용 용이성은 그 제품을 많은 개발자가 사용하게 하며 관리 유연성을 제공한다.

예를 들어 상세한 HTML 페이지 설계를 받은 개발팀에게는 JSP, Freemarker, Velocity, Java Server Faces와 같은 HTML 템플릿에 의존하는 웹 프레젠테이션 프레임워크가 전적으로 Java 코드로만 구성된 Wicket보다는 사용하기 더 쉬울 것이다.

시장 점유율. 많이 사용되는 제품을 선택하면 해당 제품에 대한 경험이 있는 개발자를 구하기가 더 쉬워진다. 또한, 개발할 때 발견된 문제를 해결하는 방안이 인터넷에 포스팅되어 있을 가능성이 증가한다. 시장 점유율이 낮은 제품은 포기할 위험성이 있어서 결과적으로 더는 기능이 향상되지 않을 수도 있다. 따라서 제품이 오픈 소스라면 내부적으로 향상시킬 수도 있지만, 그와 같은 프로젝트에 투자할 조직은 드물다. 이 경우에는 제품을 바꾸는 것이 더 현명하다.

시장 점유율 수치를 구하는 것은 어렵다. 나는 검색 엔진 키워드 검색 데이터와 구인 구직 데이터에서 시장 점유율을 발견하였다. 검색 엔진 키워드 검색 데이터는 Google Trends (http://www.google.com/trends/explore)에서 구할 수 있다. 구인 구직 데이터는 www.indeed.com 직업 트랜드 (http://www.indeed.com/jobtrends)에서 구할 수 있다. 하나의 예로 그림 13.1에서 제시된 여러 웹 프레젠테이션 프레임워크의 인기도를 살펴보자.

[그림 13.1] 웹 프레젠테이션 프레임워크에 대한 검색 엔진 키워드 트랜드 데이터

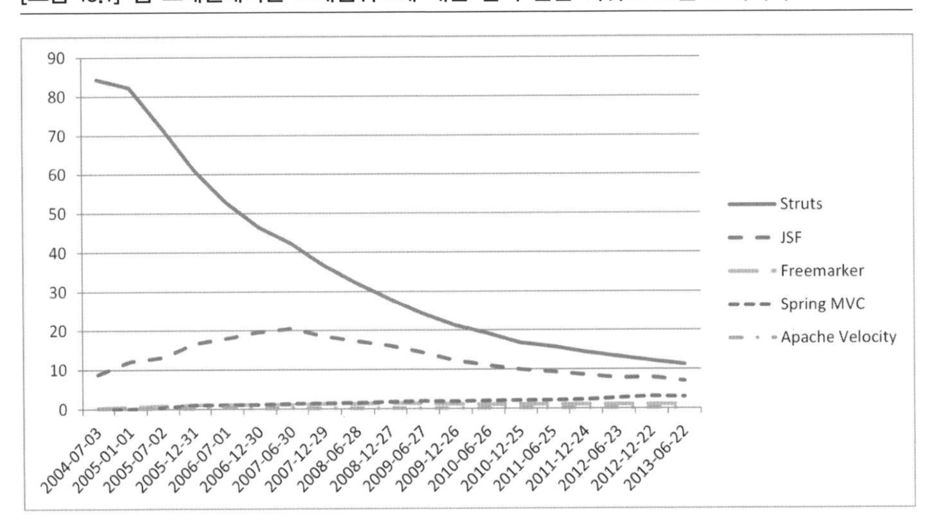

출처: 2013년 11월 17일 자 구글 트랜드

여러분이 예상하는 것처럼 Apache Struts가 가장 인기가 있고, 그다음에 JSFJava Server Faces와 Spring MVC가 따라가고 있다. 구인 구직 데이터는 라이센스 문제로 여기에 제시할 수는 없지만, Spring MVC가 2위이고 JSF가 3위인 결과를 보여준다. 키워드 검색 데이터와 구인 구직 데이터가 제공하는 트랜드 사이에 차이점이 있을 수 있기 때문에 여러분은 어느 결과가 더 밀접하게 시장 점유율을 표현하고 있는지 판단해야 한다. 그 밖의 다른 웹 프레젠테이션 프레임워크는 아주 작은 시장을 점유하고 있어서 3개만 비교하였다.

나의 목적은 Struts와 Spring MVC 또는 JSF를 선전하려는 것이 아니다. 특정한 프레임워크나 제품의 시장 점유율을 추정하는 방법을 보여주려는 것이다. 그리고 이 정보가 결정하는데 중요한 요인이 되어야 한다. 여기에 없는 웹 프레젠테이션 프레임워크를 사용한다면 해당 프레임워크를 포함하여 여러분 스스로 비교할 수 있어야 한다.

다른 예로 Java EE 애플리케이션에서 많이 사용되는 웹 서비스 프레임워크에 대하여 유사한 비교를 수행하였다. 그 결과는 13.2에 있다.

[그림 13.2] 웹 서비스 프레임워크에 대한 검색 엔진 키워드 트랜드 데이터

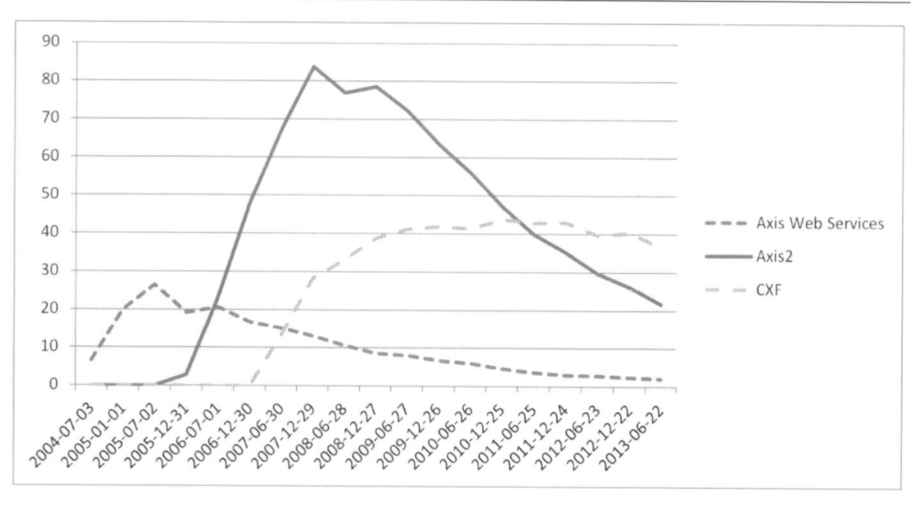

놀랄 만한 것은 아직도 Apache Axis 2가 선두 그룹에 있다. 이 제품이 Axis 2로 다시 작성되어 릴리즈가 되었는데도 말이다. Axis는 2006년에 마지막으로 릴리즈 되었다. 그리고 모든 개발 노력은 Axis 2로 넘어갔다. 다른 Apache 제품인 CXF가 선두 주자다. 이 정보는 웹 서비스 프레임워크를 결정하는 요인이 되어야 한다.

전환 비용. 오늘 어떤 제품을 선택하든 여러분의 요구사항이 변하거나 여러분이 선택한 제품이 미래에 시장가치가 떨어질 수도, 없어질 수도 있을 가능성은 언제든 있다. 이 경우 해당 제품을 사용하는 어떤 애플리케이션이든 경쟁 제품을 사용하도록 변경되어야 할 필요가 있다. 이것 때문에 경쟁자를 사용하도록 쉽게 전환될 수 있는 제품이 그렇지 않은 제품보다 더 높은 등급을 받아야만 한다.

전환 비용에 대한 객관적인 평가 방법은 없다. 나는 제품 문서를 간단하게 살펴보고 상, 중, 하로 등급을 부여한다. 웹 서비스 프레임워크와 웹 프레젠테이션 프레임워크의 경우 모든 제품의 전환 비용은 상이기 때문에, 웹 프레젠테이션이나 웹 서비스 프레임워크에는 이 요인을 고려할 필요가 없다. 이들 제품에 대한 변별력이 없어서 그다지 중요하지 않기 때문이다. 그러나 다른 제품 유형에는 변별력이 있기 때문에 반드시 고려해야만 한다.

예상 비용 절감(커스텀 솔루션 대비). 커스텀 솔루션은 항상 선택적이며 항상 매력적인 것은 아니다. 하나의 제품을 선택할 때 예상되는 절감치를 추정하기 위해서는 비교할 수 있는 기반이 필요하다. 즉, 제품 1이 제품 2보다 200 작업시간을 절감시켜주기 때문에 선택한다. 그러나 이러한 추정치를 제공하기 위해서는 비교할 제품이 필요하다. 나는 보통 비교 제품으로 커스텀 솔루션을 선택한다.

그렇다고 해서 가령 웹 서비스를 출판하는데 커스텀 솔루션이 Apache Axis 2 제품에 있는 모든 기능을 가져야 한다는 것은 아니다. 여러분의 프로젝트에 필요한 기능만 출판하기에 충분한 출판 방법을 생성하는 것을 의미한다.

고려하고 있는 모든 제품에 대하여 같은 비교 기반 제품(예: 커스텀 솔루션)을 선택했다면, 다음에는 예상되는 절감치를 비교할 수 있어야 한다. 가장 많이 절감할 수 있는 제품은 최상의 등급을 부여하고, 가장 적게 절감할 수 있는 제품은 최하의 등급을 부여한다.

하나의 예로 최근에 우리는 SSO[Single Sign On] 제품을 구현해야 할 필요가 있었다. 평가 과정 동안에 우리는 SSO 솔루션을 커스텀 빌드하기 위해 개발하는데 약 1,200시간이 걸린다고 추정하였다. 그리고 각 오픈 소스 제품 후보에 대하여 유사하게 구현 비용을 추정하였다. 그리고 결국, JOSSO(www.josso.org)를 선택하였는데, 그 이유는 약간의 커스터마이징과 엔터프라이즈 기반으로 구현하는데 약 200시간의 비용이 들기 때문이었다.

커뮤니티 활동 수준. 선택 제품이 오픈 소스라면 활동적으로 유지하고 있는 제품을 선택하는 것이 그렇지 않은 제품을 선택하는 것보다 덜 위험하다. 사장될 제품을 선택하는 것은 유지되지 않는 프로젝트보다 더 위험하다. 게다가 제품을 사용하다가 부딪치게 되는 버그가 고쳐지거나 제품의 기능이 향상되기를 바랄 수도 없다.

커뮤니티 활동을 측정하는 가장 쉬운 방법의 하나는 최근 3년간 매년 릴리즈한 평균 숫자를 구하는 것이다. 이 정보는 대부분의 오픈 소스 프로젝트에 적용할 수 있다. 또 다른 방법은 최근 3년간 릴리즈 사이의 평균 시간을 측정하는 것이다. 년이란 시간을 선택한 것은 임의적이다. 중요한 것은 각 제품을 동일하게 측정해야 한다는 것이다.

만약 한 프로젝트가 몇 개의 기능만 빠르게 릴리즈함으로써 통계를 비틀어놓는다고 생각되면 같은 기간에 이들 릴리즈에서 문제와 향상 기능 수를 측정할 수 있다. 그러나 이들 정보를 수집하는 데는 노력이 필요하다. 게다가 핵심을 놓칠 수 있다.

중요한 것은 별로 활동하지 않거나 아주 활동하지 않아서 등급이 낮은 프로젝트를 찾아내는 것이다. 예로서 Apache Axis 2 웹 서비스 제품은 최근 3년간 9번 릴리즈하였다. Apache CXF 웹 서비스 제품은 최근 3년간 13번 릴리즈하였다.

이런 통계를 볼 때 두 프로젝트가 아주 활발하게 유지되는 것이 명확하다. 나는 이들에게 릴리즈 수에는 약간의 차이가 있지만, 동일한 커뮤니티 활동 수준 등급을 부여하였다.

성능. 성능은 아주 중요한 고려대상이다. 그러나 여러분이 이들 제품에 대하여 구축 및 실행 성능을 비교하기 위해 애쓸 필요는 없다. 주류 프레임워크와 제품에 대하여 출판된 성능 비교를 구할 수 있다. 이들 비교가 이전 버전이라고 할지라도 여러분 스스로 성능 벤치마크를 구축하고 실행하는데 걸리는 시간과 노력이 이들 결과를 구하는 노력보다 더 큰 가치가 있지는 않다.

예를 들어 Axis 2와 CXF 웹 서비스 성능 벤치마크에 대한 4개의 조사에서 두 제품이 서로 다른 데이터 바인딩 전략을 사용함으로써 약간의 차이는 있지만, 이들 두 제품의 성능이 쓸 만하다는 평가를 한 것을 발견하였다. 여러분이 이 책을 읽을 시점에는 너무 오래되었을 것이기에 이들 소스를 제시하지는 않겠다. 요점은 큰 노력을 들이지 않고도 제품 사이에 성능 비교에 관한 정보를 수집하는 것이 가능하다는 것이다.

의존성 요구사항. 의존성 요구사항이 적으면 적을수록 라이브러리 버전이 충돌할 가능성은 작아진다. 하나의 제품이 x 버전의 라이브러리가 필요하지만, 다른 제품은 y 버전을 요구할 때 라이브러리 버전 충돌이 발생한다. 예를 들어서 한 제품이 Apache Commons Logging V1.0을 요구하지만, 다른 제품이 V1.1을 요구한다고 하자. 이들 둘 사이의 API는 달라서 두 제품 중 하나는 실행 중에 "메서드를 발견할 수 없습니다."라는 런타임 에러가 발생할 가능성이 있다.

JarAnalyzer(http://www.kirkk.com/main/Main/JarAnalyzer)라고 하는 오픈 소스 제품은 jar 파일의 의존성에 대해 분석해준다. 그러나 이 분석이 앞에서 설명한 것과 같은 런타임 링크 이슈를 일으킬 수 있는 메서드 시그너처 이슈까지 말해주는 것은 아니다.

웹 서비스와 웹 프레젠테이션 프레임워크 대부분은 상당한 의존성을 가지고 있다. 내가 알고 있는 유일한 예외는 freemarker (http://freemarker.sourceforge.net/) 템플릿 엔진으로, JSP 대신에 동적인 HTML 생성할 때 사용되는 프레임워크다. 그렇다고 하더라도 Freemarker는 웹 프레젠테이션 프레임워크로서 다른 한계를 가지고 있으며, 다른 결정 기준을 함께 고려할 때 최선의 선택이 아닐 수도 있다.

라이센스. 대부분 조직은 어떤 오픈 소스 라이센스 유형을 수용할 것인지에 대한 가이드라인이 있다. 특별히 오픈 소스 라이센스에 제약을 두고 제품으로서 판매되는 소프트웨어인 경우에 그렇다. 대부분 조직은 자신들이 수용할 오픈 소스 라이센스의 표준 목록이 있으며, 필요할 때 새로운 라이센스를 평가하는 프로세스도 가지고 있다.

제품 결정

특정한 제품에 대하여 조사할 때 대개는 여러 사람이 관련된다. 전형적으로 이러한 종류의 결정을 조율하는 사람은 애플리케이션 아키텍트이다. 첫 번째 미팅에서 앞에서 설명한 개념에 따라 패턴화된 특징과 결정 기준을 제시하고, 이들 제품을 판단하게 될 기준에 대한 일반적인 동의를 구한다. 추가로 기준이 제안되면 이 미팅 후에 논의할 수 있으며, 그것으로 충분하다.

추가적으로 고려해야 하는 제품 목록을 제시하고 그 목록에 대하여 일반적인 동의를 구한다. 이 단계에서 여러분의 프로젝트에 대한 업무 요구사항을 만족시킬 가능성이 있는 제품이 뒤늦게 나타났다면 그 제품도 목록에 추가시켜야 한다. 만약 다른 기능이 식별되고 측정되었다고 해서 선택 목록에서 그것을 없애는 것은 좋지 않다. 여러분은 일방적으로 누군가의 제품 제안을 미리 제거함으로써 선택 과정을 경쟁하는 것처럼 하기를 원하지 않을 것이다.

다음 논의 주제는 각 기준에 부여되어야 하는 가중치다. 앞에서 설명한 바와 같이 어떤 기준은 다른 기준보다 덜 중요할 수 있다. 예를 들어 대부분 제품 선택에서 목적 적합성은 의존성 요구사항보다 훨씬 더 중요하다.

많은 개발자는 프레임워크를 선택할 때 성능의 중요성을 너무 높게 평가한다. 대부분 조직에서 성능에서의 약간의 차이가 그렇게 중요한 것은 아니다. 하나의 웹 서비스 프레임워크가 다른 것보다 약간 우위를 가졌다고 해서 성능이 가장 좋은 제품을 선택해야 하는 것을 의미하는 것은 아니다. 다른 기준도 고려되어야 한다.

예를 들어서 나는 고객이 사용할 CMSContent Management System 제품을 평가하는 프로세스에 참여한 적이 있다. 2010년 여름의 일이다. 여러분은 이 고객이 이미 이 제품을 사용하고 있고 상당한 한계성을 가지고 있다는 것에 주목해야 한다. 이 조사를 수행하는 사람들과의 첫 번째 미팅에서 우리는 평가할 초기 제품 목록과 평가할 기능과 특징 목록, 그리고 각 특징과 특징에 부여할 가정치를 결정했다. 이 목록에는 현재 사용되고 있는 CMS 제품도 현 상태가 항상 옵션이기 때문에 포함되었다.

소프트웨어 구입에 필요한 예산이 없기 때문에 프로젝트 범위는 관리자에 의해 오픈 소스 제품으로 제한되었다. 게다가 관리자는 평가를 위한 인원과 시간을 제한하였다. 이러한 가이드라인을 반영하여 평가에 포함되는 제품 목록은 그룹의 의견이 반영되어 표 13.1과 같이 결정되었다.

[표 13.1] CM 제품 선택에 포함된 제품

제품	버전
OpenCms	7.5
Drupal	6.17
Joomla	1.5.318
WordPress	2.9.2
Alfresco	3.3
DotNetNuke	5.4.2
Type3	4.3

평가되는 제품 버전은 평가가 시작되는 시점에 안정적인 릴리즈 버전이었다. 고려할 수 있는 많은 제품이 있었지만, CMS 영역에 있는 모든 제품을 포함하는 것은 제한된 인원과 시간에 비하여 너무 노력이 많이 드는 것이었다. 그러므로 팀원의 의견을 반영하여 목록을 축소하였다.

이와 함께 제품 기능과 특징 목록도 결정되었으며, 이들 특징에 초기 가중치도 부여하였다. 표 13.2는 이들 기능과 가중치 목록을 보여준다. 이와 함께 각 개별적인 기능 목록이 지원하는 결정 기준 유형도 제시하였다.

[표 13.2] CMS 제품 선택 시 평가되는 기능

결정 기준 유형	특징(1-10)	우선순위 (상/중/하)
의존성 요구사항	싱글 사인온 호환성	상
의존성 요구사항	지원되는 데이터베이스	중
의존성 요구사항	지원되는 플랫폼	중
사용 용이성	콘텐츠 구조 지원	상
사용 용이성	URL 지원	하
사용 용이성	이미지 크기 조정 지원	하
사용 용이성	매크로 언어	중
사용 용이성	메뉴 지원	상
사용 용이성	사이트 맵 지원	중
사용 용이성	맞춤법 검사	중
사용 용이성	템플릿 지원	상
사용 용이성	WISIWYG 편집 지원	상
목적 적합성	광고 관리	하
목적 적합성	콘텐츠 승인	상
목적 적합성	콘텐츠 스케줄링	하
목적 적합성	잘못된 링크 찾아내기	하
목적 적합성	임포트/익스포트 지원	상
목적 적합성	국제 문자 지원	중
목적 적합성	온라인 관리	상

목적 적합성	RSS 지원	상
목적 적합성	검색 지원	상
목적 적합성	버전 통제	상
목적 적합성	워크플로우 지원	중
커뮤니티 활동성	2008년 1월 1일 이후 릴리즈 수	중
시장 점유율	시장 점유율 (구인 · 구직 데이터 %)	중
오너십 영향	상업용 교육 옵션	중
오너십 영향	커스텀 애드온/플러그인 지원	상
오너십 영향	문서화	중
오너십 영향	사용 라이센스	중
오너십 영향	벤더 지원 사용성	상
오너십 영향	Windows 지원	상
성능	다중 사용자 동시 편집 지원	상
성능	현재 페이지 수의 3배 지원	상
성능	현재 공개 트랜잭션 크기 지원	상
보안	감사 추적	중
교체 비용	동적 콘텐츠	상
교체 비용	정적 콘텐츠	중

초기 미팅에서 논의된 다음 주제는 선택된 기준에 따라 제품을 평가하는 작업을 분배하는 것이다. 보통 각 기준에 따라 10에서 1까지 평가치를 사용하여 각 제품을 평가한다. 작업을 분배하는 것도 두 가지 전략이 있으며, 각각 장단점이 있다. 첫 번째 전략은 각 개인이 하나 이상의 제품을 모든 평가 기준에 따라 완전히 평가하도록 하는 것이다. 웹 서비스를 예를 들면 한 사람이 모든 평가 기준에 따라 Apache Axis 2를 평가한다. 이것은 각 팀원의 학습 곡선을 최소화하며 그들이 경험한 지식을 최대로 활용할 수 있다는 이점이 있다. 단점은 평가 표준이 제품 사이에 달라질 수 있다는 것이다. 즉, Axis 2의 교체 비용을 평가하는 사람이 CXF를 평가한 사람과 다를 수 있다. 제품 그 자체의 차이점 때문이 아니라 평가자에 따라 이들 제품의 평가도 달라질 수 있다.

또 다른 전략은 모든 평가 기준을 팀에게 할당하는 것이다. 모든 팀원이 각 기준에 따라 모든 제품을 평가한다. 이것은 다른 제품이 일관적인 방식으로 평가될 가능성이 커진다. 또한, 어느 한 사람이 사적인 편견을 가지고 특정 제품을 반대할 수 없다. 단점은 각 팀원이 각 제품을 모두 알아야 하므로 시간이 오래 걸린다는 것이다. 그러나 나는 개인적으로 이 전략을 선호한다. 각 결정 유형은 추가적인 시간을 소요할 가치가 충분할 정도로 중요하다. 또한, 의견이 일치하지 않으면 다른 팀 멤버의 평가를 질문할 기회도 제공한다.

프레젠테이션과 웹 서비스와 같은 배포 래퍼에 대한 제품 선택이 이루어지면 해당 제품은 프로젝트에 포함되어야 할 필요가 있다. 그리고 사용 방법과 코드 작성 가이드라인도 수립되어야 한다.

아키텍처 컴포넌트 구현

아키텍처 컴포넌트architectural component는 여러 애플리케이션에서 사용할 수 있는 일반적인 클래스와 정적 유틸리티다. 아키텍처 컴포넌트의 필요성을 식별한 후에 첫 번째 작업은 시장에서 필요성을 충족시켜줄 수 있는 컴포넌트를 찾는 것이다. 나는 먼저 오픈 소스를 검토할 것을 추천한다. 예산이 있다면 상업용 컴포넌트를 포함시킬 수도 있다. 오픈 소스는 상업용만큼 좋을 수도 있고, 좀 더 쉽게 구할 수 있고 예산에 맞추기가 훨씬 더 쉽다. 이 장 끝에서는 내가 많이 사용하는 오픈 소스 웹 사이트를 알려주도록 하겠다.

나의 프로젝트에 많이 사용하는 오픈 소스 프로젝트는 다음과 같다.

- Apache Commons(http://commons.apache.org)
- Lang-일반적인 Java 언어 유틸리티
- IO-java.io 클래스 공통 유틸리티
- BeanUtils-Java 빈과 POJO 클래스 유틸리티
- Collections-Map, Set과 같은 컬렉션 클래스 유틸리티
- DbUtils-JDBC 코드용 유틸리티
- Apache Log4J(http://logging.apache.org/log4j/)

오픈 소스든 상업용이든 컴포넌트 소프트웨어가 갖는 하나의 문제점은 품질이 극도로 다양하다는 것이다. 어떤 컴포넌트는 이해하고 사용하기 쉽지만, 다른 것은 이해하기 어렵고 실용성이 없다. 이번 장에서는 컴포넌트의 품질에 대한 사항을 논의할 것이다. 또한, 여러분 스스로 품질이 고려된 기능을 갖는 아키텍처 컴포넌트를 생성하는 팁과 기법을 제시할 것이다.

아키텍처 컴포넌트의 역할은 그림 14.1에서 보여준다.

[그림 14.1] 레이어 아키텍처에서 아키텍처 컴포넌트 사용

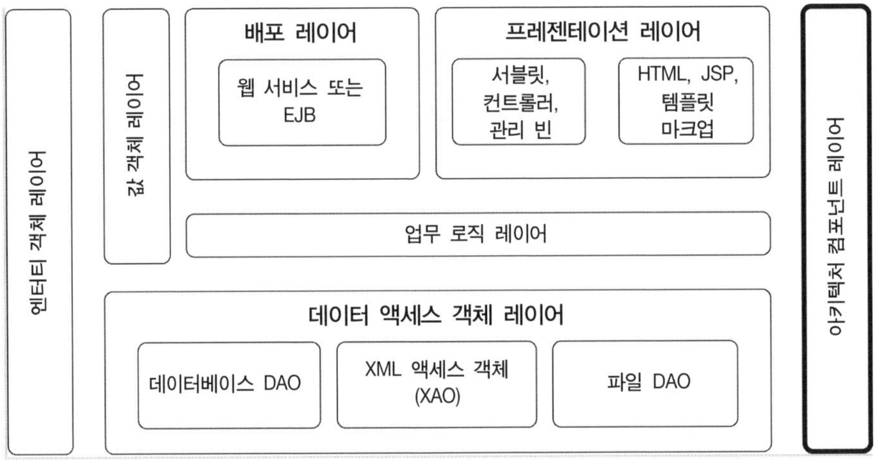

엔터티 객체 레이어
값 객체 레이어
배포 레이어
웹 서비스 또는 EJB
프레젠테이션 레이어
서블릿, 컨트롤러, 관리 빈
HTML, JSP, 템플릿 마크업
업무 로직 레이어
데이터 액세스 객체 레이어
데이터베이스 DAO
XML 액세스 객체 (XAO)
파일 DAO
아키텍처 컴포넌트 레이어

컴포넌트 품질

높은 품질의 컴포넌트는 다음과 같은 기능을 가진다.

- 개발 시간과 노력을 단축시킨다.
- 예상되는 유지·보수 시간과 노력을 단축시킨다.
- 일반성을 갖기 때문에 여러 애플리케이션에 사용할 수 있다.
- 광고된 대로 작동한다.

이들 특징은 어떤 컴포넌트 소프트웨어에도 적용할 수 있다. 그것이 상업용이든 오픈 소스든, 아니면 여러분이 만든 것이든 상관없다.

소프트웨어를 판단할 때 사용되는 공통적인 가이드라인은 기본적인 작업을 하기 위해 매뉴얼을 참조해야 한다면 사람들은 "사용하기 어렵다."라고 판단한다는 것이다.

여러분은 컴포넌트 소프트웨어를 사용할 때 같은 표준을 사용할 수 있다. 나는 다음 사항 중 어느 것 하나라도 해당하면 사용하기 어려운 컴포넌트라고 생각한다.

- 컴포넌트를 설치하고 설정하는데 2페이지 이상의 자료를 읽어야 한다.
- 설치에서부터 기본적인 작업을 하기 위해 컴포넌트를 사용하는 데까지 1시간 이상이 걸린다.

아키텍처 컴포넌트를 설계할 때 사람들이 하기 쉬운 공통적인 실수는 범위를 너무 크게 잡는다는 것이다. 범위가 크면 컴포넌트가 복잡해져서 사용하는 데까지 오랜 시간이 걸리고 배우기도 어려워진다. 나는 80/20 규칙을 사용하여 아키텍처 컴포넌트가 구현해야 하는 기능을 선택한다. 컴포넌트 설계자들은 사람들이 별로 사용하지 않은 기능에 너무 신경을 쓰지 말아야 한다.

컴포넌트를 사용하기 쉽게 하기

컴포넌트를 평가할 때 사용 용이성이 하나의 판단 기준이 되어야 한다. 아키텍처 컴포넌트를 생성한다면 컴포넌트를 사용하기 쉽도록 하는 (그러나 많은 컴포넌트 개발자가 하지 않는) 여러 가지 사항이 있다.

기본적인 작업에 대한 설명은 1페이지 설명서로 제한한다. 복잡하고 잘 사용하지 않는 기능에 대하여 더욱 상세히 설명한 문서를 제공할 수 있다. 개발자가 사용하기 위해 읽어야 하는 자료가 길면 길수록 그만큼 많은 개발자가 사용하기를 포기하고 다른 것을 찾게 될 것이다.

기본적인 작업을 수행하는데 필요한 문장의 수를 최소화한다. 컴포넌트를 사용하는 가장 좋은 이점 중의 하나가 애플리케이션에서 코드를 제거할 수 있다는 것이다. 한 문장으로 호출하는 것이 이상적이다. 코드 입력을 줄일 수 있으며, 배워야 할 클래스와 메서드의 수가 줄어들기 때문이다.

하나의 한 문장 호출one-line call 방법은 정적 메서드를 사용하는 것이다. 이 방법을 사용하면 어떤 인스턴스도 생성할 필요가 없다. 정적인 호출은 전술적인 선택 그 이상이다. 예를 들어 Utils 클래스 중의 하나(예: Apache Commons Lang의 `StringUtils`, `NumberUtils`, `ExceptionUtils` 클래스)를 생각해보자. 이들 클래스는 여러 정적 메서드를 제공하여 한 문장으로 작업을 수행하게 한다.

기본적인 작업을 수행하는데 필요한 인수의 수도 최소화한다. 이것을 하는 좋은 방법은 여러 개의 오버로드overload를 제공하는 것이다. 이들 오버로드 중에 몇몇 메서드는 적은 수의 인수를 가지고 나머지 인수는 디폴트 값을 가진다.

예를 들어 Apache Commons Lang의 `EqualsBuilder` 클래스 `reflectionEquals` 메서드를 살펴보자. 이 클래스는 클래스에서 `equals()` 메서드를 구현하기 쉽도록 해준다. 이 메서드는 비교할 2개의 값만을 인수로 요구한다. 그러나 선택적으로 더 복잡한 오버로드를 제공하고 있어서 어떤 필드가 고려되는지, 상속성 계층도를 얼마나 고려해야 하는지를 통제할 수 있도록 한다. 대부분은 추가적 통제가 필요 없기 때문에 이들 추가적인 인수는 선택적이다.

API에서 내부적으로 필요한 클래스와 외부에서 사용하는 클래스를 분리한다. 컴포넌트가 많은 클래스를 포함하고 있으면 그만큼 원하는 기능을 갖는 클래스를 찾기가 어려워진다. 이들 모든 클래스를 API에 포함시키는 것은 API를 배우는데 더 많은 시간이 걸리게 된다.

이 문제를 해결하는 하나의 방법은 외부에서 사용하지 않은 클래스를 "내부 전용"으로 문서화된 별도의 패키지로 이동시키는 것이다. 사용자는 원하는 기능을 찾는 데 필요하지 않은 저수준 클래스를 뒤적거릴 필요가 없다.

이것에 대한 예로서, Apache Commons Logging은 내부 클래스를 별도의 패키지(`org.apache.commons.logging.impl`)로 분리시킨다. Quartz 일정관리 패키지(http://quartz-scheduler.org)도 같은 기법을 사용하여 내부적으로 사용하는 클래스를 `org.quartz.impl` 패키지에 둔다. 이 기법은 사용자에게 이들 클래스가 필요하지 않으므로 문서를 읽을 필요가 없다는 것을 간결하게 안내해준다.

쉽게 복사할 수 있으며 인덱스를 포함하는 예제를 제공한다. 사용자가 원하는 것과 가까운 예제를 찾기 쉽도록 한다. 우리 대부분은 예제를 통해서 배우며, 빨리 타이핑하지도 못한다. 시간을 절약하려면 복사할 수 있는 것이 좋다. 간단한 예로 JavaDoc을 들 수 있다.

예로서 Apache Commons Lang의 `EqualsBuilder`와 `HashcodeBuilder`는 JavaDoc에 사용 예를 제공해서 쉽게 복사하여 필요에 따라 수정할 수 있게 한다. 또 다른 예로 JSF[Java Server faces] 컴포넌트 라이브러리인 Primefaces 프로젝트는 데모 사이트(http://www.primefaces.org/showcase-labs/ui/home.jsf)에 쉽게 접근할 수 있는 소스 코드를 포함하고 있어서 여러분의 프로젝트에 쉽게 복사할 수 있다.

다른 API와의 의존성을 최소화한다. 나는 예전에 잘못 작성된 일정관리 컴포넌트를 억지로 구현해야 했던 경우가 있었다(내가 잘못된 선택을 했다). 이 컴포넌트 2개의 내부 컴포넌트를 사용하는데 이들 컴포넌트는 사용하기도 어렵고 설정하기도 복잡하였다. 그때부터 내가 만든 오픈 소스 컴포넌트의 사용자에게 똑같이 고통을 주는 것을 피하는 방법을 배웠다. 인터페이스를 사용하여 분리하는 것이다.

모든 메서드의 모든 인수를 검토하는 것은 잘못된 입력에 대하여 명확한 에러 메시지를 제공한다는 것을 의미한다. 파생 예외(예: null 포인터 예외) 그 자체보다는 문제를 해결하는 방법에 대한 정보를 예외에 저장한다. 예를 들어 "형식 유형 인수가 잘못되었습니다."라는 에러 메시지는 유용하지 않다. 유용한 에러 메시지는 다음과 같다. "'foo' 형식 유형이 잘못되었습니다. 이 클래스에 있는 PDF, HTML, XLS, DOC 상수를 사용해야 합니다." 단순히 에러 메시지에 메서드로 전달된 에러 값을 표시하는 것도 디버깅하고 문제를 수정하는 시간을 줄여줄 수 있다.

"체크" 예외를 던지는 것을 피한다. `RuntimeException`을 확장한 "체크되지 않은" 예외를 던지는 것이 더 낫다. 사용자가 `try/catch` 구문을 사용하는 것을 강요하지 않기 때문이다. 컴포넌트를 사용하는데 많은 코드가 필요 없는 것은 사용하기 쉽게 만든다. 호출 측이 예외에 대응하여 합리적으로 대체 업무 로직을 제공할 수 있는 경우에만 try/catch 구문을 사용하도록 하면 된다. 그러나 이런 경우는 드물다. 이러한 논쟁적인 개념에 대한 좀 더 상세한 논의는 제9장을 보기 바란다.

컴포넌트를 설정하고 통제하기 쉽도록 하기

사용자가 설정해야 하는 속성의 수를 최소화한다. 컴포넌트는 키와 값 쌍으로 된 속성 파일을 사용하여 설정 값을 관리하기도 한다. 이들 파일은 보통 `java.util.Properties` 객체와 함께 사용된다.

사용자가 컴포넌트를 실행하기 위해 선택해야 하는 속성 값이 많으면 많을수록 컴포넌트를 설정하기가 더 어려워진다. 이 문제를 해결하는 방법은 가능한 한 많은 설정 속성에 디폴트 값을 사용할 수 있도록 하는 것이다. 이와 함께 잘못된 설정에 대하여 명확한 에러 메시지를 제공한다면 컴포넌트를 사용하기 쉬워질 것이다.

XML 문서의 복잡성을 최소화한다. 문서 구조가 복잡할수록 컴포넌트를 설정하고 통제하기 어려워진다. Jakarta의 Ant 프로젝트가 XML 파일을 효율적으로 사용하는 훌륭한 예다. Ant는 애플리케이션을 빌드할 때 사용하는 XML 스크립팅 유틸리티다. 스크립팅 언어는 XML 기반이며 구조는 간단하고 직관적이다. Ant가 확장 배열 옵션을 가지고 있지만, 디폴트 값을 제공하며 잘 문서화되어 있다. 이 오픈 소스 프로젝트는 http://ant.apache.org/에서 찾을 수 있다.

잘못된 설정에 대하여 명확한 에러 메시지를 제공하도록 한다. 컴포넌트는 명확한 에러 메시지를 제공해야 한다. 작성하지 않은 코드에서 `NullPointerException` 예외가 발생하는 이유를 찾아내는 것보다 짜증나는 일은 없다. 명확한 에러 메시지는 컴포넌트에 대한 개발자의 인식에 변별력을 줄 것이다.

복사하기 쉬운 많은 설정 예제 파일을 제공하는 것이 좋다. 컴포넌트가 복잡한 설정을 할 수 있는 경우라면 특별히 더 그렇다. 나는 복잡한 것뿐만 아니라 기본적인 예제도 제공하는 것이 좋다고 생각한다.

설치와 설정에 대한 설명은 1페이지 설명서로 제한한다. 설명이 길고 복잡하면 처음에 컴포넌트를 사용하는 이점이 줄어든다. 복잡한 기능에 대한 상세한 문서를 추가로 제공하는 것은 바람직하지만, 기본적인 작업을 하는 사용자라면 한, 두 페이지 이상을 읽고 싶지 않을 것이다.

오픈 소스 대안

오픈 소스 대안은 정말 많다. 필요한 오픈 소스 대안을 찾는 것도 복잡한 작업이 될 정도다.

대부분 조직은 오픈 소스 사용에 대한 가이드라인을 가지고 있다. 많은 기업이 사용할 수 있는 오픈 소스 라이센스(예: Apache License 버전 2) 이상을 정의할 것이다. 원하는 제품이 표준 라이센스를 채택하지 않으면 대부분 기업은 승인 절차를 제공하여 법무팀에서 라이센스를 검토하도록 한다.

어떤 조직은 오픈 소스 제품을 사용하는 것을 우려한다. 이들 제품이 본질적으로는 지원받기 어렵다는 점을 고려한다. 오픈 소스 기술의 비용이 기업 예산에 맞는다고 하더라도 많은 조직은 문제가 발생했을 때 호출할 수 있는 기술 지원 수를 보장받기를 원한다. 여기에 두 가지 문제가 있다. 먼저 실질적인 문제로 오픈 소스 제품으로 기술적인 문제를 해결할 수 있는가 하는 것이다. 두 번째는 누군가 제품 선택 결정이 잘못된 것이라고 판명되었다고 비난하는 것이다. 대개 반 오픈 소스 정책을 갖는 기업은 이런 비난을 더 우려한다. 감사하게도 오픈 소스 사용에 대한 저항은 점차 줄어들고 있다.

기술적인 문제 해결

오픈 소스 컴포넌트 소프트웨어와 관련된 문제를 해결하는 방법은 다음과 같다. 1단계는 가장 간단한 해결 방안이다. 이것으로 해결되지 않으면 나머지 단계를 수행하기 전에 2단계를 수행할 필요가 있다. 다음 단계는 단순성 순서로 배열하였다.

- **1단계:** 제품의 버그 목록을 검색한다. 많은 오픈 소스 제품은 공식적인 지원 조직이 없다. 그러나 많은 제품은 버그 목록을 제공하며 식별된 버그를 보고하는 방법을 제공한다. 일반적으로 여러분이 부딪힌 문제는 다른 누군가에 의해 발견되고 보고된 것일 수 있다. 아마도 이의 해결 방안도 제시되어 있을 것이다.
- **2단계:** 인터넷을 검색한다. 일반적인 인터넷 검색으로도 같은 문제에 부딪힌 다른 사람이 올린 포스팅을 찾을 수 있을 것이다. 그리고 보통 같은 뉴스그룹이나 블로그에 해결 방안도 올라와 있다.
- **3단계:** 최신 버전으로 업그레이드한다. 제품의 새로운 버전이 나오면 그것을 사용할 가장 좋은 때는 기술적인 문제를 해결해야 할 때다. 아마도 문제는 누군가 발견하고 수정된 버그의 결과일 것이다. 종종 업그레이드와 관련된 작업은 클래스 경로에 최신 jar 파일을 포함시키는 것으로 끝난다.
- **4단계:** 경쟁 제품을 평가한다. 같은 일을 하는 경쟁되는 오픈 소스 제품을 찾는다. 쉽게 제품을 교체할 수 있다면 그것을 시도한다. 나는 예전에 메모리 누수 현상이 있는 FTP 클라이언트 API로 문제에 부딪힌 적이 있다. 뉴스

그룹 검색에서는 이 문제의 해결 방안이 나와 있지 않아서 다른 오픈 소스 FTP 클라이언트 API로 변경하였다.

- **5단계:** 테스트 시나리오를 디버깅한다. 이것이 즐거운 작업은 아니지만, 근본적인 문제를 찾아내기 위해서는 피할 수 없는 작업이다. 문제가 무엇인지를 알게 되면 해결 방안을 찾기 쉬울 것이다.

- **6단계:** 컴포넌트 코드를 수정하여 문제를 수정한다. 이것은 마지막 수단으로 간주해야 한다. 오픈 소스 제품의 변경된 버전을 사용하고 있다면, 여러분 스스로 문제를 해결해야 할 것이다. 여러분이 경험하고 있는 문제가 제품의 버그인지, 여러분이 변경시킨 것 때문인지 결코 알기 어렵다. 만약 코드를 수정해야 한다면 컴포넌트를 만든 개발자에게 버그와 해결 방안을 보고하기는 어려울 것이다. 대부분 오픈 소스 제품 개발자는 버그가 수정된 새로운 버전을 릴리즈한다. 변경되지 않은 버전의 컴포넌트를 할 수 있다면 곧바로 그것을 사용해야 한다.

정치적인 위험 요소 완화

오픈 소스 컴포넌트 소프트웨어를 사용하는 것과 관련된 두 번째 문제는 선택된 오픈 소스 제품이 의도한 대로 작동하지 않을 때 누군가 비난하는 경우다. 이 문제를 완전히 해결할 방법은 없다. 그러나 이 위험성을 완화시킬 방법은 여러 가지가 있다.

오픈 소스 대용으로 상업용 소프트웨어 컴포넌트를 제시하고 이러한 결정을 문서화한다. 이 전술은 효과적으로 컴포넌트 선택을 그룹이 한 것으로 만들 수 있다. 만약 오픈 소스 결정에 의문을 제기하면 이 문제를 그룹의 결정으로 돌릴 수 있으며, 예산상의 이점을 지정할 수 있게 된다.

어떤 오픈 소스 제품을 사용하는지, 이진 배포판과 함께 소스를 보유하는지를 추적한다. 여러분이 사용하고 있는 버전의 소스를 더는 구하지 못하는 시점이 있을 수 있기 때문이다. 마지막 수단으로서 여러분 스스로 문제를 고쳐야 할 경우도 있다.

오픈 소스 제품의 경쟁자를 식별한다. 이것은 컴포넌트를 바꾸는 데 걸리는 시간을 단축시켜준다. 또한, 제품 검색에서 실사를 문서화하는 것을 도와준다.

컴포넌트 사용 가이드라인

서드파티 컴포넌트가 오픈 소스든 아니든 우리 목적 중 하나는 업무 위험성을 최소화해야 한다는 것이다. 그것의 대부분은 전환 비용을 적게 유지하면 실수가 있더라도 더 쉽게 수정될 수 있게 된다.

경쟁자를 갖는 서드파티 컴포넌트를 직접 사용하는 클래스를 최소화한다. 직접 경쟁자를 갖는 제품은 여러 제품에서 집중적으로 제공되는 기능 집합을 갖는 제품이다. 예를 들어 로깅 제품이 이 범주에 들어간다. 어떤 로깅 패키지를 채택하느냐에 대하여 개발자들 사이에 의견이 충돌한다. 많이 사용되는 것은 Apache Log4J와 Slf4J, 그리고 JDK 자체의 로깅 프레임워크지만, 어떤 패키지를 사용하느냐는 것에 대한 일치된 의견은 없다. 이것을 고려할 때 나는 보통 애플리케이션 코드가 하부에서 이들 로깅 프레임워크를 활용하는 로깅 프록시를 사용하도록 한다. 로깅 패키지를 변경해야 할 필요가 있다고 하더라도 서드파티 관련된 코드가 애플리케이션에 퍼지지 않도록 한다.

여러분은 프록시 클래스를 생성함으로써 특정한 제품에 대한 의존성을 분리시킬 수 있다. 로깅 제품의 예를 계속하여 나는 보통 로깅 제품 중 하나가 제공하는 로거logger에 대한 프록시로서 역할을 하는 애플리케이션의 Logger 클래스를 생성한다. 애플리케이션 코드가 전적으로 프록시 클래스에 의존할 때 로깅 제품을 변경하기가 아주 쉽다. 로깅 제품을 변경할 필요가 있을 때 단지 프록시만 변경하면 되기 때문이다.

이와 같은 개념의 다른 예로 일정관리 패키지를 들 수 있다. Quartz(http://quartz-scheduler.org)는 내가 많이 사용하는 제품이지만, 마찬가지로 여러 경쟁 제품이 있다. 기업 일정관리 고려사항이 발생하면 일정관리 제품이 변경될 가능성이 있다. 대개 나는 일정관리 패키지가 요구하는 인터페이스를 구현하는 기초 클래스를 제공한다. 그리고 이 기초 클래스는 일정관리 패키지와 직접 인터페이스하는 유일한 클래스이며, 다른 패키지를 사용할 때 쉽게 변경할 수 있다.

어떤 서드파티 제품은 너무 범위가 넓어서 프록시 기법이 효과적이지 않은 경우도 있다. 예를 들어 Apache Commons Lang, Collections, BeanUtils 등의 패키지는 유틸리티 라이브러리를 제공한다. 모든 유틸리티에 대한 프록시 클래스를 생성하는 작업은 아주 많다. 이들 라이브러리의 범위가 너무 넓고 직접적인 경쟁 제품이 없어서 프록시 클래스를 생성하는 이점이 거의 없다.

궁극적으로 어떤 소프트웨어 컴포넌트에든 이 기법을 사용할 수 있다. 여러분은 서드파티 컴포넌트 예외 클래스에 대한 의존성도 제한하여 여러분의 애플리케이션이 외부 클래스가 아니라 내부 클래스에 의존하도록 해야 한다는 것을 기억하기 바란다. 이것을 하기 위해서는 프록시가 `try/catch` 블록으로 기존 제품의 사용을 감싸도록 해야 한다. 어떤 컴포넌트 기반 예외도 애플리케이션 기반 예외로 변환시켜 서드파티 예외 클래스에 대한 원치 않는 의존성을 막아야 한다.

애플리케이션 아키텍처 전략

애플리케이션이 내부적인 일관성을 갖게 하기 위해서는 착수할 때부터 로깅과 예외 처리, 스레딩, 설정 관리 등에 대한 전략을 수립할 필요가 있다. 대부분 개발자는 이들 각 영역에서 선호하는 것이 있다. 여러분의 팀에 많은 개발자가 있고 각 개발자가 선호하는 것을 사용하도록 한다면 내부적으로 일관성이 없고 유지·보수하기 어려운 애플리케이션을 만들게 될 것이다. 이번 장에서는 애플리케이션 아키텍처의 각 관점에 대한 전략을 제공한다. 나는 과거에 사용했던 전략의 예를 명확하게 제시하려고 한다. 일단 전략을 수립했다면 추가적인 세부사항으로 정제하여 개발자들이 편안하게 사용할 수 있도록 필요를 채워주고 수준을 맞춰주는 것을 두려워하지 말기 바란다.

로깅 전략

애플리케이션 클래스는 특정한 로깅에 의존적이지 않아야 한다. 범용 컴포넌트는 애플리케이션이 채택한 어떤 로깅 패키지라도 사용할 수 있어야 한다. 이것은 애플리케이션 안에 로그 프록시 클래스를 두고 로그 기록을 Log4J, JDK 로깅, 또는 다른 로깅 패키지에 위임하도록 함으로써 해결할 수 있다. 코드 15.1은 애플리케이션 로그 프록시 구현의 예를 보여준다.

코드 15.1 SLF4J를 사용하는 로그 프록시 예

```
public class Logger implements java.io.Serializable
{
  public Logger (String loggerName) {
    this.loggerName = loggerName;
    initLogger();
  }

    public void error(String messageFormat, Object ...argArray)
      {
      getLogger().error(messageFormat,argArray);
  }

    public void info(String messageFormat, Object ...argArray
      )    {
      getLogger().info(messageFormat, argArray);
  }
}
```

Apache Commons는 이런 필요성을 충족시키기 위해 설계된 Commons Logging이라는 패키지를 제공한다. 불행히도 이 패키지는 (의도적으로 "가볍게" 만들려고 했지만) 다소 무거워서 사용하기 쉽지 않다. XML 파서도 필요하고 조금은 복잡한 설정도 필요하다. 나는 Commons Logging이 오히려 혼란스럽게 한다고 생각한다.

오픈 소스 SLF4J Simple Logging facade for Java도 이러한 필요성을 만족시켜주는 훌륭한 제품이다. 이 제품은 Log4J, JDK Logging, Commons Logging, 그리고 다른 로깅 제품에 대한 일반화된 프록시이다. 설치하고 사용하기 쉽다. 나는 나의 오픈 소스 프로젝트에 SLF4J를 사용하고 있다. 그러나 업무용 애플리케이션에서는 아직도 코드 15.1과 같은 로거 프록시 클래스를 사용한다. 이 영역은 아직도 변화하고 진화하고 있기 때문이다. Hibernate와 ActiveMQ 같은 많은 유명한 오픈 소스 제품이 이것을 채택하고 있다.

로깅 메서드 코드를 한 행으로 제한한다. 로깅은 자주 발생하기 때문에 로그를 작성하는 코드를 줄임으로써 많은 시간을 절약할 수 있게 된다. SLF4J는 기본적인 메시지 형식화 기능으로 로깅 코드를 줄일 수 있도록 도와주는 좋은 기능을 제공한다. 예를 들어 다음 로그 예제를 생각해보자.

코드 15.2 기능의 형식화를 보여주는 Log 예

```
logger.debug("애플리케이션 ID : {}", applicationId);
```

이 기능은 메시지를 형식화함으로써 코드를 줄일 수 있도록 한다. 또한, 개발자 코드가 더 적은 연산자를 포함하고 메시지 형식에 null 값을 검사할 필요가 없기 때문에 위험을 줄일 수 있다.

또한, 성능을 향상시키기 위해 디버그 로그 메시지를 내보내기 전에 로깅이 디버그로 설정되었는지를 검사하는 것이 일반적이다. SLF4J는 개발자가 추가적인 조건문 코드를 작성하지 않아도 자동으로 이것을 검사해주는 기능을 제공한다.

코드 15.1의 로거 프록시가 SLF4J 메시지 형식화 기능을 지원하고 있다는 점에 주목하기 바란다. 만약 SLF4J를 다른 로깅 패키지로 변경한다면 로거 프록시는 애플리케이션의 코드에 영향을 주지 않도록 유사한 메시지 형식화 기능을 제공해야만 한다. 메시지 형식화 기능은 로깅 메시지를 형식화하는 커스텀 로직을 제거함으로써 위험을 감소시켜준다. 또한, 메시지 형식화는 현재 로그 수준 설정을 충족시키는 메시지만 형식화함으로써 성능 향상을 제공한다. 예를 들어 로거가 정보 수준 출력을 제공하도록 설정되어 있다면 디버그 메시지는 필요로 하지 않을 때는 형식화되지 않을 것이다. 메시지 형식 지원의 이점은 너무 커서 로깅 패키지 변경의 필요성이 제기된다고 하더라도 변경에 따른 비용이 더 커지는 위험이 발생하게 된다.

예외를 던질 때 필요한 정보를 넣는다. 로깅의 중요한 이유 중 하나는 예외를 발생시키는 버그를 해결하는데 필요한 정보를 제공하는 것이다. 이러한 추가적인 로깅 코드는 위험성을 추가하게 된다. 일반적으로 예외 코드가 충분히 테스트되지 않기 때문이다. 따라서 예외 메시지 형식화 동안에 예외(예: `NullPointerException`)가 더 발생할 가능성이 있다.

Apache Commons Lang는 3.0 버전부터 예외 자체에 추가적인 정보를 쉽고 덜 위험하게 포함시킬 수 있게 함으로써 이러한 위험성을 감소시키는 컨텍스트에 따르는 예외 기능(Commons Lang의 `ContextedException`과 `ContextedRuntimeException` 클래스)을 제공한다. 예외가 로깅될 때 이러한 추가적인 정보가 존재하게 될 것이다. 코드 15.3의 예제를 살펴보기 바란다.

코드 15.3 컨텍스트에 따르는 예외 예제

```
throw new ContextedRuntimeException("애플리케이션 생성 에러"
      ,exception)
.addContextValue("애플리케이션 ID", applicationId)
.addContextValue("고객 ID", customerId);
```

코드 15.3에서 예외가 로깅될 때 에러 메시지와 스택 추적과 함께 컨텍스트 라벨과 값이 자동으로 로그에 나타나게 될 것이다. 애플리케이션 코드는 조건적인 로깅 로직이나 형식화 로직을 추가함으로써 파생되는 예외의 위험성이 증가하지 않는다는 점에 주목하기 바란다. 만약 컨텍스트에 따르는 예외 기능이 없다면, 개발자는 버그를 해소하는데 필요한 정보를 제공하기 위한 로깅 코드를 추가해야 할 것이다.

트랜잭션 예외는 한 번만 로깅한다. 여러 번 예외를 로깅하는 것은 로그를 팽창시켜서 보고된 문제에 속한 특정한 예외를 찾기 훨씬 어렵게 한다. 여러분은 시작 시점에만 예외를 로깅하게 함으로써 로그 메시지를 반복하지 않도록 해야 한다. 예를 들어 웹 트랜잭션에서 발생하는 예외를 로깅하는 서블릿 필터를 구현하여 예외가 한 번만 로깅되도록 할 수 있다. 이것은 앞에서 설명한 바와 같이 예외 자체와 관련된 예외를 해결하는데 필요한 추가적인 정보를 포함시켰다고 가정한다. 코드 15.4는 이러한 서블릿 필터의 예를 보여준다.

코드 15.4 로깅 서블릿 필터 예

```
public void doFilter(ServletRequest request, ServletResponse
         response,
            FilterChain chain) throws IOException,
         ServletException {
        try {chain.doFilter(request, response);}
        catch(Throwable t) {
            logger.error("Web Transaction Error", t);
            ServletUtils.reThrowServletFilterException(t);
        }
    }
```

소스: Admin4J (http://www.admin4J. net)의 net.admin4j.ui.filters.ErrorLoggingfilter 클래스

이 기법은 애플리케이션 코드를 감소시키고 생성된 예외가 로깅될 기회를 증가시킨다. 게다가 에러 처리 필터를 갖는 Admin4J 제품을 활용한다면 예외가 발생할 때 요청 URI와 요청 및 세션 속성 덤프를 얻을 수 있다. 다시 말해서 이러한 목적으로 여러분 스스로 서블릿 필터를 작성하지 않고도 오픈 소스 제품을 활용할 수 있게 된다.

경우에 따라서 여러분은 배치 작업 클래스, EJB 클래스 그리고 메시지 빈에

대하여 유사한 아키텍처 지원을 제공할 필요가 있다. 애플리케이션 코드에서 예외 로깅을 처리하도록 하는 것은 예외가 적절하게 로깅되지 않게 할 가능성이 증가한다.

트랜잭션 로그와 정상적인 애플리케이션 로깅을 혼합하지 않는다. 트랜잭션 로그(예: 홍길동이란 사용자가 김말숙이란 고객의 주소를 변경시킨다.)는 다른 목적을 가진다. 트랜잭션 로그는 정상적인 업무 프로세스에 필요하지만, 실제로는 제품을 직접 지원하지는 않는다. 대부분의 로깅 제품은 이러한 목적을 위해 트랜잭션 로그가 별도로 출력될 수 있게 한다.

로그 보존과 저장소 문제는 완전히 다른 주제다. 대부분 로깅 제품은 파일이나 데이터베이스를 포함한 다양한 형식으로 로그를 저장할 수 있게 한다. 애플리케이션 코드는 로그 메시지 문제에만 관심을 두면 된다. 그들이 어떻게 저장되는지 얼마나 오랫동안 보유하고 있는지에 대한 것은 애플리케이션의 관심사가 아니다.

애플리케이션 아키텍트는 개발자를 위해 로깅 전략을 명확하게 설명할 필요가 있다. 다음은 그러한 전략의 간단한 예이다.

간단한 로깅 전략

- 모든 로깅에 `myapp.util.Logger`를 사용한다. `System.out.println()`을 사용하지 않는다.
- 애플리케이션 코드에 직접 에러 메시지를 로그하지 않는다. 애플리케이션 아키텍처(예: 에러 처리 서블릿 필터)를 활용한다.
- 경과, 정보 및 디버그 메시지(즉, 예외를 던질 만큼 아주 심각하지는 않지만, 개발자가 버그를 고치기에는 유용한 에러)는 어떤 레이어의 어느 곳에서든 로깅될 수 있다.
- 로깅을 사용하여 정보를 출력할 때 커스텀 형식 로직을 사용하지 않고 로거

메시지 형식 기능을 사용하여 애플리케이션 코드를 줄이고 파생적인 예외를 만들어낼 위험성을 줄인다.

- 트랜잭션 로그에 일반 로깅 기능을 사용하지 않는다.

예외 처리 전략

모든 공개 클래스의 모든 공개 메서드와 생성자의 모든 인수를 명확하게 검증한다.

공개적으로 사용되는 메서드의 모든 인수를 검증하는 것은 파생적인 예외를 막아준다. 파생적인 예외는 에러가 발생한 후에 보고된다. 메서드에 실수로 null 인수가 전달되는 아주 일반적인 에러로, (직/간접적으로) 호출되는 클래스가 이 인수를 사용하려고 하고 null 값을 기대하고 있지 않을 때 `NullPointerException`이 발생되는 것을 확인할 때만 알 수 있다.

`NullPointerException`이 발생되는 곳의 클래스와 메서드, 행 번호를 알 수는 있지만, 실제 에러는 이전에 null 값이 생겨난 곳에서 발생한다. 보통 이 위치는 스택 추적에 보고된 것과 완전히 분리된 메서드와 클래스가 되며, 특별히 코드가 복잡하고 여러 변수가 예외를 발생시키는 경우에 이것을 추적하는데 상당한 시간이 걸린다. 일반적으로 이와 같은 파생적인 예외는 수정하는데 많은 시간과 노력이 소요된다. 에러 메시지와 정보가 문제를 명확하게 해주지 않기 때문이다. 메서드가 "name 인수는 null일 수 없습니다."와 같은 예외 메시지를 생성한다면, 에러는 좀 더 쉽게 발견되고 고쳐질 수 있게 될 것이다.

인수 검증은 그렇게 하지 않았을 때 얻을 수 있는 것보다 더 명확한 메시지로 에러를 보고할 수 있게 한다. 보통 null 인수는 검증된다. 인수가 특정한 값의 집합만을 허용(예: "pdf", "xls", "txt" 값만 허용하는 docType 인수)해야 한다면 그 값도 검증되어야 한다. 나는 이런 목적으로 보통 코드 15.5에서처럼 Apache Commons Lang의 Validate 클래스를 활용한다.

코드 15.5 인수 검증 예

```
public BasicTaskTimer(String label, Collection<DataMeasure>
         dataMeasures) {
        Validate.notNull(dataMeasures,
     "Null data measure collection not allowed.");
        Validate.notEmpty(label, "Null or blank label not
         allowed.");
        this.dataMeasures = dataMeasures;
        this.label = label;
   }
```

소스: Admin4J (http://www.admin4J.net)의 net.admin4j.timer.BasicTaskTimer 클래스

체크되지 않는 예외를 사용하는 것이 추세다. 이것은 체크 예외에 요구되는 try/catch 로직을 제거함으로써 애플리케이션 코드를 줄여준다. Hiberante와 Spring과 같이 많이 사용되는 여러 오픈 소스 프로젝트는 이 접근 방법을 사용한다. 이 책의 첫 번째 판이 출간된 당시에는 양측의 열렬한 지지자들의 논쟁적인 주제였다. 그러나 현재는 이 견해를 더 많이 수용하고 활동한다.

모든 진입점에 던져진 예외에 대한 일반적인 catch를 포함시킨다. 이렇게 하는 이유는 이들 예외가 로그될 수 있도록 하기 위해서다. 이 방법은 앞에서 설명한 로깅 방법과 관련되어 있다. 여기에 그것을 다시 반복하지는 않겠다.

JDK 예외를 우선적으로 사용한다. 이미 있는 것을 두고 새로운 것을 또 만들 필요는 없다. 많은 개발자가 적절한 JDK 정의 예외가 있는지 검토조차 하지 않고 애플리케이션에 특정한 예외를 만든다. 실제 예에서 나는 메서드가 유효한 값 대신에 null 인수를 받을 때 던지는 `NullValueException`이라는 예외를 생성하는 것을 본다. `IllegalArgumentException`(`java.lang` 패키지)이 더 좋은 선택이다.

try/catch 블록의 중첩을 2단계로 제한한다. 더 많은 중첩이 필요하다면 가독성을 위해 코드의 내부 블록을 제거하고 비공개 메서드로 분리한다. 가독성뿐만 아니

라 중첩된 `try/catch` 시나리오에서 버그를 고치기 어려울 수 있기 때문이다. 또한, 중첩 단계가 깊은 `try/catch` 로직이 필요하다는 것은 보통 이 코드 부분에 리팩토링이 필요하다는 것을 의미하는 것이기도 하다.

예외를 잡아서 아무 일도 하지 않는 것을 피한다. 프로그래밍을 편리하게 하려고 예외를 잡지만, catch 코드 블록에 아무것도 하지 않는 코드를 작성하는 수가 있다. 이것은 컴파일 에러를 피할 수는 있지만, 코드를 유지·보수하기 어렵게 한다. 많은 경우에서 예외를 잡아먹어 버리는 것은 파생적인 예외를 발생시킬 가능성이 많으며, 이 경우에 에러를 발견하고 고치기는 더 어려워진다. 예외를 잡았다면 무엇인가를 해야 한다(예: 컨텍스트를 갖는 예외로 변환하여 해당 버그를 수정하는데 필요한 정보를 포함시킨다).

finally 블록에 return 문을 사용하지 않는다. try 블록에서 예외를 던진다면 예외를 던지기 전에 `finally` 블록이 실행된다. `finally` 블록 안에서 return 문을 실행하거나 예외를 던진다면 원래의 예외는 절대 던져지지 않을 것이고 볼 수 없게 된다. 이것은 문제를 디버깅하는데 더 많은 시간과 노력이 든다.
(역자 주: 저자가 조금 잘못 안 것 같다. 예외를 던지기 전에 `finally` 블록이 실행되는 것이 아니라, 예외를 처리하고 난 다음에 마지막으로 `finally` 블록이 실행된다. 따라서 원래의 예외는 던져져서 catch 블록에서 잡을 수 있으므로 저자가 말한 이유가 성립되지는 않는다. 그러나 `finally` 블록에서 return 문을 사용하지 않는 것은 좋은 습관이다.)

아키텍트와 프로젝트 관리자는 구현을 시작하기 전에 예외 처리와 로깅 전략을 수립해야 한다. 개발자들은 보통 자신이 선호하는 예외 처리와 로깅 방법을 가지고 있다. 만약 여러분이 예외 처리와 로깅 전략을 정의하지 않는다면 개발자는 자신의 방법을 선택할 것이며, 이로 인해 애플리케이션에 일관성이 없어지게 될 것이다. 결국, 애플리케이션의 다른 부분이 통합될 때 충돌이 일어나게 된다. 이와 함께 외부 개발자가 애플리케이션을 유지·보수하기 어렵게 된다.

예를 들어 한 개발자가 예외 인스턴스가 생성될 때 예외를 로깅하는 것을 선호하고, 다른 개발자는 배포 수준에서 로깅이 발생하는 것을 기대하고 있다면, 모든 코드가 통합될 때 보고되지 않은 에러가 발생할 수 있게 되어 테스트와 유지·보수 시간을 많이 증가시킬 것이다.

예외가 생성한 정보에서 가장 가치 있는 것 중 하나는 근본적인 루트 예외의 스택 추적이다. 스택 추적은 예외가 던져진 위치를 결정적으로 표시해준다. 어느 경우에는 정확한 행 번호까지 알 수 있게 한다. 이상적으로는 좀 더 상세하게 설명된 컨텍스트 정보가 결합된 루트 예외의 스택 추적을 볼 수 있어야 한다. Apache Commons Lang V3.0 이상의 컨텍스트 예외 기능을 활용하면 아주 좋다.

또한, 예외 처리 전략을 강화할 필요가 있다. 나는 그룹 코드 리뷰를 강화 및 교육 수단으로 사용한다. 코드 리뷰가 적절하게 수행된다면 아주 생산적이다. 개발자는 다른 개발자가 작성한 코드를 검토함으로써 많은 것을 배울 수 있다. 또한, 리뷰는 예외 처리 전략과 같은 수립된 전략을 회피하기 어렵게 한다. 이와 함께 코드 리뷰는 예외 처리 전략에서의 부족한 점을 식별하고 필요하다면 수정할 수 있도록 한다.

예외 처리 전략의 예

- Apache Commons Lang의 `Validate`를 사용하여 공개 메서드와 생성자의 모든 메서드 인수를 검토한다.
- 테스트 환경에서 조건을 그대로 사용할 수 있도록 항상 예외 메시지에 충분한 정보를 포함시킨다.
- 모든 애플리케이션 예외는 Apache Commons Lang의 `ContextedRuntimeException`에서 확장되어야 한다. 새로운 애플리케이션 예외는 애플리케이션 아키텍트가 검토해야만 한다.

- 업무 로직 레이어와 데이터 액세스 객체 레이어의 모든 `try/catch` 블록은 체크되지 않은 예외가 던져지는 것을 방해하지 않아야 한다. 대신에 호출자에게 예외를 던지고, 예외를 잡아서 적절하게 처리하는 것은 애플리케이션 아키텍처에 의존한다.

비동기적 작업 전략

대부분 애플리케이션은 비동기적으로 실행되는 작업이 있다. 이들 작업에는 일정이 예약된 "배치" 작업과 장시간 실행되는 작업이 포함된다. Java EE 애플리케이션도 예외가 아니다. 다행히 Java 애플리케이션에 배치 작업 기능을 제공하는 여러 오픈 소스 제품들이 있다. 나는 이런 목적으로 Quartz Scheduler(http://quartz-scheduler.org/)를 활용한다.

일반적으로 비동기적으로 실행되는 작업을 관리하는 데는 여러분 스스로 스레딩 코드를 작성하는 것보다는 제품을 활용하는 것이 더 낫다. 일반적으로 이 부분의 Java 프로그램은 가장 선임 개발자가 맡게 되며 제대로 하기도 어렵다. 다중 스레드 코드의 버그는 찾아서 고치기가 가장 어렵다. 또한, 잠재적인 위험성이 높은 프로그램 영역은 초급 개발자가 참여하지 않아야 한다.

나는 다른 서드파티 컴포넌트와 함께 일정관리 패키지에 사용할 수 있는 프록시 배치 작업을 제공한다. 이것은 사용하고 있는 일정관리 패키지를 변경해야 할 때 변경 비용을 감소시켜준다. 코드 15.6은 Quartz 배치 작업 기초 클래스의 예를 보여준다. 이 클래스를 확장한 애플리케이션은 배치 작업이 해야 하는 로직을 `execute()` 메서드에 구현해야 한다. 기초 클래스는 애플리케이션이 배치 작업을 즉시 실행하도록 일정을 지정하는 방법을 제공한다. 스케줄러를 변경해야 할 필요가 있다면 배치 작업 기초 클래스만 변경하면 된다.

코드 15.6 Quartz 스케줄러를 사용하도록 설계된 기초 작업 클래스 예

```
public abstract class AbstractBatchJob implements StatefulJob {
        public final void execute(JobExecutionContxt context)
     throws JobExecutionException {
     this.execute(context.getMergedJobDataMap());
   }

   @SuppressWarnings("rawtypes")
    public final void execute(Map jobParmMap)
   throws JobExecutionException {

     try {
       logger.info("Batch job successfully started.  class={}",
               this.getClass().getName());

       this.stateMap = jobParmMap;

       new TransactionContext();
       this.execute();
       TransactionContext.getCurrent().commit();
       logger.info("Batch job successfully completed.
        class={}",
               this.getClass().getName());
     }
     catch (Exception caughtException) {
        TransactionContext.getCurrent().rollback();

        SampleAppRuntimeException sampleException = null;
       if (caughtException instanceof SampleAppRuntimeException
        ) {
        sampleException = (SampleAppRuntimeException)
            caughtException;
       }
       else if (caughtException instanceof
        JobExecutionException
```

```
 && caughtException.getCause() instanceof
           SampleAppRuntimeException ) {
 sampleException = (SampleAppRuntimeException)
      caughtException.getCause();
}
else sampleException = new SampleAppRuntimeException(
        "Batch Job failure", caughtException)

 .addContextValue("Batch class", this.getClass().
 getName());
this.addContextValues(sampleException, jobParmMap);
logger.error("Batch Job failure", sampleException);

    }

  }
 }
```

소스: /src/j2ee/architect/handbook/chap15/AbstractBatchJob.java

로깅과 예외 처리 전략에서처럼 애플리케이션 아키텍트는 비동기적인 작업에 대한 가이드를 제공할 필요가 있다. 내가 업무 애플리케이션에서 사용하는 것과 유사한 전략의 예는 다음과 같다.

비동기 작업 전략 예

- 모든 비동기 작업은 `myapp.util.AbstractBatchJob`에서 확장한다.
- 개별적으로 예외를 로그하지 않는다. 여러분이 던진 예외는 작업에 대한 명세와 사용된 실행 매개 변수와 함께 아키텍처가 적절하게 로깅되는 것을 보장하게 될 것이다.
- 개별적으로 트랜잭션을 관리하지 않는다. 성공적으로 작업이 완료되면 커밋이 실행될 것이고, 예외가 발생되면 롤백이 발생하게 될 것이다.

설정 관리 전략

대부분 Java EE 애플리케이션은 연결 풀 이름이라든지 그룹 전자우편 주소 등과 같은 설정 속성을 가진다. 설정에 관련해서 대부분 Java EE 애플리케이션이 해결해야 하는 여러 가지는 주제들이 있다.

- 환경 또는 데이터 소스(예: 속성 파일)에서 설정 항목의 값을 결정하기.
- 설정 항목의 값을 애플리케이션에서 사용할 수 있도록 하기.
- 개발자에게 제공할 설정 항목 문서 작성하기.

설정 항목의 값을 애플리케이션에서 사용할 수 있도록 하는 것은 개별 애플리케이션 속성을 나타내는 정적인 접근자와 변경자를 갖는 설정 클래스를 선언하는 정도로 단순하게 할 수 있다. 코드 15.7은 Admin4J 제품에서 구현한 `Admin4J Configuration` 설정 클래스의 예를 보여준다.

코드 15.7 Admin4J 설정 클래스 예

```
public class Admin4JConfiguration {

   private static StorageFormat
        exceptionInformationStorageFormat = null;
   private static String exceptionInformationXmlFileName =
        null;
   private static StorageFormat
        performanceInformationStorageFormat = null;
   private static String performanceInformationXmlFileName =
        null;
   private static Notifier defaultNotifier = null;
   // Numerous fields omitted for brevity.
   static {
        PropertyConfigurator.configure();
```

```
    }

    public static StorageFormat
          getExceptionInformationStorageFormat() {
        return exceptionInformationStorageFormat;
    }

    public static void setExceptionInformationStorageFormat(
            StorageFormat exceptionInformationStorageFormat) {
        Admin4JConfiguration.exceptionInformationStorageFormat =
                exceptionInformationStorageFormat;
    }

    // 생략
}
```

소스: Admin4J의 net.admin4j.config.Admin4JConfiguration 클래스

애플리케이션 클래스는 설정 접근자를 사용하여 외부 소스로부터 읽어들인 설정 값을 꺼내온다. 환경에 요청하여 외부 소스로부터 설정을 읽어들이는 책임을 갖는 클래스는 시작 시에 변경자를 사용하여 설정 값을 저장한다. 코드 15.7의 정적 블록에서 `PropertyConfigurator`를 사용하여 환경에 요청하여 설정 값을 저장하는 작업을 수행한다. 이것이 정적 블록이기 때문에 애플리케이션에서 이 클래스를 처음 참조할 때 실행된다.

설정 클래스의 Javadoc은 설정 항목 목록과 각 항목의 목적을 개발자에게 설명한다. 어떤 개발자는 환경으로부터 직접 설정 값을 가져오는 것을 더 선호한다. 이 방식의 가장 큰 단점은 애플리케이션의 모든 가능한 설정 항목이 문서화되어 있는 구별된 장소가 없다는 것이다.

애플리케이션을 설정하는 것을 분리하면 어느 시점에선가 복잡성을 증가시키지 않고도 여러 형식의 설정을 지원하는 것이 가능하게 된다. 이것의 예로 Apache Log4J 제품을 들 수 있다. 이 제품은 설정 파일 또는 XML 설정 문서 중 어느 곳에서든 설정을 허용한다.

어떤 개발자는 애플리케이션 데이터베이스에 애플리케이션 설정 항목을 저장하는 것을 선호한다. 대부분 조직에서 실행 시에 설정을 쉽게 변경시킬 수 있기 때문이다. 그러나 애플리케이션 데이터베이스에 설정 항목을 저장하는 것이 백로그backlog 즉, 개발 또는 테스트 목적으로 제품 데이터베이스를 복사하는 것을 복잡하게 하기 때문에 나는 이러한 방법을 사용하지 않는다. 운영 데이터베이스production database로부터 애플리케이션 데이터를 테스트 환경에 정기적으로 백로그하여 개발자가 현재 데이터를 사용하도록 하는 것이 일반적이다. 설정 항목이 애플리케이션 데이터베이스에 저장되어 있다면 운영 데이터베이스에 저장된 설정 값이 실수로 사용될 수 있다. 이러한 방법은 이들 설정 항목이 운영 파일이나 리소스를 식별하는 경우라면 운영에 문제를 일으킬 수도 있다.

설정 정보를 수집하는 지원 기능을 제공하는 설정 제품들이 있다. 그 중 하나가 Apache Commons Configuration (http://commons.apache.org/configuration) 이다. 대부분의 Java EE 애플리케이션은 설정 속성 목록이 작다. 따라서 설정 정보를 읽어들이는 별도의 제품을 포함시키는 것은 과도하다.

설정 가이드라인 예

- 모든 설정 값을 `com.myorg.myapp.Configuration` 클래스의 속성으로 정의한다.
- 설정 값을 저장하는 로직은 `com.myorg.myapp.Configurator`에 정의한다.
- 가능하다면 실행 환경에서 지정되지 않는 경우에 Configurator에서 속성의 디폴트 값을 지정한다.
- 설정 값이 허용되지 않는 값으로 저장되면 Configurator에서 예외를 던진다. 에러 메시지 안에 잘못된 값과 함께 유효한 값에 대한 정보를 함께 포함시킨다.

오픈 소스 커뮤니티에서 예외 처리, 로깅, 코드 작성 표준 등에 대한 전략을 수립하는 또 다른 예는 http://commons.apache.org/lang/developerguide.html에서 볼 수 있는 오픈 소스 Apache Commons Lang 제품에 수립된 코드 작성 표준이다. 이 URL은 이번 장에서 논의된 아키텍처 정책을 공식적으로 수립하고 커뮤니케이션하는 아주 좋은 예를 보여준다. 내가 여기에서 설명한 것과는 조금 차이가 있지만, 개발자가 따라야 할 명확한 가이드라인을 수립하는 것이 아주 중요하므로 이것을 예로 자주 사용한다.

캐싱 전략

캐싱caching 즉, 메모리에 자주 사용하는 데이터를 보관하는 것은 성능의 이점을 제공하는 공통적인 전술이다. 기본적으로 캐싱은 CPU 메모리와 디스크 활용, 그리고 속도 사이의 타협으로 결정된다. 모든 전략이 그렇지만, 캐싱도 이점만큼이나 위험성도 있다. 따라서 실질적으로 성능의 향상이 보장되는 경우에만 사용되어야 한다. 소규모 애플리케이션에서는 캐싱이 전혀 필요 없을 수도 있다. 그러나 보통은 이 주제에 집중할 만한 가치는 충분하다.

대개 애플리케이션 코드에서 캐싱하는 것은 단순하다. 나는 사용 예로서 `ExpiringCache` 클래스를 사용한다. 이 클래스는 함께 제공되는 소스 코드 안에 포함되어 있다. 이것은 내가 직접 만든 것이 아니라 `Guava` (https://code.google.com/p/ guava-libraries/)에 있는 캐싱 기능을 래핑시킨 것뿐이다. 코드 15.8의 사용 예를 살펴보자.

코드 15.8 캐시 사용 예

```
private static ExpiringCache<Long, String> cache = new
        ExpiringCache<Long, String>();
......
String value = cache.get(key);
```

```
if (value == null) {
    // 값을 갖는 코드를 작성한다.
}
```

JPA 구현체 중에는 캐싱 기능을 제공하는 것도 있다. 예를 들어 Hibernate는 위의 코드 대신에 사용할 수 있는 캐싱 기능을 제공한다.

캐싱이 I/O를 피할 수 있게는 하지만 스테일 데이터stale data의 위험성을 동반한다. 즉, 캐시에 있는 데이터가 변경되어서 유효하지 않은 데이터를 애플리케이션이 사용할 수도 있다는 것이다. 예를 들어 원격 웹 서비스 호출로부터 데이터를 캐시했다면 그 데이터는 마지막 읽은 이후에 변경되었을 수도 있다. 이런 경우에 애플리케이션은 스테일 데이터를 사용하는 것이 된다. 또한, 데이터베이스에서 읽은 결과를 캐시하는 경우에도 이럴 가능성이 있다.

캐싱이 속도에 대한 메모리를 저울질할 때 여러분이 설정하는 캐시에 대하여 추가적인 메모리 요구사항이 고려되어야 할 필요가 있다. Guava와 또 다른 유명한 캐싱 패키지인 Ehcache (http://ehcache.org/)는 캐시 항목의 수를 제한하여 메모리 부족으로 인한 캐싱의 위험성을 완화시키는 방법을 제공한다.

앞에서 언급한 바와 같이 JPA 구현체(예: Hibernate)의 캐싱 기능을 사용할 수 있지만, 데이터베이스로부터 읽은 데이터를 캐싱하기 위한 코드를 구현하는 것은 불필요하다는 것을 말해두는 것이 좋겠다. 관계형 데이터베이스는 내장 캐싱 기능이 있으므로 적절하게 설정함으로써 자주 사용되는 데이터를 캐싱할 수 있다. 나는 Hibernate 캐싱을 테스트할 기회가 있었는데, 데이터베이스가 아주 형편없게 설정되어 있거나, 애플리케이션 서버와 데이터베이스 서버 사이의 네트워크의 성능이 몹시 나쁜 경우가 아니라면 Hibernate의 캐싱과 많은 차이가 없다는 것을 발견하였다. 따라서 데이터베이스가 잘못 설정되었거나 네트워크가 느린 경우에는 가능하다면 이것을 고치는 것이 더 낫다. 이것이 근본적인 원인이기 때문이다.

추천 도서

- Johnson, rod. 2002. Expert One-on-One: *J2EE Design and Development*. Indianapolis, IN: Wrox Press.
- Lea, Doug. 2000. *Concurrent Programming in Java Second Edition: Design Principles and Patterns*. Boston, MA: Addison-Wesley.

SECTION IV

Java EE 애플리케이션 테스트 및 유지·보수

일단 애플리케이션을 구현하는 작업이 완료되면 기술 아키텍트는 성능 테스트 활동을 주도하고, 애플리케이션이 운영될 준비가 되었다는 것을 확인해야 한다. 이 단계에서 아키텍트의 최우선 목표는 애플리케이션 성능과 안정성, 운영 준비성을 향상시키는 것이다. 이 목표를 달성하기 위해서 아키텍트는 성능 테스트를 수행하여 애플리케이션의 성능을 향상시키고, 애플리케이션을 모니터링하고 지원하기 더 쉽도록 변경하도록 권고하며, 코드 리팩토링 대상을 식별해야 한다.

여기에서는 이들 작업에 대한 가이드를 제공하게 될 것이며, 이것을 통해 여러분은 다음 방법을 배우게 될 것이다.

- 기능 테스트 케이스 코드 작성 가이드라인 수립
- 효과적인 성능 테스트 수행
- 메모리와 CPU 사용을 향상시키기 위한 효과적인 애플리케이션 프로파일링

- 애플리케이션의 지원성 향상
- 리팩토링이 필요한 코드 식별
- 소프트웨어 아키텍처 원칙을 새로운 기술에 적용하기

테스트 가이드라인과 전략

서로 다른 여러 테스트 유형이 있다.

- 단위 테스트unit testing : 특정한 클래스의 공개 또는 보호 메서드 또는 생성자의 정확성을 확인하는 테스트
- 통합 테스트integration testing : 개발 소프트웨어 기능 또는 함수가 의도된 대로 동작하는지를 확인하는 테스트
- 시스템 통합 테스트system integration testing : 소프트웨어 제품의 전체 기능이 의도한 대로 동작하는지, 외부 애플리케이션 또는 소프트웨어 컴포넌트와 정확하게 인터페이스하는지를 확인하는 테스트
- 사용자 인수 테스트user acceptance testing : 인도된 소프트웨어가 정확하게 작동하는지, 의도한 업무 목적을 전달하는지 확인하기 위해 최종 사용자 또는 최종 사용자 대표가 수행하는 테스트
- 성능 테스트peformance testing : 완전한 부하 상태(예: 예상 사용자 수)에서 운영될 때 소프트웨어 제품이 확장할 수 있고 성능이 만족스러운지를 확인하는 테스트

애플리케이션 아키텍트로서 여러분은 이들 각 유형의 테스트 가이드라인이 프로젝트에 있는지를 확인할 필요가 있다. 일반적으로 이들 항목에 대한 애플리케이션 아키텍트의 권고가 필요할 것이다. 관리 부서에서 권고사항의 일부를 번복할 수도 있겠지만, 주로 아키텍트의 권고사항을 받아들이게 된다. 이번 장에서는 각 테스트 유형에 대한 나의 견해를 상세히 설명할 것이다.

단위 테스트 가이드라인

단위 테스트unit testing는 프로젝트 초기에 결함을 발견하는 것이 대개 더 경제적이라는 원칙에서 수행된다. 결함이 식별되고 수정하기 전에 더 소수의 사람이 결함에 영향을 덜 받는다는 점에서 그렇다. 일단 단위 테스트가 수행되면 개발자는 변경해도 좋다는 어느 정도의 합리적인 자신감을 가지고 변경시킬 수 있게 함으로써 향후 결함을 막아주는 데 도움을 준다.

버그로 인한 대가는 여러 형태로 나타난다. 테스트 과정에서 늦게 발견된 버그는 프로젝트의 일정에 영향을 준다. 배포 후에 발견된 버그는 시스템과 개발팀에 대한 사용자의 신뢰에 영향을 줄 수 있다. 그 시점에서 버그를 수정하기 위해서는 개발자뿐만 아니라 전체 테스트팀까지 관여해야 한다.

이와 반대로 프로젝트 초기에 새로운 버그를 잡을 수 있다면 개발팀을 벗어나지 않는다. 테스트팀과 최종 사용자는 직접적으로 버그가 수정된 것을 확인할 수 없다. 이들은 버그를 경험하지 못하기 때문이다.

단위 테스트 가이드라인은 다음 질문에 대해 대답해야 한다.

- 단위 테스트의 범위가 어느 수준의 코드까지 이루어져야 적당한가? 어떤 클래스와 메서드에 단위 테스트를 해야 하나?
- 단위 테스트를 어디에 두어야 다른 개발자들이 쉽게 발견하고 사용할 수 있게 되나?

- 단위 테스트를 얼마나 자주 해야 하나? 단위 테스트가 중단될 때 누가 수정해야 하나?
- 단위 테스트에 외부 리소스(예: 관계형 데이터베이스 또는 외부 애플리케이션)가 필요할 때 어느 환경에서 테스트를 실행해야 하나?
- 어떤 단위 테스트 도구가 기술 스택이 있으며 사용할 수 있나?

이들 질문은 대부분 전문가가 테스트 주도적 개발(TDD Test-Driven Development)의 이점을 강조할 때 사용하는 것들이다. 이들의 결론은 코드를 작성하기 전에 단위 테스트를 작성하라는 것이다. 이러한 방식으로 개발자들은 높은 수준의 단위 테스트 커버리지 unit test coverage를 보장하고 어떤 요구사항을 코드로 작성해야 하는지를 이해하고 있다는 것을 확인한다. 또한, 이러한 실천은 개발자들이 단위 테스트를 할 수 있는 방식으로 코드를 작성하도록 가이드한다. 대부분 전문가는 100퍼센트 미만의 어떠한 단위 테스트 커버리지(즉, 모든 코드가 적어도 한 번은 단위 테스트로 테스트되어야 한다.)도 받아들일 수 없다고 주장한다.

논쟁의 다른 측에서는 해당 기능의 코드를 작성한 후에 단위 테스트를 작성한다면 테스트는 좀 더 위험성이 높은 부분의 코드를 해결할 수 있다고 주장한다. 해결하려고 하는 문제를 대부분 이해하는 시점에서 단위 테스트를 작성하기 때문이다.

나는 개발 과정에서 개발자가 정확히 언제 코드를 작성해야 하는지를 세부적으로 관리하는 것보다는 어떤 코드 커버리지의 수준이 필요한지를 명시하는 것이 더 중요하다고 생각한다.

어떤 수준의 단위 테스트 커버리지가 적당한가? 대부분 조직은 100퍼센트 단위 테스트 커버리지를 할 수 있는 예산을 제공하지 않는다. 어떤 경우에는 단위 테스트 스크립트에 작성된 입력만 테스트하기 때문에 버그를 완전히 제거하지 않는다. 단위 테스트가 개발자로 하여금 좀 더 안전하게 코드를 리팩토링할 수 있게 하지만 또한, 이것은 변경 시마다 좀 더 많은 코드를 작성해야 한다는 것을 의미하며(애플리케이션의 행위를 변경해야 할 뿐만 아니라 단위 테스트도 변경해야 할 필요가 있다.), 따라서 해당 변경사항에 대해 더 많은 개발 시간이 필요하게 된다. 전문가들은 단위 테스트 케이스를 유지하는데 소요되는 추가적인 시간은 보상을 받는다고 주장한다. 수정해야 할 버그가 그만큼 더 적어지기 때문에 버그를 수정하는데 더 적은 시간이 들기 때문이다.

다른 애플리케이션에서 사용되는 코드 커버리지 비율이 궁금하다면 Nemo (http://nemo.sonarsource.org/)를 찾아보기 바란다. Nemo는 Sonar의 지원을 받아서 여러 유명한 오픈 소스 프로젝트의 코드 커버리지를 포함한 Sonar 통계치를 보여준다. 여러분은 코드 커버리지 비율이 프로젝트마다 아주 다양하다는 것을 쉽게 발견할 수 있다. 만약 100퍼센트 미만의 코드 커버리지를 수용하는 것에 회의가 든다면 Nemo를 방문하기 바란다. 여러분은 대부분 프로젝트(아주 성공적인 프로젝트를 포함하여) 100퍼센트 미만의 단위 테스트 커버리지로도 잘 운영되고 있다는 것을 발견할 것이다.

단위 테스트 커버리지를 측정할 수 있는 제품이 있다. 그 중의 하나가 오픈 소스로 자유롭게 사용할 수 있는 Sonar(http://www.sonarsource.org/)이다. 또한, Sonar는 소프트웨어의 품질을 측정할 수 있는 다양한 소프트웨어 지표를 제공한다. 단위 테스트 커버리지를 특정할 수 있는 또 다른 제품은 Crap4J(http://www.crap4j.org/)이다.

나는 보통 데이터 액세스 객체 레이어와 업무 로직 레이어 클래스, 그리고 모든 유틸리티 클래스의 각 공개 및 보호 메서드당 적어도 하나의 정상적인 단위 테스트 케이스와 하나의 실패하는 단위 테스트 케이스를 요구한다. 정상적인 테스트 케이스는 메서드가 정상적으로 완료되는 것을 말하며, 실패하는 테스트 케이스는 메서드가 예외(예: 잘못된 입력)를 발생시키는 것을 말한다.

이것은 결코 100퍼센트 커버리지를 하라는 것은 아니다. 따르도록 노력하기만 하면 된다. 이러한 요구사항을 코드 커버리지 비율로 표현하고 이 비율을 측정할 수 있는 자동화된 테스트 도구를 준비할 수는 있지만, 그렇게 하는 것은 관리 작업을 개발자에게 전가하는 것이 된다. 그리고 유틸리티 클래스는 더 높은 테스트 커버리지 비율을 가져야 한다. 업무 로직이나 데이터 액세스 객체 클래스보다는 더 자주 광범위하게 사용되기 때문이다.

관리 수준에서 나는 가장 공통으로 실행되는 코드와 가장 복잡한 코드에 대한 단위 테스트가 있는지를 확인한다. Sonar와 Crap4J 둘 다 코드 커버리지 측정 지표와 함께 코드 복잡성 지표를 제공한다. 또한, 어떤 코드 부분이 계속해서 결함 보고서에 나타난다면 이 코드에 적절한 테스트를 하도록 함으로써 결함 비율을 줄일 수 있게 된다.

어디에 단위 테스트를 넣어야 하나? 이것은 애플리케이션 아키텍트가 모든 개발자로부터 입력을 받아 수립해야 한다. 나는 보통 모든 애플리케이션에 "test" 소스 폴더를 정의하여 이 폴더에 단위 테스트를 넣어둔다. 대부분의 IDE Integrated Development Environment는 JUnit용 단위 테스트를 지원한다. 예를 들어 Eclipse에서 소스 폴더에 오른쪽 마우스 클릭하여 그 안에 포함된 모든 JUnit 테스트를 실행할 수 있다. 테스트 폴더의 패키지 구조는 메인 소스 폴더의 패키지 구조를 그대로 모방해야 한다. 나는 보통 테스트 클래스의 이름을 테스트할 클래스 이름 뒤에 Test를 붙여 부여하고, 테스트할 클래스와 같은 패키지에 둔다(또한, 보호 메서드도 테스트한다).

얼마나 자주 단위 테스트를 실행해야 하나? 단위 테스트가 중단될 때 누가 수정해야 하나? 이상적이라면 단위 테스트는 적어도 하루에 한 번씩 자동화 형식으로 실행되는 것이 좋다. 그런데 진짜 어려운 것은 단위 테스트가 중단될 때다. 일반적으로 생각한다면 중단의 원인이 되는 코드를 체크인한 개발자가 수정해야 한다. 그러나 프로젝트에서 단위 테스트를 실패하게 한 코드를 체크인한 사람이 누군지 항상 분명한 것은 아니다. 예를 들어서 잘못된 체크인은 없었지만, 어떤 개발자가 특정한 테스트에 사용되는 입력 데이터를 변경했을 수도 있다. 또한, 프로젝트의 막바지라서 테스트 케이스를 수정하는 것이 우선순위에서 밀리는 경우도 있다.

보통 애플리케이션 아키텍트는 이 주제에 대해 프로젝트 관리자에게 조언하지만, 일방적으로 결정하지는 않는다. 어떤 작업을 어떤 사람에게 할당하느냐 하는 관리 문제는 프로젝트 관리자의 고유 권한이기 때문이다.

하나의 선택 방법은 단위 테스트 중단을 수정하는 책임을 번갈아 맡는 것이다. 이것은 관리하기 더 쉽게 한다. 프로젝트 관리자가 그들이 단위 테스트 순찰 중에 있을 때 그 사람으로부터 덜 기대할 수 있기 때문이다. 또한, 단위 테스트를 중단시킨 코드를 체크인한 개발자를 당황하게 함으로써(예: 다른 사람들이 주목하게 함으로써 실수를 환기시키는 것) 벌을 준다. 여기에 단위 테스트를 중단시킨 코드에 체크인하지 않은 개발자에게는 인센티브를 제공한다. 불행하게도 단위 테스트를 "생략해버린" 개발자에게도 인센티브가 제공되며 당황하지도 않게 된다.

어떤 환경에서 단위 테스트를 실행해야 하나? 대부분 애플리케이션은 데이터베이스와 같은 외부 리소스가 필요하다. 대개 나는 개발 작업과 단위 테스트를 제공하는 개발 데이터베이스와 자동화된 통합 테스트를 위한 데이터베이스를 분리한다. 어떤 조직에서는 개발자 스스로 개발 서버를 유지하지만, 이것은 비효율적이다. 개발자는 데이터베이스 관리자가 아니기 때문에 데이터베이스 환경에서의 문제를 빠르게 해결할 수는 없다. 모든 사람을 위해 환경을 유지할 수 있는 기술을 가진 사람을 두는 것이 더 효율적이다.

어떤 단위 테스트 도구가 기술 스택에 있으며 사용할 수 있나? 단위 테스트를 지원하기 위한 어느 정도 추가적인 도구가 필요하다. JUnit 테스트 프레임워크

(http://www.junit.org/)가 가장 유명하며, 나의 프로젝트에서도 사용하는 것이다. 테스트 프레임워크와 함께 특정한 단위 테스트의 주제가 아닌 인터페이스 클래스 의존성에 대한 모의 구현을 제공하는 프레임워크도 필요하다. 나는 주로 Easy Mock (http://easymock.org/)을 사용하지만 다른 도구를 사용할 수도 있다.

중요한 것은 단위 테스트에 필요한 라이브러리와 도구는 운영 환경에서는 사용되지 않는다는 것이다. 보통 나는 프로젝트에 dev-lib 폴더를 정의한다. dev-lib 폴더에는 개발과 단위 테스트에서는 필요하지만, 운영 환경에는 배포되지 않는 jar를 포함한다. 빌드 프로세스는 개발자가 실수로 EasyMock나 다른 테스트 제품의 의존 코드를 운영 코드 안에 포함시키지 않도록 강화한다.

프로젝트에서 사용할 수 있는 단위 테스트 도구를 선택하는 것과 함께 단위 테스트를 쉽게 생성할 수 있도록 기본적인 테스트 프레임워크를 제공할 필요가 있다. 예를 들어 나는 모든 Hibernate 설정 작업과 테스트 JNDI 팩토리를 수행하는 기본적인 단위 테스트를 한다. 따라서 모든 개발자가 새로운 JUnit 테스트를 생성하기 위해 해야 할 일은 기본적인 테스트 클래스에서 확장하는 것뿐이다. 그뿐만 아니라 이 기초 클래스는 공통 모의 기능(예: `HttpServletRequest`, `HttpServletResponse`)을 제공한다.

테스트 자동화

애플리케이션이 성숙하고 복잡해짐에 따라 자동화된 테스트가 예방약이 된다. 코드가 복잡해지면, 개발자가 하나의 문제를 해결하면 부주의하게 다른 문제를 일으킬 가능성이 커지게 된다. 어떤 사람은 이것이 코드 리팩토링이 필요하다는 것을 나타내는 빨간 깃발red flag(위험이나 문제가 있다는 경고 표시)이다. 이것에 대해서는 나중에 설명하게 될 것이다. 자동화된 테스트는 일관성을 제공하고 실행하기 쉬우므로 더 좋다. 자동화된 테스트를 하면서 힘든 하루의 끝에 쉬라고 하는 것이 아니다. 반복하여 테스트하기 쉽게 하고자 하는 것이다. 따라서 애플리케이션에서의 약간의 변화조차도 자동화된 회귀 테스트regression testing가 좀 더 비용 효율적이다. 나는 빌드 스크립트에 테스트 스위트test suite를 포함한 정도까지 간 프로젝트를 본 적이 있다. 회귀 테스트 중의 하나가 실패하면 빌드는 실패하고 개발자는 버그를 수정해야만 한다.

자동화된 테스트는 여러분이 원하는 만큼 완벽하게 된다. 여러분이 애플리케이션 개발이 될 때 테스트 케이스가 생성되어야 한다는 관점을 가지고 있다면, 여러분은 개발자가 초기에 테스트 케이스를 생성해야 한다고 느끼게 된다. 그러나 이들 테스트 케이스는 보통 완벽하지 않다. 버그를 수정하는 첫 번째 단계가 테스트 케이스를 작성하는 것이라고 권고한다면 여러분의 회귀 테스트는 향상되어 좀 더 많은 버그를 찾아낼 것이다. 시간이 지나가면서 여러분은 강력한 회귀 테스트를 갖게 될 것이고 이것은 배포 전에 버그를 발견할 가능성을 높여 줄 것이다.

자동화된 테스트는 공짜가 아니다. 테스트를 생성하고 유지하는데 인력이 필요하다. 따라서 80/20 법칙을 사용하는 것이 중요하다. 초기에는 가장 복잡하고 에러를 발생시킬 가능성이 높은 애플리케이션의 80%에 대하여 테스트 케이스 코드를 작성한다. 그리고 시간이 지나면서 나머지 20%를 채울 수 있다. 만약 여러분이 100% 완벽한 자동화된 테스트를 생성하려고 한다면 프로젝트 일정이 너무 늦어져서 비용이 이점을 넘어서게 될 것이다.

단위 테스트 모범 사례

테스트 케이스와 지원 클래스는 별도의 폴더에 동일한 패키지 구조로 보관한다. 테스트 케이스는 애플리케이션과 보조를 맞추어 개발되지만 실제로는 애플리케이션 일부분이 아니다. 일반적으로 테스트 환경을 제외한 어느 곳에도 테스트 케이스를 배포할 필요가 없다.

나는 테스트 케이스와 지원 클래스의 패키지 주조를 애플리케이션 패키지 구조에 따라 구성한다. 일관적인 패키지 구조는 개발 시간을 줄여줄 것이다.

쉽게 테스트 클래스를 찾을 수 있도록 이름 부여 규칙을 채택한다. 이것은 개발자 시간을 절약시킬 수 있는 또 다른 제안이다. 예를 들어 나는 모든 테스트 클래스의 이름을 TestXxx로 한다. 여기서 Xxx는 테스트하는 클래스 이름이다. 예를 들어서 TestValueObject 클래스는 ValueObject 클래스의 테스트 클래스이다. 나는 같은 클래스의 모든 단위 테스트를 하나의 테스트 클래스에 결합시키는 것을 선호한다. 그러나 이것은 기술적이 요구사항이거나 제안은 아니다.

각 테스트 케이스를 자급적이고 독립적으로 만든다. 테스트 케이스는 이전에 실행되어야 하는 다른 테스트 케이스에 의존하지 않아야 한다. 만약 테스트 케이스 #1이 테스트 케이스 #2 이전에 실행되어야만 하는 테스트 케이스를 작성한다면 사전 조건이 무엇인지 다른 개발자들에게는 분명하지 않을 것이다. 그들은 단위 테스트와 디버깅에 테스트 케이스를 사용하기를 원한다. 그러나 이러한 제안을 구현하는 것이 실제적이지 않은 약간의 예외적인 경우도 있을 수 있다.

통합 테스트

통합 테스트integration testing는 때로는 인수 테스트acceptance testing라고도 하며, 개별 소프트웨어 기능 또는 함수가 의도된 대로 동작하는지를 확인한다. 일반적으로 나는 통합 테스트와 시스템 통합 테스트system integration testing 환경을 통합한다. 이들 두 요구사항이 아주 유사하기 때문이다. 통합 테스트의 하나의 중요한 부분은 애플리케이션의 주요 기능들을 지원하는 프레젠테이션 레이어 지원 클래스 메서드를 실행하는 JUnit 테스트다. 그러나 GUI 기능에 대한 통합 테스트를 완전히 자동화하기는 어렵다. 테스트 프레임워크가 기능이 예외 없이 작동되는지를 확인할 수는 있지만, GUI의 미적인 부분이 정확한지를 확인할 수는 없다. 이러한 이유로 나는 보통 수작업으로 회귀 테스트 계획을 유지한다. 이 단계에서 개발자는 회귀 테스트 계획에 필요한 사항을 수정하여 추가된 새로운 기능을 수용할 수 있도록 한다.

시스템 통합 테스트

시스템 통합 테스트system integration testing는 소프트웨어 제품 전체가 의도한 대로 동작하는지를 확인하는 과정이다. 이 과정은 주로 사용자 인수 테스트user acceptance testing를 준비할 때 실행된다. 이 단계 동안에 개발자(또는 테스트팀 멤버의 일부)는 수작업으로 회귀 테스트를 실행한다. 개발자는 발견된 결함을 수정할 책임이 있다.

이 과정에서 애플리케이션 아키텍트의 책임은 일반적으로 이 유형의 테스트 활동을 지원할 수 있는 환경을 만들어주는 것이다. 개발자는 이 환경에 빌드와 배포를 시작하기 쉽도록 하는 방법이 필요하다. 나는 환경과 프로젝트에 걸쳐 빌드와 배포 과정을 표준화하는 것이 도움이 된다는 것을 발견하였다. 이것이 빌드와 배포 스크립트의 유지·보수를 매끄럽게 할 뿐만 아니라, 보통 많은 조직의 프로젝트 사이로 이동하는 개발자들의 삶을 간편하게 한다. 이러한 일관성은 개발자가 특정한 프로젝트에 고유한 빌드 및 배포 절차로 인해 불필요한 시간을 소모하기보다는 테스트 활동 그 자체에 집중하여 필요한 결함을 수정할 수 있게 한다.

사용자 인수 테스트

사용자 인수 테스트user acceptance testing는 보통 별도의 환경이 필요하다. 이것은 테스트팀(또는 조직의 사용자 대표부)에 안정성을 보장한다. 대개 애플리케이션 아키텍트 또는 선임 개발자는 이 환경에 필요한 변경사항을 관리하여 변경사항이 궁극적으로 프로젝트가 배포될 운영 환경에도 적용될 수 있도록 한다.

다시 이 과정에서 애플리케이션 아키텍트의 역할은 이 활동을 지원할 수 있는 환경을 만들어 주는 것이다. 보통 나는 이 환경에 대한 변경사항을 관리하여 필요한 변경사항이 운영 환경에 적용되도록 한다. 이 환경의 변경 관리가 집중화되지 않는다면 (즉, 여러 사람이 변경을 관리한다면) 프로젝트가 운영 환경에 배포될 때 필요한 변경사항을 놓칠 가능성이 크게 증가한다.

일반적으로 나는 사용자 인수 테스트 기간에 결함 메모와 체크인을 검토한다. 이것은 프로젝트 초기의 설계 작업을 얼마나 잘했는지를 알려주는 피드백을 제공한다. 프로젝트의 이 단계에서 결함은 중요한 아키텍처 결정사항의 변경을 요구하지 않아야 한다. 그래야 할 필요가 있다면 그 이유를 분석하여 이런 종류의 실수가 다음 프로젝트에서 발생하지 않도록 해야 한다.

성능 테스트

성능 테스트performance testing는 프로젝트가 지원하는 사용자와 트랜잭션 수라는 관점에서 확장성 요구사항을 충족시키는지를 확인하는 과정이다. 이 과정은 애플리케이션 아키텍트나 최고 선임 개발자가 직접 개입해야 한다. 나는 이 테스트에 직접 참여한다. 개발자들은 단위 테스트가 실패할 때 또는 테스트 중에 결함이 나타날 때 긴장하게 된다. 아키텍트에게도 유사한 피드백이 필요하다. 성능 테스트는 애플리케이션 아키텍처가 성능 명세를 충족시키는지를 찾는 아주 좋은 방법이다.

성능 테스트 계획을 구축할 때 다음과 같은 질문에 대한 대답이 필요하다.

- 측정해야 할 지표는 무엇인가?
- 성능 테스트를 통과하는데 필요한 측정치는 무엇인가?
- 테스트를 수행하는데 어떤 제품과 도구를 사용할 것인가?
- 성능 테스트에 어떤 기능이 포함될 것인가?

애플리케이션 아키텍트는 이들 질문에 대해 대답할 책임이 있으며, 다른 팀 멤버 및 최종 사용자 대표와 토의하여 이들 질문에 대답할 수 있어야 한다.

애플리케이션 아키텍트가 성능 테스트를 실행하지는 않지만, 문제가 발견되면 문제 해결을 조언하도록 종종 요청을 받는다. 애플리케이션 아키텍트가 아닌 선임 개발자가 성능 테스트를 관리할 수도 있다. 그러나 나는 이 과정을 개발자가 수행한다고 하더라도 면밀하게 모니터링한다. 초기 설계의 품질에 대한 가치 있는 피드백이기 때문이다. 애플리케이션 튜닝하는 것이 쉬운가? 또는 어려운가? 하는 정도는 해당 애플리케이션 아키텍처의 품질에 직접적으로 반영된다. 요구사항마다 애플리케이션을 튜닝하기가 어렵다면, 어려운 것이 무엇인지를 이해하여 다른 애플리케이션에서는 같은 문제를 피할 수 있게 된다.

측정해야 할 지표는 무엇인가? 측정은 목적이 있어야만 한다. 나는 주로 처리량(예: 초당 20회)과 평균 클라이언트 응답 시간(예: 회당 3초)을 측정한다. 성능 테스트를 지원하는 대부분의 도구는 이들 측정 지표를 제공할 것이다.

여러분은 내가 왜 "실질적인 사용자의 수"에 신경을 쓰지 않는지, 그리고 애플리케이션 지원할 수 있는 실질적인 최대 사용자 수라는 용어로 목표를 설정하지 않는지 그 이유가 궁금할 것이다. 결국, 모든 최종 사용자는 처리량보다 더 지원되는 사용자의 히트(hit: 홈페이지에 액세스하는 수치)와 관련된다. 그 이유는 히트 사이의 지체 시간(대부분의 로드 테스트 도구는 설정을 허용하는 어떤 것)을 통제함으로써 나는 소프트웨어 제품이 거의 어떤 수의 동시 사용자든 수용할 수 있게 만들 수 있다. 지체 시간을 증가시킴으로써 더 많은 동시 사용자 수(사실상 업무가 요구하는 수)를 수용할 수 있게 할 수 있다. 이것이 초기에 사용자를 달랠 수 있지만, 실질적인 사용 지원 수를 측정하는 것은 테스트를 조작할 수 있게 한다. 처리량은 이런 식으로 조작될 수 없으며, 내가 이것을 사용하는 이유다.

성능 테스트를 통과하는데 필요한 측정치는 무엇인가? 이것은 임의적인 결정이며 최종 사용자 대표와 논의되어야 한다. 나는 대개 운영 환경에서 필요한 산출량의 두 배를 지원하는 것을 목표로 할 것을 추천한다. 예를 들어 운영 환경의 애플리케이션이 초당 5히트를 지원한다면 성능 테스트에서는 애플리케이션이 초당 10히트를 지원하는지를 확인한다. 이것은 운영 환경에서 부딪칠 수 있는 예기치 못한 사용 폭증을 대비할 방법을 제공한다.

성능 향상의 기회는 항상 있지만, 성능 튜닝의 결과는 시간이 지나면서 감소된다. 튜닝을 시작할 때 여러분이 변경시킨 것은 더 큰 성능 향상의 결과를 가져온다. 그러나 시간이 지나면서 대부분 애플리케이션에서 향상의 결과는 점점 더 작아진다. 튜닝으로부터 얻을 수 있는 이점 대부분이 작업 초기 20%에서 발생하기 때문에 80/20 법칙이 여기서도 적용된다.

테스트를 수행하는데 어떤 제품과 도구를 사용할 것인가? 나는 보통 서버 측 성능 지표에는 Admin4J (http://admin4j.net/)에 의존하고, 성능 테스트 그 자체를 스크립트하고 실행하는데 Jmeter(http://jmeter.apache.org/)를 사용한다. Jmeter는 선택적으로 클라이언트 응답 시간 통계와 처리량 통계도 함께 제공할 것이다.

Admin4J가 과도한 것으로 보이지만 그렇지 않다. Admin4J가 보고하는 통계는 서버 측이다. 즉, 여기에는 웹 서버와 방화벽, 네트워크 지체 시간은 포함되지 않는다. Jmter 통계는 클라이언트 측으로 웹 서버와 방화벽, 네트워크에 의해 소요되는 시간을 포함한다. 성능 또는 확장성 문제가 표면으로 등장하면 애플리케이션의 문제와 실행되는 환경 문제 사이를 구별할 수 있는 것이 중요하다. 이것에 따라 문제를 해결하는데 사용되는 전술이 달라지기 때문이다.

성능 테스트에 어떤 기능이 포함될 것인가? 성능 테스트에 모든 제품의 특징을 포함시키는 것이 가능하지도 않고 그럴 필요도 없다. 성능 테스트의 내용은 보통 최종 사용자 대표와 논의하여 결정한다. 나는 가장 일반적으로 사용되는 기능을 기술할 것을 추천한다. 일반적으로 운영 환경 액세스 로그를 검토하여 어떤 기능이 포함될지 찾아낼 수 있다.

나는 가능한 한 릴리즈 사이에 기능 집합과 성능 테스트 스크립트를 일관성 있게 유지하려고 노력한다. 이것은 릴리즈 사이의 성능 비교를 좀 더 의미 있게 한다. 예를 들어서 만약 공통 기능이 마지막 릴리즈에서 초당 5히트를 기록하였지만, 현재 릴리즈에서는 초당 3히트만 지원한다면 애플리케이션 또는 환경에서 변경된 어떤 것이 성능에 부정적인 영향을 준 것이다.

성능 테스트는 기능 테스트가 아니다. 많은 관리자가 이것을 놓치는 경우가 많다. 성능 테스트 스크립트는 기능 테스트를 대체할 수 있을 정도로 종합적이지 않다. 그러나 성능 테스트에서 각 요청이 에러 없이 작동하는 것을 확인하는 것은 중요하다. 에러 페이지의 속도를 측정하는 것은 그렇게 유용한 것이 아니다. 설사 인상적인 몇 개의 성능 수치를 제공한다고 하더라도 말이다.

나는 종종 개인적으로 분석에 필요한 지표를 잡았다는 것을 확인하기 위해 성능 테스트를 모니터링한다. 성능이 요구사항을 충족하지 못한다면 나는 성능 테스트 중에 다음과 같은 정보를 잡을 것이다.

- 스레드 덤프
- O/S 디스크 사용 측정치
- O/S CPU 사용 측정치
- O/S 네트워크 사용 측정치
- 데이터베이스 디스크, 메모리, 그리고 로크 다툼 측정치

스레드 덤프는 해결되어야 할 필요가 있는 Java 수준의 동기화 문제가 있는지를 알려줄 것이다. O/S 측정치는 리소스 제약사항이 문제인지를 말해줄 것이다. 데이터베이스 측정치는 데이터베이스 튜닝이 필요한지를 알려줄 것이다.

성능 테스트 팁과 가이드라인

애플리케이션이 사용자 인수 테스트 중이라면 끝날 때까지 튜닝을 시작하지 않는다. 많은 개발자는 자신이 작성한 모든 코드를 튜닝하기 바라고 나는 그들의 바람

이 이루어지기를 원하지만, 프로젝트 일정에 영향을 준다. 이 수준에서 튜닝될 코드 대부분이 애플리케이션 전체의 성능이 향상되도록 하지 않는다. 이 생각에 동의하지 않는 개발자를 많이 보았지만, 경험상으로 볼 때 튜닝의 비용이 효과를 충분히 가져다주지는 않는다.

대부분 성능 문제의 원인은 애플리케이션 코드에 있다. 개발자는 코드를 찾아보기보다는 컨테이너 설정이나, JVM 옵션, 운영체제 성능, 네트워크 성능 등을 조사해서 성능 문제를 해결하려고 하는 경향이 있다. 그러나 이것은 개발자의 바람일 뿐이다.

튜닝 전에 성능을 측정하여 기준을 수립한다. 다음 절에서 성능을 측정하는 방법에 대해 살펴보게 된다. 성능 측정의 결과치는 성능 향상의 효과를 판단하는 기준이 될 것이다. 또한, 성능 테스트 사이의 애플리케이션에 변경시키는 사항을 기록한다. 이 방법은 튜닝의 결과가 도움이 되는지, 해가 되는지, 그리고 어느 정도인지를 알려준다.

항상 같은 조건으로 여러 번 부하 테스트를 실행한다. 여러분이 알지 못하는 테스트를 방해하는 어떤 것도 없다는 것을 확인할 필요가 있다. 나는 부하 테스트를 하는 중에 우연히 배치 작업이나 서버 백업이 실행되는 경우를 보았다. 적어도 두 번씩 각 테스트를 실행하여 유사한 결과를 얻었다면, JMeter가 제공한 정보에 대하여 아주 신뢰할 수 있게 될 것이다.

각 테스트 사이의 변경을 문서화하고 제한한다. 만약 부하 테스트 사이에 여러 가지를 변경했다면 어떤 변경사항이 성능에 영향을 주었는지를 알기 어려울 것이다. 예를 들어 여러분이 4가지를 변경했다고 하자. 이들 중 하나가 성능에 도움을 주고, 다른 하나가 성능을 떨어뜨리고, 다른 두 개는 어떤 영향도 미치지 않았다고 하자. 그러나 여러분은 한꺼번에 변경했기 때문에 어떤 것이 도움을 주고 해를 끼쳤는지를 알기 어렵다.

테스트 동안에 CPU와 메모리 사용을 모니터링하고 기록한다. 이것을 하는 가장 단순한 방법은 운영체제 수준에서 하는 것이다. 대부분의 UNIX 운영체제는 top 유틸리티를 제공하여, 각 프로세스의 CPU와 메모리 사용과 함께 전체 서버의 사용을 제공한다. 여러분은 부하 테스트 중에 컨테이너 프로세스에서 어떤 일이 발생하는지에 대해 관심이 있을 것이다. 코드 16.1은 top 유틸리티의 결과에서 추출한 것이다. 만약 Windows 플랫폼에서 애플리케이션이 실행된다면 perfmon 유틸리티를 사용해야 한다.

코드 16.1 top 유틸리티 결과 예

```
 PID    USER    PRI   NI SIZE   RSS SHARE  STAT  percentCPU
        percentMEM  TIMECOMMAND
21886  dashmore       15     0   1012   1012    776      R    0.1    0.1
       0:00java
    1  root     15     0   480   480    428      S    0.0    0.0   0.04
       init
    2  root     15     0     0     0      0     SW    0.0    0.0   0:00
       keventd
    3  root     15     0     0     0      0     SW    0.0    0.0   0:00
       kapmd
```

top 유틸리티 결과를 컨테이너를 실행하는 프로세스로 제한하는 것이 더 편리하다. 불행하게도 top 유틸리티 옵션은 플랫폼마다 다르다. 예를 들어 Solaris에서는 -U 옵션을 사용하여 특정 사용자로 출력을 제한할 수 있다.

```
top -U username
```

Linux에서는 -p 옵션으로 프로세스 ID를 지정하여 출력을 제한할 수 있다.

```
top -p pid
```

여러분이 UNIX를 사용한다면 top 유틸리티의 man 페이지를 참조해야 할 것이다. 또한, **Loukides (2002)**도 UNIX 유틸리티가 제공하는 CPU와 메모리 활용 통계를 해석하는데 훌륭한 참조가 된다.

여러분은 테스트하는 동안에 CPU와 메모리 사용이 증가하고 테스트 후에는 감소하기를 기대한다. 테스트 후(예: 15분에서 30분 사이)에도 메모리 할당이 감소하지 않는다면 메모리 누수가 있다고 판단할 수 있다. 여러분은 CPU 사용과 메모리 사용에 대한 부하 테스트 결과를 기록해야 한다.

앞에서 설명한 바와 같이 나는 VisualVM이나 JConsole과 같은 JMX 콘솔을 통해 힙 메모리를 모니터링한다. 운영체제 수준에서 메모리는 애플리케이션 코드가 직접 통제할 수 없는 메모리를 포함한다.

성능과 함께 메모리 누수를 찾아내기 위해 부하 테스트를 사용한다. Java가 메모리의 가비지 컬렉터를 제공하지만, 메모리 누수의 가능성은 얼마든지 있다. 메모리 누수가 있다는 것을 알기는 아주 쉽지만, 어디서 메모리가 누수되는지 알기는 훨씬 어렵다. 잠시 후에 메모리 누수를 식별하는 방법에 대해서 살펴보게 될 것이다.

부하 시 성능 측정

JMeter와 같은 대부분의 로드 생성기는 설정 가상적인 사용자 수를 시뮬레이션하기 위해 테스트 스크립트를 여러 번 동시에 실행하는 방식으로 운영된다. 각 가상적인 사용자에 대한 성능을 측정함으로써 부하 생성기는 모든 가상적인 사용자에 대한 성능 평균을 검토할 수 있도록 한다. 이 정보는 그래픽으로 표현되기도 한다.

예를 들어서 나는 Admin4J 제품의 JMeter 부하 테스트를 기록하였다. 부하 테스트의 결과는 그림 16.1에서 보여준다. 결과에서 두 가지 가장 중요한 숫자는 초당 10.5히트hps 산출량 비율과 평균 29밀리 초 클라이언트 응답 시간이다. 여러분이 예상한 대로 처리량 요구사항은 아주 낮다(2초 이하의 응답 시간으로 2hps가 합리적이다). 이것은 개발자가 문제를 조사할 때만 페이지를 사용하기 때문에 페이지가 자주 액세스되지 않기 때문이다. 10.5hps는 적정 이상이어야 한다. 일반적인 규칙은 사용자가 2초 이상 걸리는 응답을 기다리지 않는다는 것이다. 따라서 29ms 평균 응답 시간은 요구사항을 충족한다.

[그림 16.1] JMeter 부하 테스트 예

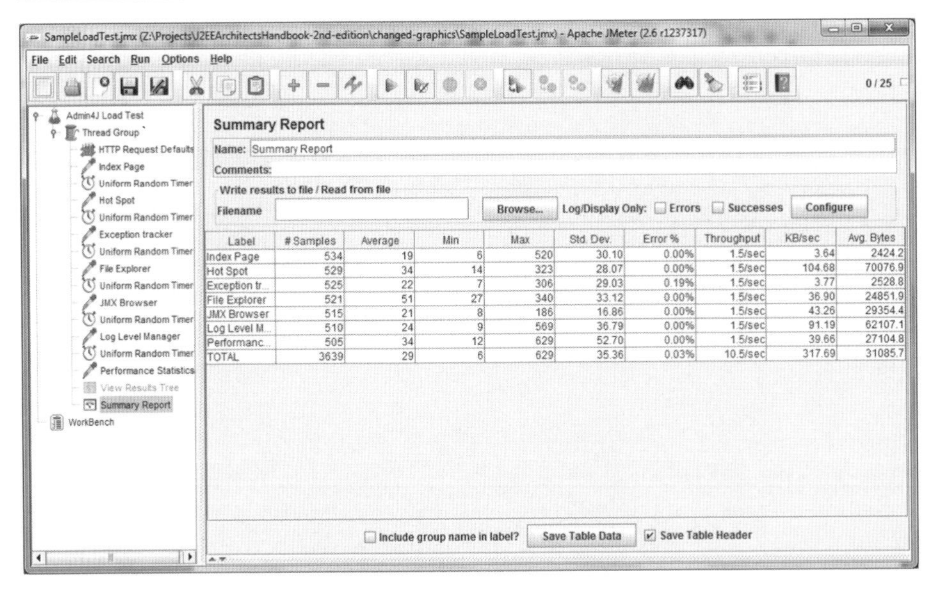

Label	# Samples	Average	Min	Max	Std. Dev.	Error %	Throughput	KB/sec	Avg. Bytes
Index Page	534	19	6	520	30.10	0.00%	1.5/sec	3.64	2424.2
Hot Spot	529	34	14	323	28.07	0.00%	1.5/sec	104.68	70076.9
Exception tr...	525	22	7	306	29.03	0.19%	1.5/sec	3.77	2528.8
File Explorer	521	51	27	340	33.12	0.00%	1.5/sec	36.90	24851.9
JMX Browser	515	21	8	186	16.86	0.00%	1.5/sec	43.26	29354.4
Log Level M...	510	24	9	569	36.79	0.00%	1.5/sec	91.19	62107.1
Performanc...	505	34	12	629	52.70	0.00%	1.5/sec	39.66	27104.8
TOTAL	3639	29	6	629	35.36	0.03%	10.5/sec	317.69	31085.7

부하 테스트는 대개 URL 연속 형식으로 작성된다. 나는 애플리케이션이 부하 테스트에 필요한 상당한 백앤드 프로세싱을 갖지 않는다면 다른 클래스에 대한 테스트를 설정하지 않는 것을 선호한다. 이런 경우는 예를 들어, 여러분의 애플리케이션이 다른 애플리케이션으로부터 온 JMS 메시지를 처리하는 경우에 발생한다.

부하 생성기가 성능 목표를 만족시킨다는 것을 말해줄 수는 있지만, 성능이 왜 그렇게 나오는지는 말해주지 않는다. 성능 목표가 달성되었다면 튜닝 노력을 멈추어야 한다. 성능 목표가 달성되지 않았다면 추가적인 기법을 적용하여 성능 문제의 원인을 진단해야 할 필요가 있다.

성능 문제를 식별하고 애플리케이션을 튜닝해야 할 필요가 있다면 다음 장에서 성능을 향상시키는 방법에 대해서 설명하므로 참고하기 바란다.

성능을 측정하고 향상시키는 데 사용할 수 있는 다양한 브라우저 기반의 도구(예: PageSpeed, SppedTracer, YSlow 등)가 있다는 점에도 주목하기 바란다. 그러나 이들 도구로부터 얻을 수 있는 측정치는 애플리케이션 성능 이상의 많은 것을 포함한다. 여기에는 네트워크 성능과 브라우저가 실행되는 장치의 성능도 포함된다. 같은 테스트 스크립트를 사용하여 다른 컴퓨터상에서 두 사람이 같은 페이지의 성능을 측정하는 것은 아주 다른 결과를 가져올 수 있다.

메모리 누수란?

Java에서 메모리 누수는 더는 필요없는 객체를 참조하고 있는 코드에서 발생한다. 참조란 변수 선언이고 할당이다. Java의 가비지 컬렉터는 정기적으로 참조하지 않는 변수와 관련된 메모리를 해제시킨다. 변수가 참조할 수 있으면 메모리는 해제되지 않는다.

예를 들어 다음과 같은 코드에서 account 변수는 값 객체를 참조하고 있다.

```
AccountVO account = new AccountVO();
```

이 코드 행이 메서드 안에서 지역 변수로 선언된 것이라면 메서드가 완료될 때 참조는 끝나게 된다. 메서드가 완료된 후에 가비지 컬렉터는 acoount 변수 선언과 관련된 메모리를 해제한다.

이 선언이 인스턴스 변수라면 둘러싸고 있는 객체가 더는 참조되지 않을 때 참조가 끝난다. 예를 들어 다음과 같이 account 변수가 CustomerVO 클래스의 인스턴스 필드로 선언되어 있다면, 인스턴스가 생성된 CustomerVO 객체에 대한 참조가 끝날 때 account 참조가 끝난다.

```
public class CustomerVO
{
  private AccountVO account = new AccountVO();
}
```

정적으로 정의된 변수는 JVM이 종료되거나 명시적으로 null을 지정할 때 참조가 끝나기 때문에 메모리 누수를 일으키기 쉽다.

Java EE 애플리케이션에서 메모리 누수는 정적으로 정의된 Collection 객체에서 주로 발생된다. 예를 들어서 다음과 같이 설정 세부사항을 저장하기 위해 애플리케이션 Properties 객체를 정의하는 것이 일반적이다.

```
public class Environment {
        private static Properties _configruarationProps =
new Properties();
}
```

정적으로 정의된 `Properties` 객체에 저장된 어떤 값도 참조될 수 있다. `Properties`나 `HashMaps`와 같은 `Collection` 객체는 여기에 값을 쉽게 저장하고 나중에 값을 제거하는 것을 잊어버리기 쉬우므로 메모리 누수가 발생할 가능성이 많아진다.

메모리 누수 찾아내기

메모리 누수를 찾아내기 위해서는 테스트 이전과 중간, 그리고 이후에 컨테이너가 얼마나 메모리를 사용하고 있는지를 확인해야 한다. 시작할 때 낮은 수준에서 메모리를 조사하고, 테스트 중간에 메모리가 널뛰듯이 증가하고, 테스트 후에 수

분에서 1시간 이내에 점차적으로 감소하는 것을 볼 수 있어야 한다. 예를 들어 컨테이너는 초기에 128MB 메모리로 시작하고 성능 테스트 중에 180MB로 늘어난다. 그리고 테스트가 끝난 다음에는 메모리 할당은 도로 128MB로 줄어들어야 한다. 나는 보통 이런 테스트를 24시간(점차적인 메모리 누수를 확인할 수 있는 충분한 시간) 동안 실행한다.

부하 테스트는 모든 메모리 누수를 찾아내지 못한다. 부하 테스트 중에 어떤 메모리 누수도 찾지 못한다고 하더라도 애플리케이션에는 여전히 메모리 누수가 있을 가능성이 있다는 점에 주목한다. 대부분 부하 테스트 스크립트는 복잡하지 않다. 즉, 그들은 애플리케이션의 모든 기능을 실행하지 않는다. 부하 테스트에 포함되지 않은 애플리케이션에서 메모리 누수가 있을 가능성이 많다. 대부분 복잡한 부하 테스트를 생성하고 유지하는데 소요되는 리소스의 양은 대부분 조직에서 투자할 수 있는 것보다 훨씬 많다. 이 때문에 애플리케이션과 Java EE 컨테이너를 설정하여 운영 환경에서 발생하는 메모리 부족에 대비할 수 있을 만큼 충분한 정보를 얻어야 한다.

이것을 수행하는 방법에 대해서는 16장에서 좀 더 설명하게 될 것이다.

메모리 누수는 운영 환경에서 발견될 가능성이 높다. 나는 24시간 이상 부하 테스트를 실시하여 메모리 누수를 검사하도록 권장하지만, 부하 테스트는 스크립트에 작성된 대로만 실행할 것이다. 만약 부하 테스트 스크립트가 메모리 누수가 발생하는 조건을 생성하지 못한다면, 오랜 시간 부하 테스트를 실행하더라도 메모리 누수를 찾아내지 못할 것이다.

나는 VisualVM (http://visualvm.java.net/)을 사용하여 성능 테스트 중에서 메모리를 모니터링한다. VisualVM은 JMX 콘솔이기 때문에 테스트할 컨테이너의 JMX 포트를 열어주어야 한다. 또한, JDK에서 제공하는 JConsole 유틸리티를 사용할 수도 있다. 나는 VisualVM을 사용하는 것을 더 선호한다. 선택할 수 있는 많은 플러그인이 있으며, 메모리 측정과 함께 다른 많은 용도가 있기 때문이다. 운영체제 수준에서 메모리를 측정할 수도 있지만, 힙 메모리(메모리 누수가 자주 발생하는 곳)를 JVM에 일반적으로 할당되는 많은 다양한 메모리 풀에서 구분할 수 있다.

메모리가 테스트 이전의 수준으로 되돌아가는 것은 현실적이지 않다. 그러나 테스트 동안에 할당된 대부분의 메모리는 해제되어야 한다. 나는 일단 메모리 누수가 확인된 경우라면 메모리 누수를 조사하기 위해서 메모리를 덤프한다. 메모리 덤프의 내용을 읽기 위해서 `jhat` 유틸리티를 사용할 수 있지만 수고스럽고 시간이 오래 걸린다. 나는 주로 상업용 프로파일러인 YourKit을 사용하여 메모리 누수를 조사한다. 이것을 사용하여 여러분은 어떤 트랜잭션이 메모리 누수를 발생시키는지를 식별하고, 메모리 누수를 생성하는 부하 테스트 스크립트나 단위 테스트를 구현할 수 있다. 다시 발생할 가능성이 있는 메모리 누수가 있다면 메모리 누수를 수정한 후에 프로파일러를 사용하여 수정된 것을 확인할 수 있다.

처음 OutOfMemoryError가 던져질 때 메모리를 덤프하도록 Java EE 컨테이너를 설정한다. 여러분이 Oracle JVM을 사용한다면 컨테이너에 `XX: +HeapDumpOnOutOfMemoryError` 옵션을 설정하면 된다. 다음에는 JVM에서 제공하는 jhat 유틸리티나 상업용 프로파일러를 사용하여 메모리가 어디에서 할당되었는지를 확인한다. 나는 모든 환경에서 Java EE 컨테이너에 이 설정 옵션을 사용한다. 그러나 부하 테스트할 때는 적당하지 않다. 운영 환경에서 메모리 누수가 발생한다면 덤프에 있는 정보가 아주 유용할 것이다.

추가로 나는 Admin4J를 사용하여 비정상적으로 많은 메모리를 사용하는 경우에 경고를 발생시킨다. 이와 함께 설정 가능한 메모리 할당량 이력과 스레드 덤프가 발생한다. 이 도구는 아주 리소스 집약적일 때 자동으로 메모리 덤프를 발생시키지 않는다. 스레드 덤프는 잠재적으로 메모리 튜닝 작업이 필요한 대상의 트랜잭션 유형을 식별하는데 유용하다.

성능 문제 조사

어떤 시점에서 부하 테스트는 해결해야 할 필요가 있는 성능 문제를 식별할 것이다. 성능 튜닝도 80/20 법칙을 따른다. 처음 20%의 작업으로 80%의 이점을 얻게 된다. 문제를 식별한 후에 필요한 다음 정보는 코드 어느 부분에서 발생했는지를 찾는 것으로, 여러분은 대부분 시간을 이것에 소비한다. 프로파일러는 이것을 아주 멋지게 처리해낸다. 그러나 프로세스를 프로파일링하기 전이라도 실패한 부하 테스트 동안에 스레드 덤프를 하는 것이 좋다.

부하 테스트의 결과 중 하나는 어느 트랜잭션이 요구사항을 수행하지 못했는가를 아는 것이다. 이 책에서 살펴본 레이어 애플리케이션 아키텍처에서 업무 로직 레이어와 데이터 액세스 객체 레이어는 성능 문제가 발생할 가능성이 가장 큰 부분이다. 대개 엔터프라이즈 빈과 웹 서비스는 업무 객체에 있는 기능을 출판하기만 한다. 성능 문제를 일으키는 해당 업무 객체에 대하여 비교적 테스트 케이스를 명시적으로 빠르게 구현할 수 있다. 이들 테스트 케이스를 구현하는 것은 프로파일링하기 더 쉽도록 하는 어떤 것을 제공하게 된다.

부하 테스트 동안에 스레드 덤프를 취하라. 믿거나 말거나 부하 테스트 중에 취한 스레드 덤프는 프로파일러가 여러분에게 제공하는 것과 같은 정보를 제공하게 될 것이다. 그러나 해석하기는 쉽지 않다. 왜 그런지 설명하도록 하겠다.

프로파일러는 정의된 주기(대개는 5밀리 초 또는 10밀리 초)마다 모든 스레드 스택을 복사함으로써 작업한다. `CustomerDO.findCustomerByState()` 메서드가 호출될 때 해당 메서드와 관련된 지표가 기록된다. CustomerDO.findCustomerByState()에 소비된 시간이 많으면 그만큼 더 높이 기록되고, 프로파일러는 이 메서드가 핫스팟hot spot이라고 간주한다. 핫스팟은 다른 코드 부분보다 더 큰 관찰 횟수로 나타나는 코드 부분이다. 이것은 좀 더 자주 실행되기 때문이거나 더 오랫

동안 실행되기 때문일 수도 있다.

테스트 스크립트에서 모든 스레드가 임의의 장소에 있는 부하 테스트에서 스레드 덤프를 취할 때 여러분은 효과적으로 한 번에 여러 프로파일러 유형의 관찰을 가져오게 된다. 만약 `CustomerDO.findCustomerByState()`가 대부분의 활동 스레드에서 나타난다면, 이 메서드가 핫스팟이고 튜닝하면 성능 향상을 가져올 수 있게 된다.

스레드 덤프를 좀 더 쉽게 해석할 수 있게 해주는 Thread Dump Analyzer (http://java.net/projects/tda/)와 같은 도구가 있다. 나는 로크 다툼(BLOCKED로 표시되어 있고 리소스를 기다리는 스레드) 스레드 덤프를 체크한다. 하나의 스레드를 프로파일링하는 것은 로크 다툼에 대한 어떤 것도 말해주지 않을 것이다.

핫스팟이 아닌 메서드를 튜닝하는 것은 현명한 시간 사용이 아니다. 예를 들어서 코드의 어떤 부분을 튜닝해서 10% 성능 향상을 얻었다고 하자. 여러분 시간의 50%를 들여서 핫스팟을 튜닝하는 것은 5%의 전반적인 처리량 향상(50%×10%)을 가져다 줄 것이다. 여러분 시간의 5%만 소비하는 다른 메서드를 튜닝하는 것은 단지 0.5%의 전반적인 처리량 향상(5%×10%)만 얻을 수 있다.

특정한 단위 테스트 스크립트로 핫스팟을 튜닝하기 위해 프로파일러 도구를 사용한다. 프로파일러는 설정할 수 있는 간격(일반적으로는 5밀리 초)으로 JVM의 활동을 보고하며, 모든 스레드에 대하여 사용 중인 호출 스택을 보고한다. 대부분 시간이 걸리는 메서드는 더 많은 관찰 안에 나타날 가능성이 크며, 여러분이 튜닝해야 할 위치라는 표식을 제공한다. 내가 가장 선호하는 것은 아무것도 수행하지 않는 코드를 실행하는 JUnit 테스트를 구현하는 것이다.

컨테이너가 하나의 JVM을 사용한다면 전체 컨테이너를 프로파일링하여 JMeter 테스트 스크립트를 실행할 수 있다. 보통 개별적인 단위 테스트를 프로파일링하는 것이 시간이 덜 걸리기 때문에 나는 마지막에 Java EE 컨테이너 전체를 프로파일링한다.

어떤 Java EE 컨테이너는 여러 JVM을 사용하여 전체 컨테이너를 프로파일링하기 어렵게 한다. 대신에 여러분은 해당 업무 객체를 사용하는 테스트 케이스를 직접 프로파일링하기 원할 것이다. 여러분은 배포와 프레젠테이션 레이어 전체를 프로파일링하는 것을 생략할 것이다. 그러나 성능 튜닝은 대부분 업무 로직 레이어 또는 하위 레이어에 있을 가능성이 있다. 레이어 아키텍처에서 배포 및 프레젠테이션 레이어는 많은 프로세싱을 수행하지 않는다.

클러스터 환경에서는 프로파일링을 시도하지 않는다. 클러스터 아키텍처를 사용한다면 클러스터 모드가 아니라 단 하나의 인스턴스만 프로파일링하기를 권한다. 여러분의 목적은 애플리케이션을 튜닝하는 것이기 때문에, 클러스터링을 구현하기 위해 컨테이너가 하는 작업까지 확산시키지 않는 것이 좋다.

프로파일러는 CPU 시간이 소비되는 곳(클래스 또는 메서드)이 어디인지, 메모리가 할당되는 곳(클래스)이 어디인지를 알려준다. JVM에서 제공하는 디폴트 프로파일러HPROF는 직관적이지 않으며 읽기 어려운 결과를 산출한다. 그러나 그 산출물에는 상업용 프로파일러와 같은 많은 정보가 포함되어 있다. 상업용 프로파일러의 장점은 성능 정보를 읽고 해석하기 쉽게 만들어준다는 것이다. 상업용 프로파일러의 라이센스를 가지고 있다면 HPROF 대신에 그것을 사용하는 것이 좋다.

상업용 프로파일러를 사용할 수 없다면 산출물을 해석하는데 더 많은 시간을 소비하게 될 것이다. 디폴트 프로파일러는 CPU 시간과 메모리 할당을 모두 측정하지만, 나는 테스트를 오염시키는 것을 피하고자 이들을 개별적으로 측정할 것을 권한다. 메모리 누수를 디버깅하는 방법은 다음 장에서 설명하게 된다.

Java EE 애플리케이션 지원

Java EE 애플리케이션은 다른 유형의 애플리케이션과 마찬가지로 다양한 지원이 필요하다. 이전 장에서 우리는 에러 처리 전략과 로깅 전략, 단위 테스트 전략 그리고 Java EE 애플리케이션의 품질을 향상시키고, 지원하기 쉽게 하는 다른 기법들에 대해서 논의하였다. 이들 전략은 Java EE 애플리케이션을 지원할 수 있게 만든 기초일 뿐이며 고급 기법이 아니다. 예외 로그와 알림은 중요하긴 하지만, 메모리 부족이나 로깅 문제와 같은 다양한 유형의 중단outage을 진단하는데 필요한 정보의 완전한 소스는 아니다. 여기에 관리자 또한, 용량 계획 작업에 대한지원이 필요하고, 품질을 향상시키고 버그를 고치는데 영향을 주는 직접적인 리소스를 효과적으로 관리하여야 한다. 이번 장에서는 Java EE 애플리케이션에서 제기될 수 있는 전형적인 지원 문제를 자세히 설명하고 이들 문제를 해결하기 위해 애플리케이션을 다루는 방법을 제시할 것이다.

많은 조직에서 애플리케이션 아키텍트가 애플리케이션 지원을 제공하는데 직접 개입하지는 않지만, 자신이 설계한 애플리케이션을 지원하는데 필요한 리소스에 대해 관심을 가져야 한다. 아키텍트가 자신이 설계한 애플리케이션을 지원하는 것은 향후 설계에 사용할 수 있는 귀중한 피드백을 제공해준다.

애플리케이션 지원 목표

대부분 조직은 애플리케이션의 사용자 경험을 제공하는 것과 관련된 비용을 최소화하면서도 이 경험을 극대화하는 방법을 찾는다. Jav EE 애플리케이션도 다른 기술 스택 위에 구축된 애플리케이션과 다르지 않다.

이들 두 목표는 같은 연속성을 갖는 두 극단이다. 즉, 더 좋은 사용자 경험을 제공하는 것은 노동 비용이 더 발생하게 된다. 반대로 노동 임금을 삭감하는 것은 사용자 경험을 낮추게 된다. 문제와 결함을 해결하는데 더 많은 시간이 걸리기 때문이다. 대부분 조직은 이들 두 극단 사이의 균형을 잡는다.

애플리케이션의 사용자 결함을 최대화하는 것은 계획되지 않은 중단을 최소화하고, 결함을 최소화하며, 수용할 만한 성능을 제공하고, 애플리케이션의 사용자 문제를 빠르고 효율적으로 해결하는 것을 의미한다.

사용자 경험을 제공하는 것과 관련된 비용을 최소화하는 것은 정적 및 결함을 해결하는데 관련된 비용과 시간을 최소화하는 것을 말한다. 이 비용 부분이 다양한 테스트 절차와 애플리케이션을 지원하는 프레임워크다. 이들이 가장 우선하여 결함을 막아주기 때문이다. 그러나 테스트 절차와 프레임워크가 아무리 강력해도 운영 환경에서 결함은 나타나기 마련이다. 이 시점에서 결함에 대한 비용을 최소화하는 것은 이들 문제를 진단하고, 고치고, 고친 것을 테스트하는 작업이 관련되어 있다.

애플리케이션 결함 조사

사용자가 결함을 보고하기도 하지만, 대부분 애플리케이션 자체가 예외를 발생시킴으로써 결함을 보고한다. 로깅과 알림이 구현되어 있다면 시스템이 생성한 예외가 최종 사용자에게 보고되기 전에 애플리케이션 지원 인력에게 알려주는 것이 가능하다. 게다가 모든 결함이 최종 사용자에게 보고되는 것이 아니다. 여기에는 여러 가지 이유가 있다. 시간이 걸려서 못 받을 수도 있고, 누군가 다른 사람에게 부적절하게 결함을 보고 한다고 간주할 수도 있고, 보고된 결함에 대한 응답 시간이 기대한 것보다 적어서 보고하기 귀찮을 수도 있다.

사용자에게 보고된 결함은 시스템이 생성한 예외와 동반될 수도 있다. 시스템이 생성한 예외가 훨씬 더 상세하고 개발자에게 신뢰할 수 있는 정보를 제공하지만, 예외로부터 사용자가 어떻게 영향을 받았는지를 정확하게 추론하는 것이 쉬운 일은 아니다. 모든 애플리케이션 결함이 예외를 발생시키는 것은 아니라는 것을 아는 게 중요하다. 실행 시간에 운영 환경에서 로깅 수준(예: 디버그)을 증가시키는 것도 중요하다.

결함이 생성한 시스템 생성 예외 횟수를 사용하여 결함의 우선순위를 정한다. 예외 횟수는 사용자가 예외를 어떻게 경험했는지를 나타내는 중요한 지표가 된다. 더 많은 횟수의 시스템 생성 예외를 생성한 결함을 우선순위에 둠으로써 대부분 사람에게 가장 빨리 도움을 줄 수 있다. Admin4J는 로깅된 예외를 요약한 보고서를 생성할 수 있도록 함으로써 어떤 예외 타입/결함이 가장 많이 발생하는지를 알 수 있게 한다.

먼저 리소스 부족을 나타내는 결함의 우선순위를 높게 책정한다. 이러한 예로 데이터베이스 불용성을 들 수 있다. 데이터베이스 불용성과 같은 리소스 부족은 많은 트랜잭션과 애플리케이션 안에서의 사용자 행위에 영향을 준다.

시스템이 생성한 예외는 대응되는 사용자 보고 결함보다 우선한다. 결과적으로 시스템 생성 예외가 빨리 고쳐진다면 사용자가 그것을 알거나 보고받지 못하게 될 것이다. 나는 일반적으로 새로운 릴리즈 후에는 시스템 생성 예외를 면밀하게 모니터링한다. 이것은 잘못해서 새로운 버그를 릴리즈했다면 초기에 알려주어 사용자에게 보고되기 전에 문제를 해결할 수 있도록 기회를 제공한다.

예외 생성에 대한 모범 사례를 따른다. 이상적으로는 예외 보고에 충분한 정보가 있어야 버그를 진단하고 보수 전략을 세울 수 있게 된다. ContextedException

과 ContextedRuntimeException을 사용하여 예외에 유용한 정보를 포함시킨다. 이렇게 하는 이유는 결함을 조사할 때 개발자 시간을 단축시키기 때문이다. 예외 보고가 버그를 진단할 수 있을 정도로 충분한 정보를 제공하지 못한다면 두 가지를 바꾸어야 한다. 향후 보고된 결함을 조사하는데 개발자 시간을 절약시킬 수 있도록 버그를 수정하고 에러 보고를 향상시켜야 한다.

계획되지 않은 중단 조사

Java EE 애플리케이션에서 계획되지 않은 중단의 공통 원인은 메모리 부족과 Java 로킹 또는 경쟁 상태race condition 문제, 또는 예기치 않은 무거운 사용자 부하 등이다. 일반적으로 이들 유형의 중단은 조사하는데 시간이 실제로 고치는데 필요한 시간보다 훨씬 더 많이 걸린다. 이번 절에서는 이들 이벤트에 관련된 조사 시간을 줄이기 위해 Java EE 애플리케이션을 다루는 방법에 대해 살펴보기로 한다.

이와 함께 JVM과 관련된 낮은 수준의 버그는 Java EE 컨테이너를 중단하게 한다. 감사하게도 요즘 JVM 버그로 인한 중단 현상은 거의 없어졌다.

메모리 부족 조사

힙 메모리 부족에는 두 가지 유형이 있다. 누수leak와 사용 급등usage spike이다. 누수는 잘못해서 필요한 것보다 더 길게 참조되는 메모리로부터 발생한다. 참조되는 메모리는 가비지 컬렉션의 대상이 될 수 없으며, 정상적인 애플리케이션 활동에 사용되는 메모리로 인식된다. 누수가 크면 더는 사용자 요청을 처리할 충분한 메모리가 없어서 컨테이너는 작동 불능 상태에 빠지게 된다. 사용 최고치는 사용자 행위를 만족시키는 데 사용되는 메모리다. 사용 급증은 예기치 않은 무거운 사용자 볼륨 또는 예기치 않은 대규모 정보 사용자 요청에 의해 시작될 수 있다. Java가 힙이 아닌 다른 메모리를 할당하는지 주목해보기 바란다. 하지만 힙이 아닌 메모리가 부족한 현상은 매우 드물어서 아주 특별한 예외적인 현상으로 알려졌다. 또한, 문제를 해결하기도 쉽다. 결과적으로 이 섹션은 힙 메모리 문제만 집중하도록 한다. 훨씬 더 공통적이며 해결하기 어렵기 때문이다.

메모리 부족 조사에 첫 번째이면서 가장 중요한 질문은 메모리 누수인가 사용 급증인가 하는 것이다. 이 질문에 대한 대답은 나머지 조사 활동과 문제를 해결한 방법에 대해 설명해주기 때문에 아주 중요하다. 메모리 누수는 일단 식별되면 누수를 일으키는 코드를 수정함으로써 문제를 해결할 수 있다. 사용 급증은 때로는 애플리케이션 안에서 사용자 기능을 제한함으로써 해결될 수 있다. 예를 들어 디스플레이용으로 가져올 수 있는 정보량을 제한하는 것은 사용 급증의 크기를 감소시킬 수 있다. 이러한 예는 사용자가 많은 결과 셋을 리턴하는 검색을 시작한다면 첫 번째 500개의 로우(또는 선택한 크기만큼의 로우)만 제공하고, 필요하다면 더 많은 결과가 있다는 사용자 메시지를 보여주는 것이다. 이들 옵션이 모두 소진된다면 JVM에 추가적인 메모리를 할당하여 부하를 수용할 수 있다.

종종 메모리 부족 문제는 조사하기 어렵다. 시스템 중단 시점에 얼마나 메모리가 할당되어 있었는지에 대한 정보가 부족하기 때문이다. 즉, 메모리 부족까지 실행되는 동안에 무엇이 발생했는지, 그리고 시스템 중단이 임박했다는 것을 조사자가 알 수 있다면 컨테이너의 메모리 덤프와 스레드 덤프를 시작하여 예기치 않게 크게 할당된 메모리를 찾아내고 시스템 중단 시점에서 진행된 사용자 행위 목록을 알 수 있게 될 것이다. 불행하게도 지원 인력이 임박한 메모리 부족을 미리 알 수는 없다. Oracle JVM을 사용한다면 jmap 유틸리티를 사용하여 메모리를 덤프할 수 있다. 스레드 덤프는 jstack 유틸리티를 사용하든가 컨테이너 안에서 프로그램적으로 수행할 수 있다.

메모리 부족을 관리자에게 경고해주는 여러 모니터링 도구가 있다. 오픈 소스로는 Jabbitx과 Nagios가 있으며, 이와 함께 많은 상업용 도구도 사용할 수 있다. 이들 도구는 기업 수준에서 구현하고 설정되어 있으며, 대부분이 관리자에게 경고를 해줄 뿐만 아니라 스레드와 메모리 덤프를 시작하도록 설정할 수 있다. 메모리 덤프를 취하는 것은 리소스가 많이 들기 때문에 자동 메모리 덤프를 하도록 트리거를 설정하는 것은 주의해야 한다. 대부분 이들 도구는 JMXJava Management Extension에 의존하고 컨테이너 외부에서 모니터링한다. 엔터프라이즈 모니터링 도구를 구현하지 않은 조직에서 애플리케이션을 지원하는 개발자들을 위해 Admin4J는 컨테이너 안에서 메모리 모니터링 서비스를 제공하며, 애플리케이션과 함께 배포될 수 있다.

메모리는 컨테이너 수준에서만 측정될 수 있다. Java EE 컨테이너당 여러 애플리케이션을 배포한 조직에서 컨테이너 안에 있는 어떤 애플리케이션이 문제를 일으키는지를 식별하는 것은 몹시 어렵다. 해당 컨테이너 안에서 개별적인 애플리케이션에 할당된 메모리를 측정할 수 없기 때문이다. 이런 등등의 이유로 해서 나는 컨테이너당 하나의 애플리케이션을 배포하는 것을 추천한다. 이것이 각 컨테이너가 어느 정도 오버헤드를 갖기 때문에 추가로 메모리를 소비한다. 그러나 요즘에는 메모리의 가격이 비교적 싸다.

메모리 누수는 메모리 덤프로 찾아낼 수 있지만, 컨테이너 안에서 실행되는 애플리케이션 코드를 상세히 알아야 한다. 모니터링되고 있는 애플리케이션을 알지 못하고 메모리 문제를 조사하는 사람은 우연히 참조된 메모리가 정상적인지 예상된 할당인지를 알 수 없을 것이다. 문제가 발생한 동안에 취한 스레드 덤프가 있으며 어떤 활성화된 사용자 요청도 없으면, 할당된 메모리는 누수된 것이거나 수집된 가비지라고 판단할 수 있다. 메모리 덤프는 참조된 메모리와 참조되지 않은 메모리(수집된 가비지)를 구별해준다.

메모리 누수는 시간 별로 메모리 할당 패턴을 분석함으로써 찾아낼 수 있다. 모리 누수가 있는 애플리케이션의 최소 메모리 할당(가비지 컬렉션이 수행된 바로 직

후에 소비된 메모리)은 항상 증가하며 줄어들지 않는다. 예를 들어 애플리케이션의 최소 메모리 할당이 100MB이고 해당 최솟값이 증가하고 줄어들지 않는다면 해당 컨테이너 안에 있는 애플리케이션은 메모리가 누수되고 있는 것이다.

Java 로킹 또는 경쟁 상태 문제는 메모리 부족을 일으킬 수 있다. 이것은 로킹 문제가 그렇지 않은 경우보다 더 길게 사용자 활동을 활성화시키기 때문이다. 이들 활동이 활성화되어 있는 동안에 이들을 서비스하기 위해 할당된 메모리는 가비지 컬렉션이 될 수 없고 재사용할 수 없다. 이 경우에 메모리 부족이 덩달아 따라오게 된다. 즉, 메모리 부족이 근본적인 문제가 아니다. 메모리 부족을 일으키는 Java 로킹 문제가 없다면 메모리 부족도 발생하지 않기 때문이다. 이 경우에는 Java 로킹 문제를 먼저 해결해야 한다. 로킹 문제가 해결되면 메모리 부족 문제는 사라지게 될 것이다. 하나의 예로 JDBC 드라이버는 데이터베이스 연결을 생성하는 기능을 동기화한다. 즉, 한 번에 단 하나의 데이터베이스 연결만 컨테이너가 생성할 수 있다. 정상적이라면 적절하게 설정된 연결 풀에서 이것은 문제가 되지 않는다. 그러나 예기치 않게 많은 사용자 요구가 있다면 컨테이너는 작업할 데이터베이스 연결을 기다리는 많은 스레드를 갖게 된다. 이들 각 활성화된 스레드는 메모리를 소비하기 때문에 이것이 메모리 부족을 일으킬 수 있다.

OutOfMemoryException 후에 Java EE 컨테이너가 불안정하게 될 가능성이 있다. 반대로 컨테이너가 정상적으로 작동하고 완전히 회복될 가능성도 있다. 이것은 어떤 스레드가 메모리 부족에 영향을 주는가에 달려 있다. 메모리 추적 세션과 데이터베이스 연결, 또는 다른 필요한 리소스를 사용하여 작동하는 스레드가 추적한 메모리를 손상된 상태로 남겨두기 때문에 영향을 받을 가능성이 있다. 해당 메모리를 사용하려고 하는 다른 스레드는 예기치 않은 상황을 만나게 되고 에러가 발생하게 된다. 이런 이유로 해서 나는 보통 다음 정상적인 유지·보수 시간을 위해 컨테이너 리사이클을 예약한다.

리소스 제한이 메모리 부족을 일으킬 수 있다. 이러한 일반적인 예는 너무 작게 연결이 제한된 데이터베이스 연결 풀이다. 많은 컨네이너가 들어오는 사용자 데이터베이스 연결이 가능해질 때까지 연결 요청을 잡고 있다. 만약 계획되지 않은 많은 수의 요청이 있게 되면 사용할 수 있는 데이터베이스 연결 부족으로 "잡혀" 있는 각 요청은 메모리를 소비하게 된다. 이 경우에 이벤트 동안에 또는 바로 직전에 취한 스레드 덤프는 이 문제를 더 빨리 드러나게 한다.

나는 메모리 문제를 수정하는 것보다는 조사하는데 중점을 둔다. 조사하는데 대부분 시간과 리소스를 소비하기 때문이다. 메모리의 근본적인 원인이 발견되면 그것이 누수에서 오는 것이든 특정한 사용자 행위로 인한 급증이든 이 문제를 해결하기는 비교적 쉽다. 메모리 누수는 보통 코드를 수정해야 한다. 대개는 정적으로 정의된 컬렉션에 추가되었지만 삭제되지 않은 멤버 때문에 발생한다. 메모리 급증은 메모리 튜닝 작업에 집중하면 해결된다. 급증하게 하는 활동이 튜닝된 후에는 해야 할 또 다른 작업은 컨테이너에 추가적인 메모리를 할당하는 것이다. 메모리 문제를 해결하는 행위는 대개 아키텍트보다는 선임 개발자가 맡는다. 그러나 나는 메모리 조사와 해결 방법을 아키텍트가 맡는 것이 좋다고 생각한다. 메모리 문제의 원인이 설계상의 문제라면 이러한 결함을 아는 것이 향후 애플리케이션에서 유사한 결함을 피할 수 있게 되기 때문이다.

Java 다툼(contention) 문제 조사

synchronized 키워드를 사용하는 코드는 잠재적으로 다툼 문제를 일으킬 수 있다. 이것은 synchronized 키워드가 해당 코드 블록을 한 번에 단 하나의 스레드에 의해서만 실행되도록 하기 때문이다. 동기화가 필요한 경우가 있다. 그러나 조심해서 사용해야 한다. synchronized 키워드는 개별 메서드에 선언될 수도 있고, 특정한 객체의 모든 동기화된 메서드에 접근을 보호하기 위해 사용될 수도 있다.

다중 스레드 프로그래밍에 관련된 주제로 책 한 권을 쓸 수 있기 때문에 이 주제는 이 책의 범위를 벗어난다.

다툼 문제가 사용자에게는 성능 문제로 보일 수 있다. 다툼의 결과로서 발생하는 병목 현상은 관련된 모든 스레드가 소비하는 클록 타임을 증가시킨다. 따라서 다툼은 처리량을 제한한다. 다툼 문제를 발견해낸 부하 테스트는 보통 그 증후로서 처리량 제한으로 표시한다. 예를 들어 나의 Java EE 애플리케이션 중 하나에서 다툼 문제가 부하 테스트의 산출량을 초당 5히트(hps^hit per second^) 이하로 제한하였다. 우리는 부하 테스트에서 설정을 어떻게 바꾸든 5hps를 넘어서지 못했다. 테스트 중에 스레드 덤프를 통해서 다툼 문제를 발견하였고, 튜닝을 통해서 처리량을 증가시킬 수 있게 되었다.

다툼은 CPU 리소스를 소비하지 않는다. 즉, CPU 활성 상태 보기에서 상당히 많은 퍼센트의 CPU가 대기^idle^ 상태임을 볼 수 있다. 앞의 예에서 부하 테스트 동안에 5hps의 산출량 제한에도 상당히 많은 CPU 리소스가 대기 상태에 있었다. 다툼 문제가 제거되었을 때 CPU 리소스는 줄어들었다.

다툼 문제는 진단되고 해결되어야 할 스레드 덤프로 즉시 잡아야만 한다. 스레드 덤프는 어떤 스레드가 BLOCKED(객체 또는 메서드의 배타적인 사용을 대기함.)이고, 어떤 리소스가 해당 리소스를 기다리고 있는지를 표시한다. BLOCKED와 같은 스레드 상태에 대한 자세한 사항은 Java 문서를 참조하기 바란다. 메모리 문제와 함께 관리자가 사건이 발생할 때 스레드 덤프를 갖게 되는 것은 항상 불가능하다. 그러한 조건을 찾아내고 자동으로 스레드 덤프를 하는 모니터링 도구를 설치하는 것이 훨씬 좋다.

Java 다툼을 모티터링하고 다툼 이벤트에 자동으로 스레드 덤프를 하게 한다. 이것은 다툼 이벤트가 발생할 때 관리자에게 실시간 정보를 제공한다. 나는 Nogios나

Zabbix에서 이 기능을 보지 못했지만, 이 두 제품은 내가 그것이 가능하다고 확신할 수 있을 정도로 충분히 확장성이 있다. Admin4J는 스레드 다툼을 모니터링하고 발생할 때 스레드 덤프하는 기능이 포함되어 있다.

Java EE 애플리케이션에서 데이터베이스 연결 풀은 다툼 문제의 공통 원인이 된다. 이것은 근본적으로 데이터베이스 연결을 생성할 때 발생하는 동기화 때문이다. 데이터베이스 연결 풀과 관련된 다툼은 JDK 1.6 이후에서 적어졌다. 그러나 아직도 문제를 일으킨다. 종종 연결 풀을 튜닝하는 것이(예: 최대 연결 개수와 허용된 대기 연결 개수) 연결 풀로 인한 다툼 문제를 완화시켜줄 수 있다.

성능 문제 조사

운영 환경에서 모든 HTTP 트래픽과 배치 작업, JMS 메시지 처리에 대한 성능을 측정한다. 현재 실행 시 성능을 아는 것으로는 충분하지 않다. 성능이 이전보다 늦어졌다는 것을 알기 위해서는 어느 정도의 이력이 필요하다. 나는 사용자가 클라이언트 측 성능을 경험하는 것이 중요하다는 것을 깨달았다. 그러나 낮은 클라이언트 성능은 낮은 애플리케이션 성능 때문이라기보다는 낮은 네트워크 성능 때문일 수 있다. 서브 측에서 성능을 측정하는 것이 둘 사이를 구별할 수 있게 하는 유일한 방법이다. 네트워크 성능을 향상시키는 방법은 애플리케이션 성능을 향상시키는 방법과는 아주 다르다.

나는 서버 측 성능을 측정하기 위해 JAMon API와 Admin4J를 둘 다 성공적으로 사용하였다. 두 제품은 컨테이너 안에서 실행되며, 두 제품 모두 운영 환경에서 사용할 수 있을 정도로 매우 빠르다. 일반적으로 HTTP 트래픽 모니터링은 서블릿 필터를 통해서 수행될 수 있으며, 두 제품 모두 필터를 제공한다.

공통적인 애플리케이션 특징에 대한 성능 목표를 수립한다. 성능 튜닝은 끝나지 않는 활동이다. 게다가 모든 튜닝 노력은 시간이 지나가면서 결과가 사라진다.

성능 목표를 만족하지 않는 활동만 튜닝하는 것이 튜닝 비용 대비 효율성을 갖도록 리소스를 활용하는 좋은 방법이 된다.

성능 튜닝의 이점은 80/20 법칙을 따른다. 즉, 처음 20퍼센트의 성능 튜닝 노력이 80퍼센트의 이점을 제공한다. 성능 튜닝 작업이 진행될 때 성능 개선의 증가 폭은 점점 더 작아진다. 예를 들어 튜닝 작업 초기에는 5퍼센트 이상의 처리량 증가를 가져오는 것이 일반적이다. 하지만 튜닝 작업 말미에는 1퍼센트 이상의 처리량 증가를 가져오게 하는 것이 어려울 수 있다.

프로젝트의 사용자 인수 테스트 단계를 위해 성능 튜닝 활동을 계획해야 한다. 개발자의 공통적인 실수는 개발할 때 성능 튜닝을 하는 것이다. 개발하는 동안 튜닝하는 것은 중요하지 않은 코드를 튜닝하는 결과를 가져오거나, 성능 튜닝 활동에 비용 대비 효율성 이점을 제공할 정도로 충분한 목표를 달성하지 않는다.

높은 부하 시에 취한 스레드 덤프는 애플리케이션에서 핫스팟을 찾는데 사용될 수 있다. 핫스팟은 가장 자주 실행되는 코드 부분이다. 결과적으로 핫스팟을 튜닝하는 것은 적게 실행되는 코드를 튜닝하는 것보다 더 많은 이점을 제공하게 된다.

스레드 덤프가 핫스팟을 어떻게 식별하는지를 직접적으로 보지 못한 사람은 프로파일러가 어떻게 작동하는지를 생각해보라. 프로파일러는 규칙적인 간격(가령 5밀리 초마다)으로 스레드 덤프를 취하여 해당 덤프 안에서 현재 어떤 클래스/메서드가 호출되는지를 기록한다. 만약 이들 시간 간격 중에 어떤 활성 스레드에서 Foo.doWork()가 호출된다면 Foo.doWork()에 할당된 시간은 증가하고 Foo.doWork()에 소비된 시간의 비율이 할당된 시간에서부터 계산된다. Foo.doWork()가 나타난 시간 간격이 크면 프로파일러는 더 높은 비율로 그것을 할당하고, 그만큼 더 프로파일러가 튜닝 기회로서 식별하는 핫스팟으로 나타난다. 같은 개념이 부하가 높을 때 운영 환경에서 스레드 덤프를 취할 때 적용될 수 있다. Foo.doWork()가 나타나는 스레드가 많으면 그만큼 더 높은 퍼센트의 시간이 그 메서드를 실행하는데 사용되며, 이 메서드를 튜닝하면 그만큼 더 이점이 있게 될 것이다. 높은 부하에서 취한 스레드 덤프가 프로파일러를 대체하지는 못하겠지만, 추구할 만한 가치가 있는 성능 튜닝 활동을 식별해낼 수는 있다.

운영 환경에서 모든 애플리케이션, 데이터베이스와 웹 서버상에서의 리소스 활용을 측정한다. I/O 처리량 비율과 마찬가지로 CPU와 메모리 활용을 측정한다. 성능 문제는 보통 리소스 부족으로 나타나게 될 것이다. 개발자는 성능 문제가 발생한 다음에 보고하기 때문에 어느 정도 이력을 확보하는 것이 중요하다.

Java EE 컨테이너당 하나의 애플리케이션 배포한다. 리소스 부족을 일으키는 애플리케이션 코드의 양이 더 적으면 계획되지 않은 리소스 부족을 조사하기가 더 쉬워진다.

작동하지 않는 Java EE 컨테이너를 리사이클링하기 전에 표준 절차로서 스레드와 메모리 덤프를 수행한다. 컨테이너를 작동하지 않게 하는 원인에 대한 단서를 제공할 것이다.

애플리케이션 품질 평가

나는 애플리케이션 코드 품질을 측정하는데 사용할 수 있는 몇 가지 지표에 대해 논의하려고 한다. 이들 각 지표에 한계는 있지만, 전반적인 품질 평가에 사용할 수 있는 여러 지표를 평가하는 것이 도움이 될 것이다.

운영 환경에서의 애플리케이션 결함 숫자는 애플리케이션 품질을 평가하는 척도로서 간주된다. 결함 수가 적으면 적을수록 더 높은 품질을 가진다고 여겨진다. 그러나 이러한 측정 방법은 더 많이 사용되는 애플리케이션이 덜 사용되는 애플리케이션보다 더 많은 결함을 갖는 경향이 있다는 점에서 문제가 있다. 이러한 문제점은 애플리케이션에 대한 단위 시간당 트랜잭션이나 페이지 로드로 결함 수를 스케일링scaling함으로써 완화시킬 수 있다.

애플리케이션에 대한 사용자 문제와 불만을 해결하는데 필요한 리소스의 양은 애플리케이션 품질의 척도가 될 수 있다. 대개 이것은 애플리케이션을 지원하는데 필요한 상근 개발자 수로 측정된다. 이것을 FTEFull-Time Equivalent라고 한다. 애플리케이션은 같은 크기나 복잡성을 갖지 않는다. 하나의 애플리케이션이 다른 애플리케이션보다 두 배의 FTE를 소비한다는 것은 해당 애플리케이션이 제공하는 기능의 크기와 깊이가 두 배가 된다는 것을 의미한다. 따라서 한 애플리케이션과 다른 애플리케이션을 FTE를 지원하는 양으로 효과적으로 비교하기 위해서는 어느 정도 독립적인 지표(예: 코드 행 수, 코드 길이, 복잡도cyclomatic complexity)로 FTE를 측정해야 한다.

자동화된 테스트 커버리지test coverage도 품질의 척도로 간주될 수 있다. 커버리지가 높으면 높을수록 애플리케이션을 변경할 때 의도하지 않은 결과를 가져올 위험이 적어진다. 우리는 이미 100퍼센트의 커버리지를 갖는 애플리케이션이 거의 없으며, 자동화된 테스트 커버리지의 수준을 높으면 결과는 감소한다는 것을 논의하였다. 나는 적어도 60퍼센트 정도의 테스트 커버리지 비율을 찾는다.

더 단순한 코드가 더 높은 품질의 코드로 인식된다. 그리고 코드 복잡성을 측정할 수 있는 많은 도구(예: JavaNCSS)가 있다. 아주 복잡한 코드는 변경하기가 더 어려워서 의도하지 않은 결과를 경험할 가능성이 많다.

리팩토링 기회 식별

리팩토링refactoring은 이해하고 유지·보수하기 쉽도록 코드를 다시 작성하는 것을 말한다. Fowler(2000)는 리팩토링이 필요하다는 것을 나타내는 조건들의 목록을 제공한다. 그리고 그는 이들 조건을 "코드의 나쁜 낌새Bad Smells in Code"라고 불렀다. 이 목록이 너무 자세해서 나는 거기에 추가할 엄두도 못 내지만, 아주 코드 중심적이다. Fowler의 충고를 적용하는데 필요한 코드를 잘 이해하지 못하는 독자들을 위해서 여기에 몇 가지 중요한 징후를 설명하도록 하겠다. 이들 징후는 리팩토링이 필요하다는 것을 나타내지만, 애플리케이션 소스 전체를 감사할 필요는 없는 것들이다.

부주의하게 다른 버그를 생성하지 않고서는 변경할 수 없는 클래스는 리팩토링이 필요하다. 이 징후는 살아 있는 시체들의 밤Night of the Living Dead이란 영화를 기억나게 한다. 어떤 프로그래밍 버그는 죽지 않는다. 다른 형태로 되살아난다. 다양한 환경이 버그를 그처럼 변형시킬 수 있다.

때로는 클래스 안에서 코드가 상황에 따라서 다르게 행위를 할 때 발생하기도 한다. 예를 들어서 나는 하나의 중심 API를 사용하여 여러 애플리케이션에 대한 보고서를 제공하는 고객을 가지고 있다. 정치적인 이유로 API는 어떤 애플리케이션이 호출하는가에 따라 인수의 값을 다르게 해석한다(좋은 생각이 아니라는 것은 나도 안다). 결국, 이 서비스는 리팩토링이 필요하게 되었다. 우리는 그것을 호출하는 애플리케이션에 버그를 부주의하게 생성하지 않고서는 변경시킬 수 없다는 것을 발견했기 때문이다.

때로는 하나의 클래스 안에 있는 코드가 너무 많은 것을 하여 여러 클래스로 분할되어야 할 때 버그가 출현한다. 예를 들어 내가 작업했던 어떤 애플리케이션은 여러 데이터 소스로부터 데이터를 받아들일 수 있어야만 했다. 어떤 데이터 소스는 관계형 데이터베이스이고, 어떤 것은 아니다. 처음에 우리는 단 2개의 데이터 소스만 있으면 되었다. 프로그래머는 지름길을 택해 클래스 안에 조건 로직을 두어 입력 값에 따라 어떤 데이터 소스를 처리할 것인지를 결정하였다. 우리가 데이터 소스를 추가해야 할 때 클래스는 리팩토링되어야만 했다.

여러 클래스에서 동일한 수정이 필요한 기능 향상 또는 버그 수정은 리팩토링이 필요하다는 신호가 될 수 있다. 몇몇 개발자는 복사하여 붙여 넣기 기술을 너무 많이 좋아한다. 대부분은 여러 클래스에 동일한 코드가 여러 클래스에 의해 호출되는 공통 코드가 되었다. 일정이 촉박한 관계로 복사된 코드를 발견한 개발자는 그 코드를 공통으로 만들 시간이 없었다. 아키텍트나 관리자는 이런 케이스를 추적할 수 있는 메커니즘을 제공함으로써 시간이 허용될 때 수정할 수 있도록 도와주어야 한다.

개발자들이 수정하기를 두려워하는 비정상적으로 복잡한 메서드나 클래스는 리팩토링이 필요하다. 때로는 이 징후가 앞에서 설명한 버그 형태 징후와 결합되어 나타난다. 또 다른 징후는 코드가 너무 복잡해서 리패토링이 필요하다는 것이다. 물론 이런 징후의 유효성은 개발자가 이성적이며, 그들의 "두려움"이 정당성을 가진다는 전제하에 있다. 항상 그런 것은 아니기 때문이다.

아키텍처 원칙 적용

Java EE 영역에서 애플리케이션 아키텍트가 되는 과제 중 하나는 사용 가능한 수많은 서드파티 프레임워크, 도구, 라이브러리, 그리고 이들의 변화 속도에 보조를 맞추어 가는 것이다. 이것 때문에 컴퓨터 기술 분야의 출판물들은 출판과 동시에 구식이 되어 버린다. 이 책에서 제시된 많은 모범 사례와 충고는 오늘날 Java EE 영역에서 사용 가능한 기능과 도구에 의존한다. 기술이 발전함에 따라 컴퓨터 기술 분야의 어떤 출판물에서 제시된 실천과 충고는 어느 시점이 되면 개정과 갱신이 필요하게 된다.

이제 대화 수준을 높여서 이들 충고advice와 모범 사례best practice들이 어떻게 도출되었는지를 살펴볼 시간이다. 모범 사례와 좋은 충고가 멋대로 생성되는 것은 아니다.

애플리케이션 아키텍처는 이 책에서 제시된 모범 사례와 충고를 포함하여 기본적인 원칙의 집합이 가이드한다. 이들 원칙은 지금뿐만 아니라 미래에, 새로운 프레임워크와 도구, 라이브러리가 사용되고 기존 기술이 발전할 때도 아키텍처와 설계 시 의사 결정하는데 도움을 줄 수 있다. 애플리케이션 아키텍처 원칙을 문서화하려고 하는 시도는 결코 내가 처음이 아니다. 또한, 나는 나의 원칙들이 종합적이라고 생각하지도 않는다. 나는 의도적으로 원칙들을 가장 중요하고 가장 많이 사용하는 것으로 제한시켰다.

원칙은 근본적인 법칙이거나 진실로서, 다른 원칙을 도출할 때 사용될 수 있다. 수많은 원칙의 예를 물리학과 수학 분야에서 찾을 수 있다. 모든 어린 학생은 수학의 교환 법칙을 배운다. 따라서 2 + 3은 3 + 2와 같다. 이 특성은 수학에서 좀 더 복잡한 이론을 증명하는데 아주 많이 사용된다. 애플리케이션 아키텍처는 기본적인 원칙들의 집합이 방향을 제시하고, 오늘날 모범 사례라고 받아들여지는 많은 것을 파생시키는 데 사용된다는 점에서 유사한 방식으로 운영된다. 자주 참조되는 소프트웨어 개발 원칙 중 하나가 DRY Don't Repeat Yourself 즉, 있는 것을 사용하라는 것이다.

나는 아키텍처 원칙과 모범 사례를 구분한다. 이 둘은 종종 혼동되기 때문이다. 모범 사례는 특정한 기술, 제품 또는 개발 조건에 적용된 원칙이다. 예를 들어서 관계형 데이터베이스를 제3정규형을 사용하여 설계하라는 모범 사례는 DRY 원칙을 적용하여 여러 곳에 같은 데이터를 저장하는 것을 피한다. 코드와 함께 단위 테스트를 작성하라고 하는 모범 사례는 초기에 에러를 잡는 것이 나중에 잡는 것보다 더 낫다는 원칙을 적용하고 있다. 모든 공개 및 보호 메서드의 인수를 체크하라는 모범 사례도 초기에 에러를 잡는 것이 나중에 잡는 것보다 더 낫다는 원칙을 적용하고 있다. 본질상 "모범 사례"는 특정한 상황과 기술에 직접 적용할 수 있는 용어로 작성된 경험에 따른 법칙이다. 반면에 "원칙"은 모범 사례를 따르면 유용하고 유익하게 하는 기본적인 진실이다.

논의할 만한 가치가 있는 아키텍처 원칙은 여러 가지 품질 또는 특성이 있다. 아키텍처 원칙은 일반적이다. 즉, 특정한 제품이나 프레임워크, 기술을 참조하지 않는다. 위의 예에서 원칙은 특정한 프레임워크와 제품이 연결되어 모범 사례를 형성한다. 아키텍처 원칙은 단순하다. 복잡한 원칙은 기억할 수도 적용할 수도 없다. 아키텍처 원칙은 적용 가능하다. 즉, 새로운 상황에 쉽게 적용될 수 있는 방식으로 표현된다. 아키텍처 원칙은 독립적이다. 즉, 다른 원칙과 관련되지 않는다. 아키텍처 원칙은 논리적으로 일관성을 가진다. 다른 원칙과 충돌되지 않는다.

간단하게 나는 다음과 같은 원칙을 따른다.

- 단순할수록 더 좋다.
- 재사용하라. 새로 만들지 마라.
- 관심의 분리separation of concern를 강화하라.
- 순리대로 하라.
- 나중보다 초기에 에러를 잡아라.
- 기능적인 요구사항은 가장 높은 우선순위를 가진다.

이들 원칙은 Java EE 애플리케이션뿐만 아니라 모든 애플리케이션에 적용할 수 있다는 점에 주목하기 바란다.

단순할수록 더 좋다

단순한 솔루션이 항상 복잡한 솔루션보다 더 낫다. 이것은 애플리케이션 코드에 적용된다. 이것은 애플리케이션이 서비스하는 업무 프로세스에 적용된다. 이것은 애플리케이션이 적절하게 기능을 하는데 필요한 IT 지원 절차에 적용된다. 애플리케이션 코드에서 단순한 솔루션은 이해하고 유지·보수하기 쉽게 한다. 이들은 거의 결함이 없다. 새로운 팀 멤버를 가르치기 쉽고, 더 빨리 배울 수 있도록 한다. 단순한 애플리케이션 지원 프로시저는 이해하고 따르게 될 기회를 크게 증가시키고, 그 팀에 새로운 지원 개발자를 데려오기 더 쉽게 한다. 게다가 애플리케이션이 사용자에게 더 쉬우면 그만큼 사용자가 자신의 작업을 수행하는 방법에 대한 질문을 덜 하게 된다.

알려진 업무 요구사항을 만족시키는 데 꼭 필요한 만큼의 복잡성은 인내한다. 어떤 문제는 본질적으로 복잡하다. 예를 들어 항공관제(예: 충돌을 피하기 위해 모든 항공기의 위치를 추적한다.)는 본질상 복잡한 업무 분야다. 결과적으로 어느 정도의 복잡성은 모든 애플리케이션에서 필요하다. 그러나 우리는 업무 문제로 인한 복잡성과 불필요한 복잡성은 구분해야 한다. 불필요한 복잡성의 예로는 개발자가 실수로 또는 잘못된 설계 결정으로 도입된 컴포넌트를 들 수 있다. 업무 문제로 인한 복잡성은 피할 수 없다.

때로는 이 두 가지 유형의 복잡성을 구별하기 어려운 경우가 있다. 약간의 복잡성을 추가한 것만으로도 계획된 미래의 변수를 더 쉽게 만들 수도 있다. 문제는 계획이 변경되면 이전에 추가했던 복잡성이 불필요해지고 잠재적으로 이점은 없는데 유지·보수하기가 어려워진다는 것이다. 예를 들어서 우리는 어떤 값을 하드 코딩할 것인지, 필요한 값을 상수로 만들거나, 값을 설정(값을 인수로 받거나 또는 환경에서 값을 가져옴.)할 것인지를 선택해야 한다. 하드 코딩된 값을 설명적인 이름을 갖는 상수로 변경하는데 필요한 추가적인 복잡성은 낮다. 그리고 어떤 조건적인 로직이 포함되지 않기 때문에 필요한 테스트 케이스를 추가할 필요도 없다. 상수는 향후 개발자들에게 이 값이 무엇을 기술하고 있는지 쉽게 알 수 있게 하며, 향후 변경을 해야 할 때 개발자 시간을 절약시켜준다. 대부분 개발자는 하드 코딩된 값과는 반대로 상수를 지원하는데 필요한 추가적인 소량의 복잡성은 편안하게 받아들일 것이다.

종종 이 값을 설정할 수 있게 만들어서 해당 코드 부분을 좀 더 유연성 있게 함으로써 좀 더 쉽게 사용할 수 있도록 하고 싶은 유혹을 받는다. 그러나 그렇게 결정하면 조건 로직(예: 설정된 값을 체크하고 값이 잘못된 경우에는 에러 메시지를 표시한다.)이 추가되어야 한다. "단순할수록 더 좋다."라는 원칙을 적용하면 값을 설정할 수 있도록 만드는 것은 조건 로직을 추가하기 때문에 필요할 때까지 하지 말아야 한다. "단순할수록 더 좋다."라는 원칙을 값을 하드 코딩할지, 또는 상수로 할 것인지 결정하는데 적용하는 것은 더 어렵다. 엄격하게 말해서 값을 상수로 하는 것은 소프트웨어를 작동하게 하는데 꼭 필요한 것은 아니다. 그러나 코드를 읽기 쉽게(그리고 결과적으로 변경하기 쉽게) 만드는 것은 항상 가져야 하는 암시적인 요구사항이다. 우리는 대부분 미리 앞서 나가서 코드를 읽기 쉽도록 상수를 선언한다.

일관성은 단순성의 한 형태이다. 이것은 제품 선택뿐만 아니라 코드 작성 표준에 적용될 수 있다. 코드 작성 표준에서 일관성을 개발자 시간을 최적화하면 필요한 문서의 양을 감소시킨다. 예를 들어 패키지 구조가 모든 애플리케이션에서 일관적(예: 데이터 액세스 객체는 .dao. 패키지에 두고, 사용자 인터페이스 관련 클래스는 .ui. 패키지에 둔다.)이라면 설사 새로운 개발자가 특정한 애플리케이션에 제한적인 경험이 있더라도 필요한 코드를 찾기가 훨씬 쉽다. 다른 대안 패키지 구조는 약간의 증가적인 향상을 가져올 수 있을지 모르지만, 이들 차이점은 적어도 개발자 사이에서는 상당한 혼란을 일으킬 것이다. 이러한 혼란은 그들을 느리게 만들 것이다. 다른 패키지 구조가 그 정도로 개발자를 느리게 하지 않는다고 하더라도 다른 예는 더 도발적이다.

제품 선택의 일관성의 예로서 사용자 인터페이스 프레임워크를 생각해보자. 대부분 사용자 인터페이스 프레임워크는 복잡하고 상당한 학습 곡선이 필요하다. Struts, Struts II, Java Server Faces, 또는 다른 사용자 인터페이스 프레임워크를 고려해보자. 기업 전체에 하나의 사용자 인터페이스 프레임워크를 표준화하는 것(즉, 제품 선택에 일관성을 갖는 것)은 개발자가 애플리케이션 사이의 이동을 쉽게 한다. 같은 개념이 지속성 프레임워크와 다른 포함된 제품에도 적용될 수 있다.

기업 전체의 공통적인 문제에 대한 솔루션을 표준화한다. 예를 들어 어떤 애플리케이션이 프로그램적으로 하나의 호스트에서 다른 호스트로 데이터를 이동시켜야 할 필요가 있다면 FTP 기능을 갖는 공통 라이브러리를 채택하는 것이 더 쉬운 솔루션이 된다. 일단 개발자가 해당 라이브러리를 사용하는 방법을 이해하면 기업 내 어떤 애플리케이션에든 FTP 로직을 향상시키거나 수정하기가 훨씬 쉬워진다. 또 다른 예로서 애플리케이션에 배치 처리 즉, 처리가 사용자에 의해서가 아니라 정의된 일정에 의해서 시작되는 것이 필요한 경우에, 하나의 스케줄러를 선택하여 기업 전체에 그것을 표준으로 사용하도록 한다면 개발자는 하나의 스케줄러 제품만 배우면 되고, 그 지식은 쉽게 전파될 수 있다.

재사용하라. 새로 만들지 마라

기존 컴포넌트의 새로운 버전을 만든 것보다는 기존에 있는 컴포넌트를 재사용하는 것이 추세이다. 이 원칙은 애플리케이션과 단위 테스트 코드에 적용한다. 또한, 저장된 데이터(예: 관계형 데이터베이스 설계는 같은 정보의 여러 복사본을 피하기 위해 제3정규형이어야 한다.)에도 적용된다. 이 원칙은 DRYDon't Repeat Yourself 즉, 있는 것을 사용하라는 것으로 알려졌다.

정의상 코드 재사용code reuse은 코드 행 수로 측정될 때 코드의 크기를 줄여준다. 코드 재사용은 개발 시간을 줄여주다. 새로 만드는 것보다 재사용하는 것이 훨씬 빠르다. 또한, 코드 재사용은 유지·보수를 공고히 한다. 공통으로 사용되는 코드의 버그를 수정하는 것은 잠재적으로 같은 코드가 여러 곳에서 사용될 때 광범위한 버그를 수정하는 것이 된다. 예를 들어 기업 전체에 사용되는 유틸리티 함수가 사람의 성, 중간, 이름을 가지고 전체 이름을 만들어준다(예: 'Derek," "Clark," "Ashmore"를 "Ashmore, Derek Clark" 문자열로 바꾼다.)고 하자. 그리고 이 유틸리티는 중간 이름이 없는 사람에 대해서는 null 포인터 예외를 발생시킨다고 하자. 이 버그는 여러 애플리케이션에서 나타나게 될 것이다. 그러나 하나의 집중화된 코드 부분만 고치면 해결될 수 있다.

재사용 원리는 필연적으로 다른 사람이 만든 것을 반복하지 않는 것으로 귀결된다. 이미 JDK 또는 다른 벤더나 오픈 소스 제품에서 제공하는 것을 다시 빌드하거나 작성하지 마라. 결국, Apache Commons Lang과 Commons IO, Commons Collections, Commons BeanUtils 등은 내 애플리케이션에 자주 추가된다. 이러한 실천은 개발 시간을 절약해줄 뿐만 아니라, 테스트 시간을 절약시켜 주고 버그의 가능성도 줄여준다. 예를 들어서 위에서 언급한 제품을 생각해보자. 이들 모든 제품은 몇 년 동안 개발 확장된 단위 테스트를 가지고 있다. 게다가 이들 제품은 전 세계의 수천 제품과 애플리케이션에서 이미 현장 테스트가 수행되었다. 이들 제품의 테스트 커버리지 수준은 여러분이 만든 코드에서 제공할 수 있는 것을 훨씬 더 초과한다.

기업 전체에 도메인 또는 아키텍처 유틸리티 코드를 집중화한다. 여러 개발팀을 갖는 조직은 동일하지는 않지만 유사한 필요성을 가진다. 나의 현재 고객 중 하나를 보더라도 공통으로 사용되는 Hibernate 엔터티 클래스들이 그 조직 전체의 애플리케이션에서 공유되고 포함되어 있다. 또한, 그들이 채택한 특정한 기술 제품 스택에 공통적인 클래스들, 예를 들어 데이터 액세스 객체 클래스와 엔터티 클래스, 웹 서비스 서버 클래스, 사용자 인터페이스 변환 클래스 등의 기초 클래스들을 발견하게 된다. 또한, 그들이 사용하는 인터페이스용 벤더 제품의 인터페이스 클래스도 있다. 이들 모두는 소스 버전 관리에 분리되어서 위치하고 있으며 여러 애플리케이션에 쉽게 포함될 수 있다.

집중화된 코드는 더 엄격한 코드 관리가 필요하다. 효과적으로 공통 코드의 정책을 통세할 수 있는 하나의 모델은 집중화된 코드 관리자로 소규모 선임 개발자 그룹을 지정하는 것이다. 이것은 집중화된 라이브러리에 추가된 코드가 코드 품질과 설계 표준을 준수하고 단위 테스트가 완료된 것을 보장할 수 있게 한다. 여러분은 이 그룹을 내부 제품의 "커미터committer" 그룹으로 볼 수 있다. 이 수준에서 코드를 집중시키는 것이 추가적인 작업을 하게 하지만, 기업 전체에 개발 시간을 절약하는 이점이 클 수 있다. 조직이 여러 애플리케이션에 같은 기술적인 제품군을 채택한다면 아키텍처 수준에서 횡단 관심사를 해결할 수 있다. 에러 처리와 로깅은 특정한 애플리케이션의 애플리케이션 개발자가 관심을 가져야 할 필요가 없어진다. 아키텍처가 대신 관리해주기 때문이다. 마찬가지로 트랜잭션 관리와 보안 관심사도 아키텍처 수준에서 해결될 수 있다.

또한, 재사용 원칙은 데이터베이스 설계에도 적용될 수 있다. 데이터베이스 설계는 같은 사실을 여러 번 기록하지 않도록 엄격한 제3정규형이어야 한다. 종종 개발자는 "비정규화"란 것으로 이 패러다임을 깨고 싶어한다. 나는 이미 이전 장에서 관계형 데이터베이스가 새로워진 요즘에 더는 비정규화가 필요 없다는 것을 설명하였다. 본질적으로 같은 데이터를 여러 번 기록한다는 것은 추가적인 복사본을 유지해야 한다는 것을 의미한다. 이러한 추가적인 데이터의 복사본을 유지하는데 필요한 추가적인 코드는 여러 복사본을 유지하기 위해서만 필요하다. 사실을 집중화하고 단지 한 번만 기록함으로써 전반적으로 필요한 유지·보수 코드의 양을 줄일 수 있게 된다.

관심의 분리를 강화하라

소프트웨어 컴포넌트는 자신의 목적을 수행하는데 필요한 것에만 집중하고 관심을 가져야 한다. 그 이상은 필요 없다. 소프트웨어 "컴포넌트"는 느슨하게 정의된다. 그들은 개별 클래스일 수도 구별된 라이브러리일 수도 있다.

"관심의 분리separation of concern" 원칙은 불필요한 정보 의존성을 처리하는 코드가 없으므로 단순성을 증진시킨다. 폭이 좁게 집중화된 컴포넌트는 재사용을 증진시킨다. 그들의 목적이 개발자에게 분명하고, 좀 더 다양한 컨텍스트에서 좀 더 융통성이 있고 유용하기 때문에 더 쉽게 사용될 수 있다. 이 원칙은 테스트 코드가 관리해야 하는 의존성을 줄여주기 때문에 소프트웨어 컴포넌트를 더 쉽게 테스트할 수 있게 한다. 이 원칙은 복잡한 문제를 효과적으로 일련의 더 단순한 문제로 분할시켜준다. 그래서 명확하고 간결한 사명을 갖는 코드를 작성할 수 있도록 해준다. 이 원칙에 함축되어 있는 여러 가지 실제적인 의미는 다음과 같다.

관심의 분리 원칙을 적용하는 것은 많은 소프트웨어 컴포넌트나 클래스를 생성하게 한다. 그러나 이들 클래스는 훨씬 더 단순하고 좀 더 융통성을 가진다. 애플리케이션을 티어로 분리하는 소프트웨어 레이어 분할은 관심의 분리 원칙이 적용된 예이다. 이전 장에서 여러분이 살펴보았듯이 소프트웨어 레이어 분할은 더 많은 클래스를 생성하지만, 각 클래스는 좀 더 명확하게 정의된 역할과 목적을 가진다. 예를 들어서 데이터 액세스 객체 클래스 또는 DAO는 특정한 엔터티 또는 데이터베이스 테이블의 데이터를 읽고 쓰는 모든 작업을 처리한다. 이처럼 목적이 명확하므로 다양한 컨텍스트상에서 그리고 때로는 다양한 애플리케이션에서 쉽게 사용되고 재사용될 수 있다.

소프트웨어 컴포넌트는 명확하게 정의된 사명을 가져야 한다. 그 밖의 다른 것은 개발자를 혼란스럽게 하며 불필요한 코드로 복잡하게 만든다. 여러 사명 또는 사용성을 갖는 컴포넌트는 보통 단 하나의 목적을 갖는 클래스보다 더 복잡하고 더 많은 조건 로직을 포함하게 된다. 이 사명은 컴포넌트를 더 사용하기 쉽고 더 융통성을 갖도록 한다. 또한, 책임이 작기 때문에 소프트웨어 컴포넌트를 변경할 필요성을 감소시켜준다. 예를 들어 DAO 클래스에 업무 로직을 포함시키는 것(자주 볼 수 있는 실수)은 DAO를 좀 더 복잡하게 하고 또한, 호출 컨텍스트call context를 가정해야 하므로 융통성이 없게 한다. 업무 로직을 분리시킨다면 애플리케이션의 다른 기능에서 해당 DAO 클래스를 재사용하기 훨씬 더 쉬워질 것이다.

소프트웨어 컴포넌트에 자신의 작업을 수행하는데 "필요한" 정보만 제공한다. 불필요한 정보를 제공하는 것은 소프트웨어를 사용하기 어렵게 한다. 중요한 것을 필요한 것으로부터 구별하기 어렵기 때문이다. 예를 들어 클래스 메서드가 고객의 이름만 필요한데도 전체 고객 엔터티 클래스를 제공한다면 고객 엔터티의 어느 부분이 컴포넌트에 실제로 필요한 것인지 개발자가 명확하게 알 수 없게 된다. 고객 엔터티를 변경하려면 어떤 컴포넌트가 영향을 받는지를 모두 검사해야 한다. 반대로 해당 컴포넌트 메서드에 고객 이름 인수만 있다면 고객 엔터티를 변경해도 컴포넌트의 행위에는 영향을 미치지 않게 된다. 메소드에 불필요한 매개 변수를 제거하라. 불필요한 클래스 수준 필드를 제거하라. 다른 방식으로 표현하면 컴포넌트는 스파이와 같다. 그들은 "알 필요가 있는 것만"을 기반으로 동작해야 한다.

개별 클래스와 메서드는 실행 컨텍스트를 가정하지 않아야 한다. 다른 말로 클래스와 메서드는 독립적이어야 하며 더 큰 호출 순서의 부분이 되지 말아야 한다. 예를 들어 DAO 클래스에 커밋을 하드 코딩하는 개발자를 보게 된다. 이것은 특정한 DAO가 특정한 유스케이스에서만 사용될 것이라는 가정이 있기 때문이다. 이것은 해당 클래스의 사용을 제한시켜 같은 작업 단위 안에서 실행하기 위해 추가적인 데이터베이스 쓰기를 하는 다른 유스케이스에서는 사용할 수 없도록 만든다. 커밋이나 롤백을 분리해서 처리하는 것이 훨씬 더 좋다. 이것은 횡단 관심사이기 때문에 나는 주로 서블릿 필터를 사용하여 커밋과 롤백을 처리한다. 종종 개발자들은 이 개념을 어려워한다. 자신이 현재 관심이 있는 유스케이스가 아닌 다른 곳에서 특정한 코드 부분의 사용을 시각화하는 것을 어려워하기 때문이다.

필요 이상으로 더 많은 필드와 메서드를 노출시키지 않는다. 즉, 보호 메서드는 적어도 두 개의 확장 클래스에서 참조되어야 한다. 공개 메서드는 적어도 하나의 외부 클래스에서 참조되어야 한다. 이것은 "알 필요가 있는 것만" 개념의 연속이다. 다시 말해서 필드나 메서드를 노출시킨다면 추가적인 기능을 다루기 위해서 추가적인 단위 테스트가 필요하다. 일반적이라면 비공개로 만들어야 하는 복잡한 메서드에 공통으로 행해지는 하나의 예외는 이들을 보호 메서드로 만들어서 명시적으로 테스트할 수 있도록 단위 테스트를 작성하게 하는 것이다. 이것은 아주 드물지만 발생하고 있으며, 복잡한 메서드를 테스트 목적으로 보호 상태로 만드는 이점이 있다.

필요 없는 의존성을 도입하지 않는다. 이것은 "알 필요가 있는 것만" 개념의 연속이다. 불필요한 의존성은 컴포넌트를 사용하고 테스트하기 어렵게 한다. 요구사항을 충족시키는 데 필요한 의존성만 제공되어야 한다. 예를 들어 DAO 클래스만 Hibernate나 JPA 클래스와 의존성을 가져야 한다. 업무 로직 레이어에 있는 코드가 Hibernate 의존성을 가진다는 것은 해당 로직을 실행하기 위해서는 Hibernate가 필요하고 설정되어야 한다는 것을 의미한다. 이것은 이들 업무 로직 클래스에 대한 단위 테스트 케이스에 쓸데없는 부담을 준다. 추가로 Hibernate가 업그레이드되거나 다른 JPA 구현으로 전환하려고 할 때 영향을 줄 가능성이 아주 크다. 여러분의 애플리케이션에서 다른 서드파티 제품을 도입하려고 진행 중인 작업을 살펴본다면 예로 든 개념을 좀 더 명확하게 볼 수 있다. Spring이나 Hiberante와 같은 의존성이 높은 제품을 도입하는 것은 잠재적인 버전이 이들 의존성과 충돌하는지를 검사할 필요가 있을 때 더 많은 작업을 포함하게 된다. 역으로 의존성이 없는 제품(예: Apache Commons Lang)을 도입하는 것은 버전 충돌의 가능성이 없으므로 훨씬 쉽다.

프록시를 사용하여 모든 애플리케이션 인터페이스를 분리시킨다. 즉, 애플리케이션이 사용하는 모든 외부 애플리케이션에 대하여 프록시 클래스를 생성한다. 예를 들어 구매 애플리케이션이 웹 서비스를 통하여 고객 관리 애플리케이션에 있는 기능을 활용한다면, 해당 활동을 수행하는 프록시 클래스 또는 클래스들을 생성한다. 이것은 외부 애플리케이션에서의 변경 영향을 제한한다. 즉, 외부 애플리케이션이 변경되면 프록시 클래스에만 영향을 미칠 것이다. 또한, 이것은 외부 애플리케이션의 스텁을 효율적으로 만들 수 있기 때문에 단위 테스트를 쉽게 한다. 프록시를 활용하는 것은 외부 애플리케이션과의 모든 요청/응답을 로깅하여 문제를 더 쉽게 진단할 수 있도록 한다.

순리대로 하라

목적에 맞게 제품과 기술을 사용한다. 목적에 맞게 제품을 사용하는 것은 제품의 사용이 테스트되었다는 가능성을 높여준다. 여러분이 지원이 필요한 경우 해당 제품의 비표준 및 지지하지 않는 사용 방식에 대한 것보다는 제품이 주로 사용되는 방식에 대한 지원 및 예제 코드를 얻기 더 쉽다. 이것은 벤더 제품이든 오픈 소스 제품이든 관계없이 같다. 오픈 소스 제품인 경우에는 벤더의 지원이 없으므로 인터넷 검색이나 제품의 버그 목록에 의존해야 한다.

제품을 의도한 대로 사용하면 제품이 발전될 때 이점을 제공할 가능성이 증가한다. 예를 들어서 제3정규형(관계형 데이터베이스의 사용 의도)에 맞게 설계한 관계형 데이터베이스 사용자는 잦은 조인이 필요하다. 초기에 이것은 성능과 관련된 문제의 원인이 되었다. 지금은 제품이 발전함에 따라 기본 키와 외래 키를 사용한 조인은 어떤 성능 문제도 일으키지 않는다. 데이터베이스 설계를 정규화한 사용자는 자신이 사용하는 관계형 데이터베이스 제품에 이루어진 기술의 발전으로부터 이점을 얻었다.

제품 외부에서 사용되는 것으로 의도되지 않은 제품의 내부 클래스를 사용하지 않는다. 이것은 부적절한 사용의 예이다. API 제품이 내부적으로 사용되는 클래스가 공개적으로 사용되는 것을 의도하지 않은 경우가 많다. 예를 들어 Apache Axis 웹 서비스 제품은 제품 내부에서만 사용되는 문자열 처리 클래스가 포함되어 있다. 기술적으로는 이들 문자열 처리 클래스와 메서드를 여러분이 활용하는 것이 가능하다. 그러나 이들은 결코 제품 사용자에게 노출하려고 의도한 것이 아니다. 이들 클래스가 공개이긴 하지만, 제품 내에서 여러 패키지에서 사용할 수 있도록 하기 위해서지 외부에 공개하려고 한 것은 아니다. 여러분이 이러한 내부 클래스를 사용하는 것은 사용하고 있는 현재 버전에서는 작동될 수 있다. 그러나 제품이 업그레이드될 때 이들 내부 클래스는 변경될 수 있다. 이들은 외부 사용자가 사용할 것을 의도하지 않았기 때문에 같은 방식으로 작동하게 하기 위한 어떤 노력도 기울이지 않을 것이다. 다시 말해 제품이 외부에서 사용할 것을 의도하지 않는 클래스와 메서드를 여러분이 사용한다면 업그레이드 동안에 버그를 발생시킬 위험성이 증가한다. 제품의 출판된 인터페이스가 변경될 수 있지만(예: Hiberante는 공개적으로 소비되는 API를 자주 변경시킨다.) 항상 업그레이드할 때 여러분의 애플리케이션을 수정하는 방법에 대한 설명과 함께 변경에 대한 문서가 제공된다. 이러한 지원은 공개할 것으로 의도되지 않은 내부 클래스에 대해서는 제공되지 않는다.

나중보다 초기에 에러를 잡아라

가능한 한 개발 과정에서 항상 초기에 구현 에러를 잡는 것이 더 좋다. "더 좋다."라는 말은 초기에 잡은 에러가 일반적으로 고치기 쉽고 손해가 덜 된다는 것을 의미한다. 최종 사용자가 버그를 찾아낸다면 사소한 버그라도 최종 사용자 생산성에 부정적인 영향을 미치게 되며 결과적으로 노동 비용이 들게 된다. 버그의 본질에 따라서 기업은 버그와 관련된 다른 비용, 예를 들어 불편함과 잠재적으로 고객을 잃는 일이 발생할 수도 있다. 추적, 문서화 그리고 궁극적으로 버그를 고치는 것과 관련된 비용도 발생한다. 반면에 운영 환경에 배포되기 전에 버그를 찾아낸다면 버그를 고치는 개발 비용만 들게 된다. 그 밖의 다른 비용은 기업에 발생하지 않는다. TDD Test-Driven Development 즉, 테스트 주도적 개발과 CI Continuous Integration 즉, 연속적인 통합의 실천은 이러한 원칙에 기반을 두고 있다. 에러를 고치기 전에 아무도 에러를 알아채지 못한다면 실제로 에러가 발생한 것일까?

모든 공개 및 보호 메서드의 인수를 검토하라고 한 실천은 이런 원칙을 적용한 것이다. 에러를 잡아서 명확하게 표시해둠으로써 버그를 고치는 시간을 절약할 수 있다. 여러분이 알고 있는 것처럼 파생 에러는 진단하고 고치기가 더 어렵고 시간도 오래 걸린다. 런타임 예외 추세를 따르라는 실천도 이 원칙이 적용되어 복잡한 try/catch 로직 비용을 들이지 않고 더 쉽고 안전하게 예외를 잡을 수 있게 한다. 개발자를 지원하기 위한 에러 알림 메서드를 제공하는 실천도 이 원칙이 적용되어 최종 사용자보다 먼저 에러를 보고받을 수 있도록 한다.

이 원칙은 필연적으로 처음 장소에서 버그를 막도록 하는 실천을 채택하도록 한다. 두 명의 코드가 하나의 팀이 되어 모든 코드를 작성하게 하는 짝 프로그래밍pair programming은 이 원칙이 적용된 예이다. 관찰자 코더는 입력자 코더가 놓친 에러를 잡아서 버그를 방지한다. PMD나 FindBugs와 같은 도구는 여러분의 코드를 스캔하여 null 포인터 예외와 같은 알려진 유형의 결함을 일으킬 가능성이 있는 코드 위치를 찾아내 준다.

지원 인력에게 자동화된 에러 보고 및 알림 기능은 필수다. 사용자는 모든 에러를 보고하지 않는다. 그만큼 전표를 채우거나 기술자에게 문제를 다시 만들 수 있을 정도로만 설명할 뿐이다. 종종 사용자가 해결 방법을 찾아낼 수 있다면 그것은 보고하지도 않을 것이다. 그러나 그들이 에러를 보고하지 않는다고 하더라도 그들의 소프트웨어 애플리케이션에 대한 인식은 낮다. 결과적으로 자동화된 에러 보고만이 에러를 알 수 있는 유일한 방법이다. 게다가 자동화된 에러 보고는 사용자가 얼마나 자주 에러에 부딪쳤는지를 명확하게 알 수 있게 한다. 이와 함께 자동화된 보고는 더 빨리 도착하여 문제를 더 일찍 해결할 기회를 제공하게 될 것이다.

프로젝트에서 가장 기술적으로 위험한 부분에 대한 코드를 먼저 작성한다. 가장 큰 기술적인 위험성이 있는 작업은 일반적으로 새로운 기술 또는 익숙하지 않은 기술이 관련되거나 복잡한 로직을 포함하고 있는 것이다. 에러는 다른 것보다는 이들에게서 발생할 가능성이 아주 크다. 결과적으로 이들 부분에 대한 코드를 먼저 작성하는 것이 이들 부분을 테스트할 시간을 증가시키고 릴리즈 이전에 에러를 잡을 기회가 증가한다.

기능적인 요구사항은 가장 높은 우선순위를 가진다

기능적인 요구사항functional requirement은 업무의 필요성이다. 애플리케이션이 최종 사용자에게 제공해야 한다. "필요성"은 업무 운영에 필수적인 기능이다. 업무 필요성을 만족시키지 않은 애플리케이션을 빌드하는 것은 의미가 없다. 성공적인 업무 측면이 없다면 업무 애플리케이션과 이들을 지원하는 아키텍처를 지속하고 자금을 댈 이유가 없다. 기능적인 요구사항을 식별하는 것의 중요성은 말할 필요도 없다. 이것이 왜 내가 이들 요구사항을 식별하고 문서화하는 방법에 대하여 가이드하는 데 전체 장을 할애했는가 하는 이유다. 업무 필요성을 문서화하는 한 가지 방법은 유스케이스를 사용하는 것이다. 그밖에 다른 방법론도 있다. 나는 아키텍처 원칙으로서 이것을 목록에 둔 것은 개발자들이 기술적인 설계 이상을 유지하기 위해 업무 요구사항을 희생시키는 것을 목격했기 때문이다. 애플리케이션 아키텍처 또는 기술적인 설계가 새로운 업무 요구사항을 지원하지 않는다면 이때가 그 설계를 발전시키거나 바꾸어야 할 시간이다. 우리는 업무 요구사항이 프로그래밍하기 불편하다든지 또는 복잡해지게 한다든지 하는 이유로 업무 요구사항을 선택적으로 무시하지 않아야 한다. 새로운 업무 요구사항에 의해 복잡해진다면 개발 비용과 해당 요구사항을 지원하는 애플리케이션을 유지·보수하는 비용을 더 청구하면 된다. 일단 사용자가 여러분이 제시한 요구사항 비용을 이해한다면 그들은 자신의 필요성을 다르게 표현할 수도 있다.

때로는 최종 사용자 대표가 자신의 필요성이 무엇인지 명확하게 이해하지 못하거나 또는 효율적으로 표현하지 못한다고 하는 것도 사실이다. 다시 말하면 사용자는 "필요성"과 "원하는 것"을 혼동한다. "필요성"은 업무의 운영에 필수적인 기능이다. "원하는 것"은 해당 업무의 한 부분을 최적화(예: 수작업을 줄인다.)하지만 업무 운영에 필수적인 것은 아니다. 예를 들어 사용자가 업무 결정을 하는데 필요한 상세한 정보를 포함하는 새로운 보고서를 "원할" 수도 있다. 사용자가 다른 방법으로 그 정보를 얻을 수 있다면 새로운 보고서는 "원하는 것" (즉, 더욱 편리하게 정보를 수집하는 것)이지 "필요성"은 아니다. 진짜 업무 필요성을 찾아내고 소프트웨어 개발자가 구현할 수 있을 정도로 상세한 용어로 문서화하는 것은 별도의 중요한 기술이다.

비기능적인 요구사항nonfunctional requirement은 애플리케이션이 운영되는 조건을 명시하지만, 그러나 기능적인 요구사항처럼 특정한 행위를 정의하지는 않는 요구사항이다. 비기능적인 요구사항의 예로는 애플리케이션은 적어도 100MB의 디스크 영역과 2GB의 메모리를 갖는 Microsoft Windows 운영체제가 필요하다고 하는 것이다. 다른 비기능적인 요구사항의 예로는 인터넷을 통해서 사용자가 접근할 수 있어야 한다는 것이다. 이들 무엇을 위해 애플리케이션을 사용하는지 또는 어떤 업무 요구사항을 만족시키는지를 설명하지 않는다. 이상적으로 비기능적 요구사항은 업무 필요성을 만족시키는 데 혼란을 주지 말아야 한다.

Index

【ㅂ】

【ㅅ】

【ㅇ】